JN094518

里海フィールド科学

京都の海に学ぶ人と自然の絆

京都大学学術出版会

【口絵1】舞鶴水産実験所

京都府北部舞鶴湾に臨む京都大学フィールド科学教育研究センターの海域ステーション。農学部水産学科の京都市内移転にともない，1972年に農学部附属水産実験所として出発した。国内屈指の規模を誇る魚類標本コレクション，機動力の高い教育研究船「緑洋丸」，潤沢な濾過海水を利用できる飼育棟などの施設を活用し，地域に根差した取り組みから，世界に先駆けた研究まで，幅広い活動を展開している。

a：南東からの遠景，b：春の宿泊棟，c：冬の水産生物標本館

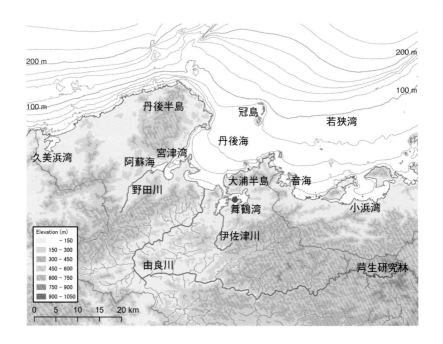

【口絵 2】丹後海・由良川水系

本書の主な調査フィールドは丹後海と由良川である。丹後海は若狭湾西部に位置する開放性の内湾であり，北西に丹後半島，南東に大浦半島，湾口沖に冠島を擁する。由良川は京都大学芦生研究林に端を発し，福知山盆地を緩やかに流れ，舞鶴水産実験所近傍の丹後海奥部に注ぐ。本州日本海側に位置するため，冬の降水量が多く，沿岸・河口域の潮汐は小さい。

青丸は舞鶴水産実験所の位置を示す。

【口絵 3】調査フィールド

a：霧の立ち込める由良川源流域。京都大学芦生研究林内，上谷・杉尾峠付近。
b：由良ヶ岳山頂から望む由良川河口・丹後海奥部。河口両岸に砂浜が続く。
c：丹後海湾口沖に浮かぶ冠島。オオミズナギドリの繁殖地として知られる。
d：舞鶴水産実験所桟橋と舞鶴湾。約 50 年にわたり「沿岸観測」が継続されている。

【口絵4】昔の風景

舞鶴水産実験所は，1972年に農学部附属水産実験所として出発し，本州日本海側における水産関連分野の教育研究拠点として発展してきた。

a：大規模工事前の航空写真（1983年撮影）。旧海軍時代の建物が多く残り，農学部水産学科のシンボルであった大煙突も確認できる。

b：臨海実習時の集合写真（1975年撮影）。背景の建物は現在まで残る唯一の建物である。当時は事務室として使用されていたが，現在は資材・工作室になっている。

c：魚肉ソーセージの製造実習（1975年撮影）。魚を大量に捌き，かまぼこや魚肉ソーセージなどの練製品を手造りする実習が行われていた。

d：構内の桜並木（1979年撮影）。近年は樹勢の衰えが目立つものの，毎年春の訪れを知らせてくれる。

【口絵 5】教育研究船「緑洋丸」

a：先々代の「緑洋丸」。1970 年竣工，木製，長さ 12.2 m，総トン数 8.4 トン。

b：先代の「緑洋丸」。1990 年竣工，繊維強化プラスチック（FRP）製，長さ 16.5 m，総トン数 18 トン。

c：当代の「緑洋丸」2015 年 12 月竣工，FRP 製，長さ 17.7 m，総トン数 14 トン。

【口絵6】実習

文部科学省認定の教育関係共同利用拠点として，全国の大学生が参加できる公開実習を開催するとともに，地元の高校生や小学生にも体験学習の機会を提供している。

a：由良川上流・大野ダムにおけるプランクトン調査。ネットにより水を濾過する。

b：由良川河口における魚類調査。刺網から獲物を取り外す。

c：丹後海におけるシュノーケリング。「緑洋丸」から海に飛び込む。

d：実体顕微鏡によるプランクトン観察。細部まで丁寧にスケッチする。

【口絵7】調査

フィールドでは目的と場所に応じ調査方法を選択する。通常，季節変化や年変動を把握するため，同じ場所を定期的に調査する。また，不測の事態に備え，熟練者であっても，複数人で調査するのが原則である。

a：伊佐津川における仔稚魚調査。浅瀬で地びき網をひく。

b：丹後海における底生動物調査。小型底びき網を船に引き上げる。

c：舞根湾における魚類観察調査。水中カメラと水中ノートをもって潜水する。

d：丹後海における環境 DNA 調査。バンドーン採水器により海底付近の水をとる。

【口絵 8】実験分析

飼育棟では汲み上げ濾過海水を掛け流して海洋生物を飼育し，行動や生理を調べている。調査や実験により得られた試料は専用の器具や装置を用いて分析する。

a：飼育棟。水温や光を調整することにより，一定条件のもと実験を行う。

b：行動観察用の水槽。実験装置は市販品を加工して自作することもある。

c：釣り仕掛けに対するマダイの行動。複数方向からビデオ撮影し，後日解析する。

d：ヒメイトマキエイの測定。水族館から標本を寄贈していただくことも多い。

e：環境 DNA の抽出。試料に DNA が混入しないように注意する。

f：仔稚魚耳石の解析。顕微鏡像をモニターに映し，日周輪を計数・計測する。

【口絵 9】藻場

海藻や海草が集まって生える場所を藻場という。藻場は植食動物の食物になるばかりで
なく，流れの穏やかな生息場所をつくり，光合成により固定した炭素を海中にとどめる
働きももつ。外見も機能も森林に似ていることから，「海の森」とも呼ばれる。現在，
全国各地で藻場が縮小・消滅する「磯焼け」が生じている。

a：コンブ場，b：アラメ場，c：ガラモ場，d：テングサ場，e：アマモ場

写真提供：国立研究開発法人　水産研究・教育機構 (a, b)，京都府農林水産技術セン
ター海洋センター (c, d, e)

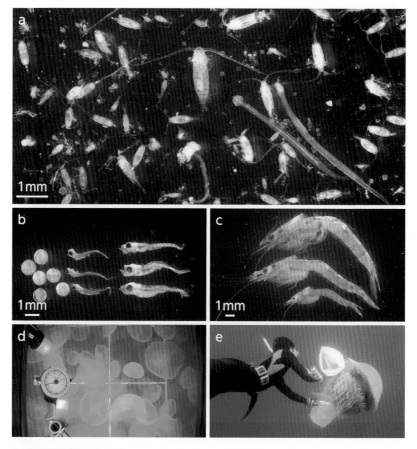

【口絵10】動物プランクトン

水中に生息する遊泳力の乏しい生物をプランクトンという。大部分は微小生物であるが，発育初期の魚類やクラゲ類は遊泳力が乏しいため，プランクトンに含まれる。

a：舞鶴湾の動物プランクトン（フォルマリン保存）。カイアシ類，ヤムシ類，オタマボヤ類などが優占する。

b：丹後海のスズキ浮遊卵仔魚（アルコール保存）。海産魚類の多くは小卵多産の繁殖戦略をとるため，発育初期は形態的にも生理的にも大変未熟である。

c：丹後海のニホンハマアミ。上から順に，雌，雄，稚アミ。雌は保育嚢をもち，卵と幼生を保護する。

d：舞鶴湾のミズクラゲ。密度を推定するため，方形枠（50 cm × 50 cm × 4個）を取り付けたビデオカメラを降ろし，方形枠を通過するミズクラゲを数える。

e：丹後海のエチゼンクラゲ。大型個体は傘径2 m，体重150 kgに達する。

【口絵11】ベントス

海底に生息する生物をベントスという。分類群やサイズの異なる様々な生物が含まれるが、本書では特に人との関わりが深い貝類、エビ・カニ類、ナマコ類に注目する。

a：冬の味覚ズワイガニ。持続的に漁獲するため、様々な取り組みが行われている。

b：舞鶴湾のマガキ。湾内浅所の至るところに生息し、カキ礁を形成している。

c：若狭湾のマナマコ。4〜6月に複数個体が集まり、頭部を高く上げて産卵する。

d、e：クロザコエビ（左）とトゲザコエビ（右）。比較的浅い水深帯に生息するクロザコ
　　　エビは小卵多産型、比較的深い水深帯に生息するトゲザコエビは大卵少産型の繁
　　　殖戦略をとる。

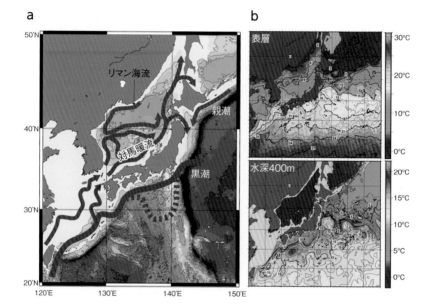

a

50°N

リマン海流

親潮

40°N

対馬暖流

黒潮

30°N

20°N
120°E   130°E   140°E   150°E

b

表層   30°C

20°C

10°C

0°C

水深400m   20°C

15°C

10°C

5°C

0°C

【口絵 12】 日本列島周辺の海流と水温

東シナ海の沿岸水と黒潮の分流が混合し，対馬海峡から日本海に流入する．この高水温・高塩分の海流は対馬暖流と呼ばれる．一方，日本海の水深 200 m 以深には低水温・低塩分の日本海固有水が存在する．

a：海流（赤は暖流，青は寒流を示す，Kai, Y., Motomura, H. and Matsuura, K. (2022) Introduction. In Kai, Y., Motomura, H. and Matsuura, K. (eds.) Fish Diversity of Japan: Evolution, Zoogeography, and Conservation. pp. 1-4. Springer, Singapore. を改変）.

b：水温（2021 年 4 月 1 日の水温，気象庁（https://www.data.jma.go.jp/gmd/kaiyou/shindan/index_subt.html）による）

日本海の種　　　オホーツク海の種

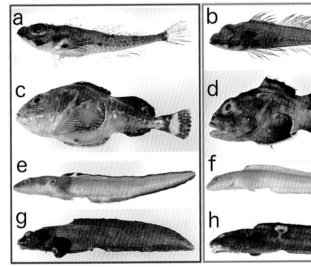

【口絵 13】日本海とオホーツク海の魚

日本海の深海性魚類は比較的新しい時代に二次的に深海に適応した二次的深海魚に限られる。また，姉妹種（最も近縁な種）がオホーツク海やベーリング海に見られることが多い。日本海がたどってきた歴史と日本海の構造そのものが関係していると考えられている。

a：トミカジカ，b：ウケクチコオリカジカ，いずれもカジカ科。

c：ヤマトコブシカジカ，d：コブシカジカ，いずれもウラナイカジカ科。

e：クロゲンゲ，f：キタノクロゲンゲ，いずれもゲンゲ科。

g：アゴゲンゲ，h：ハナゲンゲ，いずれもゲンゲ科。

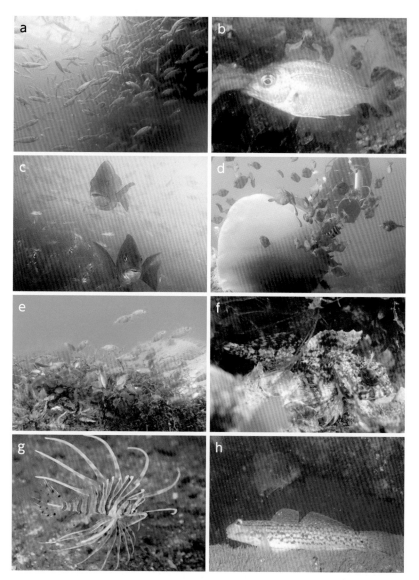

【口絵14】丹後海の魚

a：マアジ幼魚，b：マダイ幼魚，c：クロダイ成魚，d：エチゼンクラゲを襲うカワハギ，
e：ホンダワラを摂食するアイゴ幼魚，f：サラサカジカ，g：ミノカサゴ，h：クツワハ
ゼ

【口絵 15】丹後海の漁業

定置網漁は京都府漁業の生産量と生産額の過半を占め，季節に応じて，イワシ類，サワラ，ブリ，マアジなどを漁獲する。底びき網漁は主に秋から冬にズワイガニやアカガレイを漁獲する。舞鶴湾や宮津湾ではマガキやトリガイなどの二枚貝の養殖も盛んである。

a：定置網漁，b：舞鶴地方卸売市場に並ぶトロ箱，c：大型コンテナ一杯のサワラ，d：冷水系魚種のサケ，e：暖水系魚種のチャイロマルハタ

【口絵16】京都の水産物

京都府の水産業の規模は決して大きくないが,「丹後ぐじ」や「丹後とりがい」などの高品質の水産物をブランド化するとともに, 特色を活かした商品を開発し, 全国に発信している。

a:「丹後ぐじ」。鮮度と外見に優れた高品質アカアマダイ。

b:水揚げされたズワイガニ。京都府の雄ズワイガニには緑のタグが付けられる。

c:「丹後とり貝」。殻付き重量100g以上の大粒トリガイ。

d:サワラ旨味だしのパッケージ(写真提供:福島鰹株式会社)

まえがき——里海フィールド科学のルーツと現在地

益田玲爾

京都大学フィールド科学教育研究センター舞鶴水産実験所

「里海」は柳（2006）により「人手が加わることで生物多様性と生産性が高くなった沿岸海域」と定義されている。しかし現実に我々が目にするのは，人類の手により多様性と生産性の損なわれた沿岸海域が多いように思う。里海の定義は，柳自身も指摘する通り，身近な海の利用や保全に取り組む現場の方々それぞれで微妙に異なるようだ。ここでは仮に里海を，「人々の生活と深く関わる身近な海」と定義しておく。本書の狙いはまず，里海が多様性や生産性をもたらすしくみについての知見を，読者と共有することにある。また，里海の恵みを持続的に利用する方策について，読者とともに考える機会ともしたい。

本書は京都大学舞鶴水産実験所の創立50周年を記念して企画された。特に，舞鶴水産実験所（＝里海生態保全学分野）の関係者の執筆により，里海におけるフィールド科学の教科書となる書籍を目指した。

京都大学舞鶴水産実験所は，日本海の天然の良港である舞鶴湾の奥に位置する。1947年，旧海軍施設の跡地を京都大学が建物ごと譲り受け，ここに農学部水産学科の4講座が新設された。当時は国を挙げての食料確保が急務であり，安価なタンパク源である水産資源の安定供給への期待が大きかったのであろう。水産資源を利用する上で必要な魚類の分類学・生態学の知見を得るため，国内はもとより世界各地から魚類標本が集められた。大学として国内屈指の規模を誇る当実験所の魚類標本コレクションの基礎は当時に築かれた。あわせて，魚肉ソーセージの製造技術などの研究

も精力的に進められ，「かまぼこの街舞鶴」の発展に少なからず寄与したと聞く。

　1972年，水産学科は京都市内の農学部構内へ移転し，その跡地に農学部附属水産実験所が誕生した。以後しばらくは，主に水産分野のフィールド研究に取り組む大学院生や若手研究者らの活動の場，あるいは臨海実習のための施設として機能した。当時の卒業生には，全国の大学や試験研究機関の要職に就いた方も多い。

　2003年，水産実験所は，同じく農学研究科附属の演習林や亜熱帯植物実験所，それに理学研究科の臨海実験所と再編され，「森里海連環学」の追究を主たるミッションとするフィールド科学教育研究センターが創設された。森里海連環学は，森から海までのつながりの機構を解明し，持続的で健全な国土環境を保全・再生する方策を研究する学問領域である（山下2011）。上記の改組に伴い，当施設は舞鶴水産実験所と改称され，本学農学研究科の協力講座でもある「里海生態保全学分野」が当施設内に発足した。

　実験所には，前述の魚類標本を擁する水産生物標本館があり，常勤教員の継続的な努力により管理・活用されるとともに，京都府漁協舞鶴卸売市場をはじめとする日本各地からの新たな標本が加わっている。また，定員26名の教育研究船である緑洋丸は，生物採集や臨海実習等に活躍している。潤沢な濾過海水を供給可能な飼育棟では，長期にわたる飼育実験が行われている。最大で40人ほどが泊まれる宿泊棟もある。そして目の前の舞鶴湾は，海洋観測や潜水観察の格好のフィールドでもある。これらをさらに有効に活用すべく，2011年からは教育関係共同利用拠点として文部科学省に認定され，毎年10件程度の実習を開催し，20件程度の共同利用研究を受け入れている。

　地域の課題を直接解決するための学際的な取り組みとしての里海学には，すぐれた先行事例がある（鹿熊ほか編2018）。一方，舞鶴水産実験所で展開されてきた研究はもう少し緩やかなもので，里海すなわち身近な海である日本海あるいは丹後海をフィールドとして研究しつつ，世界の海に通

じる真理を探究する，といったところであろうか。本書の執筆者の方々には，各自の成果にとどまらず，周辺分野の知見をある程度網羅した内容とすること，また里海という理念を意識しつつの執筆をお願いした。本書を通読することで，人と自然の絆，すなわち大切な相互関係について，思いを巡らせて頂きたい。

　里海を理解する上で，その構造を知ることは重要である。本書の第1章ではまず，京都府北部の里海である丹後海の地理的なつくりや気象・海象について説明した。続いて，海の生産力の源となる栄養塩と植物プランクトン，そして水産生物の餌やすみかとして重要な海藻および海草について記述した。

　第2章では動物プランクトンに焦点をあてた。魚類の大半は，生まれてしばらくはプランクトンとして海中を漂いつつ，同じくプランクトンであるカイアシ類などを食べて成長する。海底にいるヒラメなどの稚魚は，エビに似た姿をしたアミ類も好んで捕食する。魚類としばしば餌を奪い合うばかりでなく，魚類の餌にも捕食者にもなるのが，クラゲ類である。これらプランクトンに関する知識は，水産生物の生き残りを理解する上で欠かせない。

　第3章では海底に暮らす動物（ベントス）を扱う。ベントスには巻貝や二枚貝，甲殻類など，食卓にも並ぶ身近な生物が多いが，彼らの暮らしぶりは一般にほとんど知られていない。ベントスの多くは移動能力に乏しいため，環境変化の影響を受けやすく，遺伝的な多様性や川と海の連続性を考える上でも鍵となる生物たちである。京都府では松葉ガニと呼ばれ11月の解禁時にはニュースで報じられるズワイガニ，寿司ネタで知られるアカガイ，冬の居酒屋メニューであり中国への主要な輸出品目でもあるマナマコ，などのベントスの研究を起点として，海と人との関わり方について考えてみたい。

　第4章では，里海の魚類を複数の視点から眺めてもらう。まず日本海の魚類相の特徴を，地誌から最新の話題まで含めて概説する。次に，魚類相の季節変化や長期の変動，また温暖化の影響について述べる。また，魚た

ちが自然界で生き残る上で必要な認知能力について，マアジやマダイ，ヒラメを用いた研究を例に説明する。さらに，河川にも進入するスズキや多様な環境に分布するハゼ類を例に，魚類にとっての里海環境の利用の実例を示す。

　第5章では，里海の水産資源はどのように活用されているかの具体例を示し，今後の方向性を占う上での材料を提供する。まずは京都府における水産振興の現状を知っていただくとともに，遊漁がもたらす経済的なインパクトについて紹介する。続いて扱う水産エコラベルは，海の幸を食べる側の行動から管理するという点で，里海の抱える課題の解決策となるかもしれない。また，京都府の里海と比較する上で意義深い，富栄養化の進んだ大阪湾の状況を報告し，里海再生の試みについて紹介する。最後に，海と川を行き来する魚類の生態と河川流域の環境との関連性から森里海のつながりを浮かび上らせた最新の研究成果を紹介する。

　各章には関連するトピックのコラムやボックスを設けた。里海をフィールドとした研究の実像を知っていただくために，学術的な情報にとどまらず，日常の描写も含めて，気軽に読める欄となるよう工夫した。

　本書の執筆者のほとんどは，当実験所の教員，ここでの博士号取得者または当施設のヘビーユーザーであり，企画編集は実験所教員が担当した。いずれも，出版時点で現役の研究者である。読者の方々が本書を読んで抱いた疑問にも，出版後しばらくの間であれば，執筆者や編集者が直接お答えできるはずだ。本書を手に取った方が，里海での研究に興味を持ち，これに関わるきっかけとなれば幸いである。

引用文献

鹿熊信一郎・柳哲雄・佐藤哲編（2018）『里海学のすすめ——人と海との新たな関わり』勉誠出版，東京.

柳哲雄（2006）『里海論』恒星社厚生閣，東京.

山下洋監修（2011）『森里海連環学——森から海までの統合的管理を目指して（改訂増補）』京都大学学術出版会，京都.

目　次

まえがき［益田玲爾］　　i

第1章　里海を支える環境と基礎生産 ……………………………………… 1

1-1　気象と海象──季節変化と長期変化［笠井亮秀］　2

1　丹後海・由良川水系の気象　2

2　由良川　5

3　由良川河口域　6

4　丹後海　9

1-2　栄養塩と植物プランクトン──由良川・丹後海の相互作用
［渡辺謙太］　16

1　由良川流域の土地利用と栄養塩　17

2　塩水遡上と由良川下流域の基礎生産　18

3　丹後海沿岸域の基礎生産　20

4　河口沿岸域における鉄の動態　23

5　川・海の相互作用と生物生産　26

1-3　海藻と海草──海の森の多様なつながり［八谷光介］　29

1　海藻や海草とは　29

2　京都での藻場研究　37

3　人と海の共生に向けて　41

　　　より深く学びたい人のための参考図書・引用文献　45

第2章　動物プランクトンの細やかな環境応答 ································ 47

2-1　カイアシ類と浮遊卵仔魚——逆らわず流されず［鈴木啓太］　48
1　動物プランクトンとは　48
2　カイアシ類の分布　50
3　浮遊卵仔魚の輸送　53
4　関心から始まる　59

2-2　アミ類——魚類成育場を支える鍵生物［秋山　諭］　61
1　砂浜浅海域におけるアミ類の重要性　61
2　丹後海浅海域におけるアミ類の生産　63
3　温暖化の影響　70

2-3　クラゲ類——特異な生活史と大発生［鈴木健太郎］　75
1　クラゲとは？　75
2　生態系における役割　77
3　人間との関わり　78
4　鉢クラゲ類の生活史　81
5　鉢クラゲ類の大発生とその原因　85

より深く学びたい人のための参考図書・引用文献　90

第3章　ベントスの知られざる生活史と多様性 ··············· 97

3-1　日本海のベントス——多様性と漁業［佐久間　啓］　98
1　ベントスについて　98
2　日本海のベントス　101
3　漁業資源としてのベントス　107

3-2　腹足類を中心とするベントスの生態——遺伝子解析によるアプローチ
　　　　　　　　　　　　　　　　　　　　　［井口　亮・喜瀬浩輝］　112

　　1　日本海における遺伝子解析の研究事例　113

　　2　他の海域での最新の遺伝子解析技術を用いた研究事例　116

　　3　日本海におけるベントス遺伝子解析の展開　119

3-3　重要水産資源マナマコ——持続的な利用に向けて［南　憲吏］　124

　　1　生活史　124

　　2　舞鶴湾のナマコ漁業　125

　　3　資源調査の適期　126

　　4　天然採苗手法の開発　129

　　5　成体の分布と天然採苗への影響　132

　　6　マナマコ資源の回復と管理　134

3-4　エビ・カニ類の役割——里海を支える生き物たち［邉見由美］　137

　　1　日本海のカニ類・京都府のカニ類　138

　　2　日本海のエビ類・京都府のエビ類　142

　　3　生態系エンジニアとしての造巣性エビ類　144

　　4　日本海におけるエビ・カニ類研究のこれから　148

3-5　エビ類の生活史戦略と遺伝的多様性——川から深海まで
　　　　　　　　　　　　　　　　　　　　　　　　　［藤田純太］　150

　　1　両側回遊性エビ類の海洋幼生分散と遺伝的多様性　151

　　2　非回遊性種ミナミヌマエビの遺伝的多様性　157

　　3　深海エビの生活史戦略——クロザコエビ類をモデルとして　159

　　4　エビ類の生活史進化と多様性創出機構　162

3-6 アカガイ資源の保全と増殖に向けて──七尾湾を例に

[仙北屋 圭] 165

1 七尾湾 165

2 七尾湾のアカガイ 166

3 七尾湾の水温の長期変化 168

4 アカガイの斃死と浅海域の海底環境 169

5 水槽実験による斃死の再現 174

6 アカガイ資源の保全と増殖 176

より深く学びたい人のための参考図書・引用文献 178

第4章 魚類の生態と里海の利用 ┈┈┈┈┈┈┈┈┈┈┈┈┈┈┈┈┈┈┈ 189

4-1 日本海の魚類の分布──深海から浅海まで [甲斐嘉晃] 190

1 日本海の浅海性魚類相 191

2 日本海を回遊する浅海性魚類 194

3 日本海の深海性魚類 196

4 遺伝子から見た日本海の魚類 198

4-2 潜水調査でみた魚の生態──魚類相の季節変化と長期変動

[益田玲爾] 204

1 舞鶴湾の魚類相の季節変化と長期変動 204

2 原発温排水による局所温暖化に対する魚類の応答 210

3 津波後の海に見る魚類相の大規模攪乱後の回復 211

4 里海の回復と保全に向けての展望 217

4-3 魚の学習能力──認知能力と生態そして栽培漁業へ
［高橋宏司］ 220

1 里海に棲む魚類の認知能力 220

2 マアジの沿岸加入に伴う認知能力の変化 222

3 マダイの釣りに対する認知能力 225

4 栽培漁業のための認知研究 230

5 魚類の認知研究から考える里海の魚とヒトの共存 233

4-4 海と川をつなぐ魚──スズキ稚魚の河川利用生態［冨士泰期］ 237

1 いつ・どのように河川を利用する？ 238

2 どのような個体が河川を利用する？ 241

3 何のために河川を遡上する？ 243

4 個体群の何割が河川を利用する？ 244

5 環境改変がスズキ個体群に及ぼしうる影響 248

4-5 若狭湾に暮らすハゼ類──その多様性と固有性［松井彰子］ 251

1 若狭湾はハゼ類の宝庫 251

2 若狭湾のハゼ科魚類相 252

3 若狭湾のハゼ類の遺伝的集団構造 257

4 若狭湾の里海に暮らすハゼ類の保全 262

より深く学びたい人のための参考図書・引用文献 265

第5章 里海の恵みを未来につなぐ 277

5-1 海の京都の漁業──持続的な資源管理・商品開発・人材育成
［谷本尚史］ 278

1 漁業種類と漁獲魚種 278

2 資源管理の新展開　*280*

3 定置網漁業漁獲魚種の有効利用, 高品質化への取り組み　*286*

4 漁業の担い手確保　*288*

5 水産資源の持続的な利用に向けて　*289*

5-2 初めて分かった遊漁の経済的価値——釣り人目線で海の資源を考える
　　　　　　　　　　　　　　　　　　　　　　　　　　　［寺島佑樹］　*292*

1 沿岸魚介類資源がもたらす生態系サービス　*292*

2 京都府丹後海における遊漁　*295*

3 文化的サービスとしての遊漁の経済的価値　*296*

4 供給サービスとしての漁業の経済的価値　*300*

5 わが国における文化的サービスの経済的価値の増大　*300*

6 世界における資源利用・管理の現状　*301*

7 日本における資源利用・管理の現状と課題　*302*

8 遊漁を活用した地域振興　*303*

5-3 里海保全における水産認証制度の可能性——生産者と消費者をつなぐ
　　　　　　　　　　　　　　　　　　　　　　　　　　　［鈴木允］　*306*

1 国際水産認証制度（MSCとASC）の歴史と評価基準　*308*

2 国際認証の対象範囲と里海　*310*

3 ローカル認証による里海の保全　*317*

4 里海保全に向けた認証制度の活用　*320*

5-4 魚・二枚貝からみた里海の再生——都市圏の海, 大阪湾からの報告
　　　　　　　　　　　　　　　　　　　　　　　　　　　［山本圭吾］　*322*

1 大阪湾という海　*322*

2 大阪湾の環境変化と低次生態系における生物生産の推移　*324*

3 淀川感潮域におけるヤマトシジミ増殖の試み　*330*

4　大阪湾から見えてくる都市と里海のあり方　335

5-5　**森から海までの生態系のつながりと沿岸生物**──森里海連環学のすすめ

[山下　洋]　337

1　森里海連環学と里海　337

2　由良川・丹後海水系　338

3　川が運ぶ物質と海への影響　339

4　川と海を行き来する魚類　346

5　健全な森里海連環にむけて　350

より深く学びたい人のための参考図書・引用文献　351

クローズアップ**舞鶴**

1　沿岸観測──変わらぬ方法と変わりゆく環境 [鈴木啓太]　15

2　全国公開実習の魅力 [邉見由美]　60

3　歴代の教育研究船「緑洋丸」 [鈴木啓太]　149

4　淡水性エビ類の研究を通じて学んだ川の見方 [八谷三和]　164

5　標本館──世界に先立つ40万点の魚類標本 [甲斐嘉晃]　202

6　魚市場調査──多様性を見つめ水産業のリアルを聞く

[田城文人]　203

7　学生生活と研究の思い出 [金子三四朗]　235

8　飼育棟──魚と人の育つところ [益田玲爾]　236

里海トピック

1　急潮と定置網の被害 [舩越裕紀]　28

2　海底湧水と沿岸域の生物生産 [杉本　亮]　44

3 マダイとクロダイの紫外線適応 ［福西悠一］　74

4 クラゲを食べる魚たち ［宮島（多賀）悠子］　89

5 若狭湾はケハダウミヒモ類の宝庫 ［齋藤　寛］　111

6 若狭湾からの宝物「ぐじ」 ［横田高士］　250

7 エイ類の多様性 ［三澤　遼］　264

8 「丹後とり貝」——初夏を彩る極上の味覚 ［谷本尚史］　291

9 若狭のサバと鯖街道——大衆魚のエースが歩む道 ［多賀　真］　321

BOX 1　DNAから分かること——最新の分析手法とフィールド研究への応用
［甲斐嘉晃］　122

BOX 2　里海における研究者と漁業者の協働——宮津湾のマナマコに学ぶ
［澤田英樹］　135

BOX 3　環境DNA——1杯のバケツ採水から探る魚の生態 ［村上弘章］　218

BOX 4　日本の栽培漁業——その歩みと展望 ［和田敏裕］　304

あとがき ［山下　洋］　357

謝辞　361

用語解説　362

索引　381

五老ヶ岳から望む舞鶴湾

第 1 章
里海を支える環境と基礎生産

　　里海の環境をかたちづくる気象と海象は生物の生産性と多様性を
育む母胎となるばかりでなく，人と自然の関わり方にも有形無形の
影響を及ぼす。本章では，由良川と丹後海をモデルフィールドに，
里海フィールド科学の出発点として里海を支える環境と基礎生産に
注目する。まず，当該地域の気象と海象の特徴について，特に季節
単位の変化と数十年単位の変化を中心に解説する。次に，水圏の基
礎生産者として普遍的な重要性を持つ植物プランクトンの時空間変
化を川・海の相互作用に伴う栄養塩動態と関連づけて説明する。さ
らに，沿岸域の基礎生産者として多様な機能を果たしている海藻と
海草の生態を紹介し，人と海の共生を考察する。

1-1

気象と海象——季節変化と長期変化

笠井亮秀

北海道大学大学院水産科学研究院

　自然環境や生態系と人が深く関わる里海では，気象と海象の特性が自然と人との関係に大きな影響を与える。本節では本書の里海としての中心的なフィールドである京都府丹後海・由良川水系について，里海を構成する基盤となる気象と海象を概観する。なお，本水系における川と海の相互作用，および沿岸域に対する陸域の人間活動の影響については，本書1-2や5-5に詳しい。

　丹後海は本州中央部の日本海に面する，北東に開けた開放性の内湾である（図1）。北西側の丹後半島と南東側の大浦半島に挟まれ，湾口幅は約18kmである。湾奥から北東に向かって徐々に深くなり，湾口の水深は約70mほどになっている。湾南部には古くから軍港として栄えた舞鶴湾が，南西部には風光明媚な天橋立を擁する阿蘇海が位置している。また湾奥には一級河川である由良川が流れ込み，沖合には対馬暖流が流れている。

1 丹後海・由良川水系の気象

　丹後海や由良川が位置する京都府北部は，典型的な日本海側の気候となっている。その最大の特徴は，冬季に日照時間が短く降水量が多いことである。日本周辺を含むアジア北東部では，冬季には日本列島の西側にシ

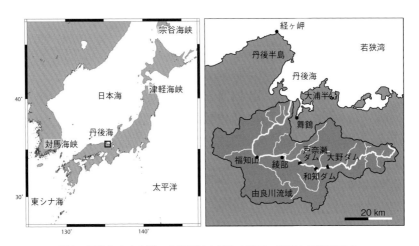

図1 丹後海と由良川。由良川は本流を太線で，支流を細線で示す。

ベリア高気圧，東側にアリューシャン低気圧が発達し，いわゆる西高東低の気圧配置になることが多く，北西の季節風が吹く。アジア大陸で放射冷却により冷やされたシベリア気団がこの季節風によって南下し，対馬暖流の影響で比較的温かい日本海の上空に達すると，大量の水が蒸発する。湿った大気は温められることで上昇し，雲が発生する。この雲は本州の脊梁山脈にぶつかってさらに上昇し，積乱雲にまで発達する。このため，冬季の日本海側は寒冷で，雪や雨が多くなる（図2）。舞鶴市の緯度は北緯35°30′程度で，東京とほぼ同じ，ギリシャのアテネやアメリカのサンフランシスコ（いずれも北緯38°程度）よりも南に位置している。それにもかかわらずこれだけ雪が多いのは，低緯度域としては世界的に見ても特異的な現象である。冬季に山間部に積もった大量の雪は，気温の上昇とともに融解し，川や地下水を通して晩冬から初春にかけて日本海沿岸に多量の淡水を供給する。

　一方夏季の日本列島は，北太平洋高気圧と呼ばれる亜熱帯の海上で発達する高気圧の勢力下にあり，南西風が卓越するようになる。南からの暖か

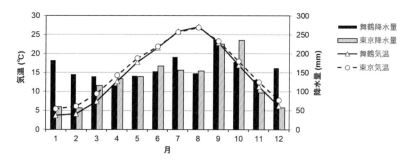

図2　舞鶴と東京における気温（折れ線グラフ）と降水量（棒グラフ）の平年値。統計期間は1991年から2020年までの30年間。気温は，三角が舞鶴，丸が東京。降水量は，黒が舞鶴，灰色が東京。気象庁のデータをもとに作成。

い気流が脊梁山脈を超える際に乾燥し，その後，下降流となって日本海側に流れ込むと，いわゆるフェーン現象がおきて気温が上昇する。冬季とは対照的に，春季から秋季にかけては，主に前線，温帯低気圧，台風に伴う降水が散発的に発生する。これらの要因に伴う降水はある地域に限ったことではないので，日本海側と太平洋側でこの時期の降水量はさほど変わらない（図2）。近年の夏季の気象の傾向として注目すべき点は，豪雨の増加である。数十年に一度しか起こらないような豪雨が，ほぼ毎年のように日本のどこかで発生し，大きな被害をもたらしている。日本列島は面積が狭い割には標高の高い山が多いため，勾配の急な河川が多い。由良川も同様で，特に上流から中流にかけての勾配がきつくなっている。このため，流域で豪雨が起きると急に増水するうえ濁度も上昇し，短時間のうちに川の様子は一変する。気象庁が行っている豪雨に関するイベントアトリビューションの結果では，地球温暖化によって「50年に一度の大雨」の発生確率が上がったり，台風による降水量が増加したりすると指摘されている（気象庁2021）。これは，今後地球温暖化が進めば，河川水が急増する機会が増えることを意味しており，さらなる注意が必要である。

2　由良川

　由良川は，京都，滋賀，福井の県境付近を源流として丹後海にそそぐ，延長 146 km，流域面積 1880 km^2 の一級河川である（図 1）。源流域に近い京都大学芦生研究林から福知山市までを西流した後，土師川との合流地点からは北へと流れを転じ，下流域では舞鶴市と宮津市の境界を北上している。上流部では山間部を流れるため河道幅が狭く，河床勾配も 1/175 と大きい。一方下流域では川幅が 200 〜 300 m と広くなり，勾配も 1/2340 と緩やかになる（馬場ほか 2005）。これにくわえて，福知山盆地の氾濫原が広いわりにその出口が狭隘なため，いったん上流域が増水すると多くの河川水が中流域に溜まることになり，これが水害をもたらす。このような水害を防止する目的で，由良川の本流には大野ダム（美山町樫原），和知ダム（和知町小畑），そして戸奈瀬ダム（綾部市戸奈瀬町）の 3 基のダムが建設されている（図 1）。

　由良川流域の 8 割以上は山林に覆われているため基本的に水質は良好であるが，綾部市や福知山市などの市街地からの都市排水や田畑からの余剰栄養塩の流入により，河口に到達するまでには徐々に栄養塩濃度が上がっていく（本書 1-2 参照）。また，ダムの上流側と下流側では，流量や底質などの物理環境や栄養塩などの化学環境が激変するため，生息している水生生物も大きく異なっている。通し回遊魚にとっては，ダムをまたいだ回遊ができないという問題もある。

　由良川の年平均流量は 50 m^3/ 秒前後（福知山）であるが，変動も大きい（図 3a）。日本海側に特有の降雪のため，冬から春先にかけては流量が多くなる。一方，温暖期は基本的に流量は少ないが，台風などにより多量の降雨がもたらされると，流量は急激に増加する。このような河川流量の季節変化は，冬季に空気が乾燥して晴れることが多い太平洋側には見られない，日本海側の河川の特徴である。

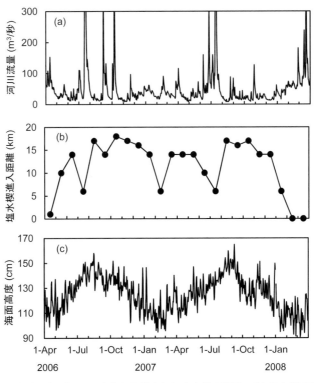

図 3　(a) 福知山で観測された水位から推定した由良川の流量，(b) 塩水楔の進入距離，
(c) 舞鶴で観測された海面高度の時間変化。Kasai et al. (2010) を改変。

3　由良川河口域

　河口域は河川水と海水が出会う場所である。塩分に代表される環境が，
時空間的に激しく変化する汽水域となっている。そのような場所を英語で
estuary（エスチュアリー）という。動物は体液中の溶質の濃度や水分の量を
ある程度一定に保たなければならないので，生息環境中の塩分が大きく変
わると浸透圧を調節しなければならない。これには大きなエネルギーを必

要とするので，エスチュアリーに生息できる動物は限られ，独特の生態系が築かれている。

　流れも非常に特徴的である。流体の密度が不均一になり圧力勾配が生じると，密度流と呼ばれる流れが駆動される。エスチュアリーでは陸側から低密度の河川水が流入し，海側にある高密度の海水と接する。これにより生じる圧力場の不均衡を解消するために，軽い河川水は表層から外海の方へ，重い海水は下層から陸側に向かう。そして圧力と摩擦が釣り合って定常な循環流ができる。これをエスチュアリー循環という（本書5-5 図1）。エスチュアリー循環は密度流の一種である。

　河床勾配などの地形条件が同じならば，エスチュアリー循環の強さは密度差と混合の強さによって変わり，循環の形態も異なる様相を呈する。潮流が強く鉛直的によく混合する場合を強混合型，河川流量が大きく成層が強い場合を弱混合型，両者の勢力が均衡する場合を緩混合型という。由良川河口域は干満差が 0.5 m 未満と潮汐が弱いので，典型的な弱混合型エスチュアリーに相当する。一方潮汐の大きな有明海に注ぐ筑後川河口域は，強混合型エスチュアリーに分類される。太平洋側に位置する多くの河川の河口域は，緩混合型エスチュアリーである。

　由良川の場合，河口域の様子は夏季と冬季で大きく異なっている（図4）。河川流量の多い冬から春先には，最下流域まですべて淡水に占められ，海水の河川内への進入は見られない。河口には強い塩分フロントが形成され，それを境に河川と海域がはっきりと分かれた状態になる。このフロントは水温分布からも見て取れる。この時期は，河川（約5℃）よりも海の方が（約10℃）が明らかに高温である。しかし夏季になると，海水が塩水楔状に底層から河川に進入する。その結果，成層が発達し，強い塩分躍層が形成される。河川水の水温は冬季と異なり，海水温と同等かそれ以上になる。この海水の進入に伴って，春先にスズキなどの海産魚が河川に回遊することも知られている（Fuji et al. 2018 ; 本書4-4）。

　図3b は塩水楔の進入距離（河口から塩分が5となる塩水楔先端までの距離）の時間変化を示したものである（Kasai et al. 2010）。海水の河川への進入に

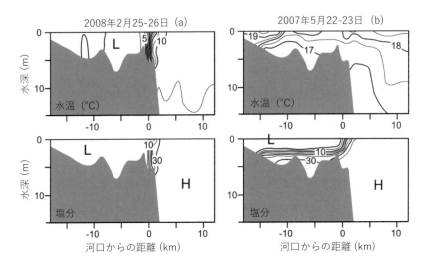

図 4　河川流量の多かった 2008 年 2 月 25 〜 26 日と少なかった 2007 年 5 月 22 〜
　　　23 日に観測された，由良川エスチュアリーにおける水温と塩分の鉛直分布。横
　　　軸は河口を基準とし，左が河川側，右が海側。Kasai et al. (2010) を改変。河
　　　川流量の多い冬から春先には，最下流域まで淡水に占められ，河口境に河川と海
　　　域がはっきりと分かれた状態になる (a)。一方夏季になると，海水が楔状に底層
　　　から河川に進入する (b 下図)。その結果，河川下流域では成層が発達し，強い塩
　　　分躍層が形成される。

は明確な季節変化があり，夏季に大きく，冬季に小さい傾向にあることが
分かる。一般に弱混合型エスチュアリーでは，塩水楔の進入具合は河川流
量，海面高度および河床勾配に依存する。そもそも由良川は河口から 20
km 上流までは河床が海面より低いため，海水が流入しやすい地形となっ
ているが，これは時間的に変化しない。一方河川流量と海面高度は時間と
ともに変化する。河川流量（図 3a）をみると，冬から春先にかけて雪解け
水の影響で河川流量が全般的に多くなっていることが分かる。ただし，
2006 年末から 2007 年初めにかけては降雪量が例外的に少なかったため，
河川流量が少なかった。夏季には，大雨に起因する急激な流量のピークが
いくつか観察されているが，平均流量は冬季よりも少ない。一方海面高度

は，短期的な変化も見られるが，夏季に高く冬季に低いという明瞭な季節変化を見せる（図3c）。重回帰分析を行ったところ，これら二つのパラメータと海水進入の強さの間には強い相関があることが分かった（r^2 = 0.79）。また，河川流量の標準偏回帰係数の絶対値が0.76と海面高度（0.25）よりも大きいことから，河川流量の影響がより強いと推定された。すなわち，河川流量が少ない時は，塩水楔が河川下流部をより奥の方まで進入する。これには季節変化だけでなく，短期的な変動も見られる。例えば，夏季の大雨によって河川流量が急激に増加したとき（2006年7月や2007年7月），海水進入は一時的に後退している。

4　丹後海

　一般に沿岸域の流れを支配しているのは，密度流，外洋からの強制力，潮流，そして風による吹送流である。日本には，丹後海のように，湾奥に大きな河川が流れ込んでいる内湾が多い。Simpson（1997）はそのような海域をROFI（Region of freshwater influence）と定義し，淡水流入に伴う密度流が内湾の物理環境に大きく影響を及ぼしていることを示した。河川水は海水よりも密度が小さいので，湾奥に常に浮力が加えられていることになり，これは岸沖方向に大きな密度勾配を生成するからである。丹後海への淡水流入のソースとしては海に直接降る降水もあるが，それよりも由良川から流れ込む河川水の方が多い（Itoh et al. 2016）。また河川水と海表面の水温を比較すると，夏季は河川水の方が高く，冬季は海水の方が高い。これは夏季には河川水が湾奥を温め，冬季は冷やしていることになる。このように丹後海は，常に河川水の影響を受けるROFIである。

　大陸の斜面に沿って流れる海流の影響も，沿岸域の環境を決める重要な要因の一つである。北米やヨーロッパのように陸棚が広い場合はその影響は小さいかもしれないが，日本近海のように陸棚が狭い海域では，その効

果が特に重要になる。日本の太平洋側では沖合に黒潮が流れ，その支流である対馬暖流が東シナ海から対馬海峡を通って日本海に流入し，沿岸のROFI に大きな影響を及ぼしている。しかし丹後海の沖合を東進する対馬暖流の流路や流量は一定ではなく，それが丹後海の環境をより複雑なものにしている。

　潮汐はどうであろうか。内湾の潮汐は，その大部分が外海からの進入潮汐波によって強制的に誘起された振動であり，月や太陽による引力によってその場の海水を直接引き上げたり戻したりすることで起きる海面の動きは非常に小さい。日本海を大きな内湾と捉えると，そこには対馬海峡，津軽海峡，宗谷海峡，そして間宮海峡の四つの出入り口がある。このうち対馬海峡が最大であり，津軽海峡と宗谷海峡の断面積はいずれも対馬海峡の1/8 程度にしかすぎない。間宮海峡はさらに微小である。それゆえ日本海の潮汐は主に対馬海峡を通る潮汐によって支配され，それを津軽海峡と宗谷海峡を出入りする潮汐が少し修飾しているようなものである。しかし日本海の面積に比べて各海峡の断面積が著しく狭いため，外洋から日本海に進入する潮汐波が日本海内部で大きく増幅することはない。そのため，日本海沿岸の潮汐はおしなべて小さい（宇野木 1993）。それゆえ日本海では潮流も小さくなり，丹後海では無視できる程度にしかならない。その結果，日本海では大きな干潟もできない。

　Itoh et al.（2016）は，丹後海の4か所に係留計を設置し，水温，塩分，流速を測定するとともに，船舶を用いた海洋調査を行い，丹後海の大まかな流れの様子を捉えることに成功した（図5）。それによれば，対馬暖流に伴う暖水が大浦半島の北部から流入し，丹後半島の東側から流出する。これにより丹後海北部から湾口部にかけて，全層にわたる時計回りの循環が形成される。この循環は冬季の北西風よって強化される。一方湾奥部には由良川からの河川水の流入に伴うエスチュアリー循環が形成されている。エスチュアリー循環も，河川流量が大きくなる冬季に強化される。このようにいずれの循環も，夏季よりも冬季の方が強いので，丹後海の海水交換は冬季に大きい。しかし丹後海の循環や海水交換を主導しているのは，河口

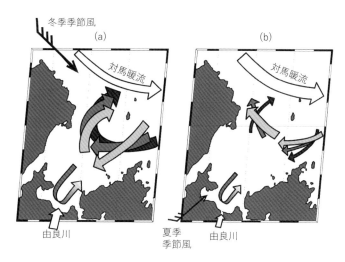

図5 冬季 (a) と夏季 (b) の丹後海の流れの様子。濃い矢印ほど深い層の流れを示す。また，大きな矢印ほど強い流れを表す。丹後海北部から湾口部にかけては，全層にわたって時計回りに流れている。この循環は冬季の季節風によって強化される。一方湾奥部には河川水の流入に伴うエスチュアリー循環が形成されている。エスチュアリー循環も，河川流量が大きくなる冬季に強化される。Itoh et al. (2016) を改変。

付近のエスチュアリー循環というよりも，対馬暖流系水の流入であり，これは北米やヨーロッパ北西部などの広い陸棚に接する ROFI とは対照的である。

　もう一つ興味深い点は，塩分の季節変化である。丹後海−由良川システムのように，湾の面積のわりに淡水流入が多い場合，湾内の塩分変化は由良川の流量変動すなわち流域の降水量の変動に支配されていると考えがちである。図6を見ると，由良川が流れ込む湾奥表層の塩分変化は，湾央や湾口部のそれとは全く異なっており，変動幅が大きいことが分かる。このような短期変化は，山が多い集水域を持つ由良川水系を考えれば，当たり前のことのように思える。ところが同じ湾奥でも少し深い水深の塩分変化は，表層とは全く異なっている。変動幅はもちろん深部の方が小さいが，

11

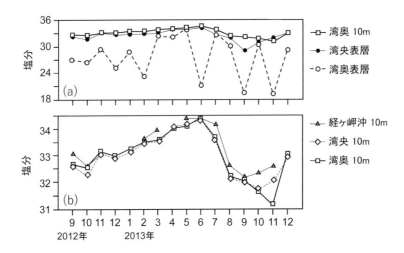

図6　丹後海湾奥 (由良川河口沖)，湾央，経ヶ岬沖 (丹後海の外) における塩分の変化。(a) 湾奥表層の塩分は，由良川からの淡水流入に伴って大きく変化する。同じ湾奥でも 10 m 深の塩分の変動幅は表層よりもずいぶん小さく，また変動のパターンも異なっている。(b) 経ヶ岬沖の塩分変化のパターンは湾奥の河口の 10 m 深とよく似ており，冬から春は比較的高位で安定しており，夏から秋にかけて低下する。これは，長江の流量が季節変化するためである。経ヶ岬沖の塩分は京都府海洋センターの観測による。

　それだけではなく，変動のパターンも異なっている (図6a)。一方で湾の外，すなわち対馬暖流域に相当する経ヶ岬沖の塩分変化を見ると，そのパターンは湾奥の深部とよく似ている (図6b)。つまり，冬季から春季は比較的高位で安定しており，夏季から秋季にかけて塩分が低下する。これは，図5で示したように，対馬暖流を介して外洋から丹後海に海水が流れ込んでいることと矛盾しない。それでは，なぜこのような塩分の季節変化が起きるのであろうか？　実は丹後半島沖で見られる塩分の季節変化は，対馬暖流の上流側すなわち鳥取や島根の沖合でも観測されている。夏季に低塩分水が対馬暖流に乗って東に運ばれているということである。そしてこの低塩分水は，対馬暖流のさらに上流側，すなわち東シナ海からやって

きている（千手ほか2007）。東シナ海に流れ込む大河である長江の河川流量が季節変化しており，それが対馬暖流に乗って日本列島の日本海側の塩分変化をもたらしているのである。日本では一級河川と位置づけられる由良川の河口域でさえ，亜表層以深の塩分変化は，そこに流れ込む由良川ではなく，1000 km以上離れた長江の影響を強く受けているという事実は大変興味深い。しかしこれは，中国の経済発展に伴う環境変化，例えば三峡ダムの建設と長江の流量調節や流域の富栄養化などの影響が，日本の沿岸域にも及ぶ可能性があることを意味している。

　最後に，水温の長期変化について述べる。海面水温は，10年以下の比較的小規模な時間スケールの変化と地球温暖化のような長期にわたる変化が重なり合って推移している。そのため，ある年の水温が前年の水温に比べて上昇したあるいは下降したからといって，一喜一憂する必要はない。ただ，2021年8月に発表された気候変動に関する政府間パネル（IPCC）第6次評価報告書第1作業部会報告書（Intergovernmental Panel on Climate Change 2021）に明記されたとおり，人間活動の影響が大気，海洋および陸域を温暖化させてきたことは間違いない。気象庁の観測結果によると，日本海南西部における海面水温は，2020年までのおよそ100年の間に，＋1.33 ± 0.31℃/100年の割合で上昇した。この上昇率は，世界全体や北太平洋全体で平均した海面水温の上昇率（それぞれ＋0.56℃/100年，＋0.55℃/100年）よりも大きくなっている。また，この値はおよそ100年間にわたる日本全国の年平均気温の上昇率（＋1.26℃/100年）と同程度である。世界の年平均地上気温の上昇率は，地域や海域によって少しずつ異なっており，日本に近いユーラシア大陸の内陸部では上昇率が大きくなっている。気象庁の見解では，日本列島の太平洋側よりも日本海側で海面水温の上昇率が大きいのは，この大陸における気温の上昇の影響を受けている可能性があるという。IPCCの行ったシミュレーションでは，1995 〜 2014年から2081 〜 2100年にかけて，全球平均の海面水温がSSP1-2.6では0.86℃，SSP5-8.5では2.89℃上昇すると見積もられている。気象庁の見解と合わせて考えると，丹後海における今後の長期的な水温上昇は，これよりもさ

らに大きくなるものと危惧される。気温が上昇すると豪雨などの災害が増加する。極域の氷の融解や海水の膨張により海水面が上昇し，沿岸域では高潮が発生しやすくなる。水温上昇によって，海洋生物の生息域や回遊経路が変化しているという報告も多い（例えば Yamamoto et al. 2020）。すでに影響の出始めている災害に備えることは言を俟たないが，それに加えて，10 年から数十年先に気温や海水温が上昇することを見据えた対策を今のうちから考えておくべきである。

沿岸観測——変わらぬ方法と変わりゆく環境

鈴木啓太

京都大学フィールド科学教育研究センター舞鶴水産実験所

「沿岸観測」は，舞鶴水産実験所が設置当初の 1974 年 10 月 1 日から現在まで変わらずに続けている唯一の活動である。毎朝 10 時頃，観測桟橋からバケツを使って海水を汲み上げ，水銀温度計により水温を，赤沼式比重計により比重（海水と真水の密度の比）を測定する。さらに，天候と気温および過去 24 時間の降水量を記録する。大雪でもない限り 5 分程度で終わる作業であるが，50 年近くにわたりほぼ毎日継続してきたことに重みがある。

元教員によると，当時は教育研究船「緑洋丸」の出航回数が少なかったこともあり，船舶職員の手持ち無沙汰を紛らわすために「沿岸観測」を始めたという。当初から長期的な見通しがあったわけではないが，平日の「沿岸観測」は船舶職員の業務として完全に定着した。一方，休日の「沿岸観測」は，教職員による当直制度があった 1990 年代までは当直者の業務として行われ，その後も学生のアルバイトにより維持されてきた。

観測結果は実験所ホームページに随時公開されている。熟練者が較正済の測器により測定しているわけではないため，データの精度を保証することはできない。それでも，昔から変わらぬ方法により測定・記録されてきたデータは有用であり，海面水温のデータは特に貴重である。実際，実験所を利用する学生や研究者にとどまらず，気象庁や海上保安庁をはじめとする行政・研究機関からの問い合わせに応じ，データを提供することも少なくない。

この機会に，1974 年 12 月から 2021 年 11 月までの 48 年間の気温と海面水温について，季節平均値を年ごとに計算し，経年変化を調べてみた。春（3 〜 5 月），夏（6 〜 8 月），秋（9 〜 11 月），冬（12 〜 2 月）のいずれの季節においても，海面水温のみに統計的に有意な上昇傾向が認められた（Mann-Kendall 検定，有意水準 0.05）。地上の温暖化より海中の温暖化が明瞭に進行しているという事実は大変興味深い。

近年，学生数の減少や謝金制度の厳格化が進み，休日の「沿岸観測」を学生のアルバイトに任せられなくなってしまった。学生や教職員のボランティアに頼ることも難しいため，休日の「沿岸観測」に自動観測装置を導入することに決めた。現在は，手動と自動の観測結果を比較し，データの対応を確認しているところである。時代に即した方法を模索しながら，今後も「沿岸観測」を継続してゆきたい。

1-2

栄養塩と植物プランクトン
──由良川・丹後海の相互作用

渡辺謙太

海上・港湾・航空技術研究所　港湾空港技術研究所

　川は陸域の森・里と海域をつなぐ役割を担っており，淡水や栄養塩・土砂の輸送を通して沿岸域の生態系に大きな影響を与えている。また，川－河口域－沿岸域は相互に関係しあう連続体として魚類を含む多くの生物の生息場となっている。河口沿岸域は食料生産や水質浄化，炭素隔離，レクリエーションなど人間が享受できる様々な価値（生態系サービス）を有しているが，これらの生態系サービスは高い基礎生産に支えられている。

　河口沿岸域において基礎生産の主な担い手となるのは個体サイズが数 μm から数十 μm 程度の微細藻類である。特に浮遊性の微細藻類である植物プランクトンは普遍的に存在しており，海域全体の基礎生産に大きく貢献している。植物プランクトン生産は物理的要因（水温・光環境・滞留時間等），化学的要因（塩分・栄養塩等），生物的要因（被食等）など様々な要因によって規定されているが，特に栄養塩の利用可能性は多くの海域で制限要因となっている。栄養塩とは植物の生育に不可欠な無機塩類のことで，本節では水域で不足しがちな窒素，リンおよびケイ素に鉄を加えて説明をする。

　河川を介して陸域の影響を受ける河口沿岸域では特に河川流入に起因する栄養塩循環がカギとなる。京大フィールド科学教育センターが進めてきた森里海連環学においても，鉄を含んだ栄養塩が森・里から川を通して海へどのように影響を与えているかが主たるテーマの一つである（山下2011）。そこで本節では，舞鶴水産実験所の近くに位置する由良川水系と丹後海（口絵 2）をモデルサイトとした栄養塩と基礎生産に関する一連の研

究について紹介する。

1 由良川流域の土地利用と栄養塩

　まずは森川里のつながりについて，栄養塩・鉄・有機物に着目して行われた調査結果を紹介する（福島ほか 2014 ; 福﨑ほか 2014）。由良川の源流から下流域までを対象に，本流 19 地点，支流 35 地点において，4 年間にわたって季節ごとのデータが収集された。各地点で採水したサンプルは化学分析に供され，栄養塩濃度（窒素・リン），溶存鉄濃度，溶存有機炭素濃度が測定された。また，流域の地形・土地利用・人口密度・農地への施肥量に関する地理情報が整理され，重回帰分析の説明変数として水質の規定要因が解析された。

　由良川の本流および支流において，溶存態全窒素と溶存態全リン濃度は人口密度が高い集水域ほど高く，重回帰分析の結果もこれを支持していた。このことから，市街地や耕作地が栄養塩の供給源として寄与率が高く，逆に森林は量的に大きな供給源ではないことが示された。溶存鉄濃度および溶存有機炭素濃度も同様に，森林面積率よりも市街地・耕作地率と強い関係があることが分かった。これらの結果は，由良川においては人間活動の影響が大きい里が，河川・海域への栄養塩や鉄の供給に大きく貢献していることを示している。同様の関係性は三陸沿岸に流入する河川でも見出されており，森林よりも耕作地や都市部が溶存鉄の供給源として量的に重要であることが示されている（Endo et al. 2021）。こうした知見は里での人間活動が河川を通じた沿岸域への栄養塩供給に強く影響していることを定量的に示している。一方で，森林の管理状況が窒素の流出特性に影響することも知られており（福島ほか 2014），森林管理と鉄供給の関係についても今後のさらなる研究が必要である。

2　塩水遡上と由良川下流域の基礎生産

　由良川は潮位差の非常に小さな（大潮時で 0.5 m 以下）日本海に流入しているため，流入する淡水と海水が混ざりにくい弱混合型河口域となる。こうした河口域では淡水は表層を滑るように流出するのに対し，海水は河床を這うように遡上するため，塩水楔とも呼ばれる。河川内での塩水楔の動態は前節（1-1）にて詳しく解説されているが，淡水流入量の増減に伴って海水の遡上距離は季節的に大きく変化する。こうした物理構造の大きな季節変化は河口域の基礎生産構造に季節的なパターンを生じさせている（Watanabe et al. 2014）。

　塩水楔の形成を主とした物理構造と基礎生産構造の季節的な関係性を明らかにするために，由良川河口から塩水楔の遡上端にあたる 17 km 地点までの下流域に複数の定点を設けて，月に 1 回程度の観測を実施した。観測では多項目水質計等を用いて，水温・塩分・溶存酸素濃度・クロロフィル a 濃度の鉛直分布を計測した。クロロフィル a は植物が持つ葉緑素のことで，植物プランクトン現存量の指標に用いられる。センサー観測に加えて，バンドン型採水器を用いて，表層，中層，底層の 3 層から採水した試料の栄養塩濃度（窒素・リン）を測定した。加えて，実際に現場に生息している植物・動物プランクトン種組成も分析した。

　時空間的に密な現地観測とデータ解析から見えてきたのは，由良川下流域において物理構造・栄養塩分布のダイナミックな変動と植物・動物プランクトン生産が密接に連動している様子だった。本書1-1でも詳細に解説されているように，下流域の物理構造は河川流量と塩水遡上の季節変化によって支配されており，大別して二つの構造に分けられる。一つ目は河川流量が少ない主として夏季に海水が河床を遡上する塩水楔レジームである（図1）。この時期は上流から供給される河川由来栄養塩と，河床に滞留する塩水楔内で生じる栄養塩のリサイクルが植物プランクトンへの栄養塩供給経路として重要である（図1）。塩水楔は降雨による出水がない限り河床

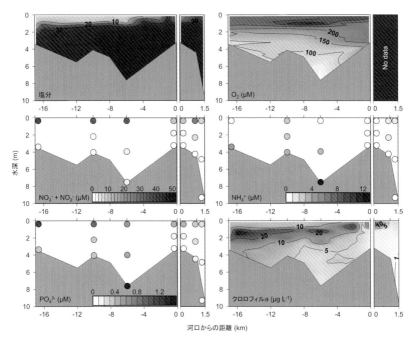

図1 由良川下流域の塩水楔レジーム（低流量期）における塩分，溶存酸素濃度，栄養
塩濃度（硝酸・亜硝酸態窒素，アンモニア態窒素，リン酸態リン），クロロフィル
a 濃度の空間分布。塩水楔レジームでは海水が河床を遡上し，塩分躍層が形成さ
れる。栄養塩は表層を流れる河川水と塩水楔内での有機物分解等に伴って供給さ
れている。これらを使って，表層や塩分躍層直下でクロロフィル a 濃度が増加し
ている。(Watanabe et al. 2014 を改変)

に滞留し，外海との海水交換も限定的であるため，有機物分解が促進され
る。有機物分解等によって栄養塩がリサイクルされ，塩水楔中に供給され
ている。塩水楔レジームでは基礎生産が活発に行われ，植物プランクトン
現存量が大きくなる（図1）。表層を流下する淡水内では藍藻や緑藻などの
淡水性植物プランクトンが優占する。淡水の滞留時間が増加することと，
塩水楔により強い成層が形成されることで表層1 m 程度に長く留まれるよ
うになり，淡水性植物プランクトンが増殖しやすい構造になっていると考

えられる。塩水楔内では塩分躍層の直下にクロロフィル *a* の極大が見られることが多い。これは主として珪藻などの海水性植物プランクトンの増殖によるものである。塩分躍層直下に極大が見られることから河川由来栄養塩が重要であることが分かる。塩水楔レジームでは特に塩水楔内で動物プランクトンの密度も高くなっており，高い基礎生産が一次消費者にも利用されていることが示唆される。

　もう一つの物理構造は河川流量の多い時期に見られ，淡水が河川内を占める淡水レジームである。由良川は冬季に積雪のある日本海側の河川のため，冬春季および梅雨時期・台風時期の出水時に淡水レジームとなる。淡水レジームでは相対的に栄養塩濃度が高い河川水が多く供給されることにより，下流域の栄養塩濃度も全層で高い状態が維持される。それにもかかわらず，河川水の滞留時間が短いせいで植物プランクトンは十分に増殖することができず，現存量が小さくなる。淡水レジームの期間は一次消費者である動物プランクトンの密度も小さく，河川内の生物生産力は限定的である。このように季節的に大きく変わる物理構造によって，植物プランクトン生産が制御されている。

3 丹後海沿岸域の基礎生産

　下流域の基礎生産は河川流量に応じて顕著に季節変化をしていたが，丹後海の沿岸域においても河川流入の影響は見られるのであろうか。河川からの栄養塩供給が沿岸域の植物プランクトン生産を規定していることは特に内湾などの半閉鎖性海域で多くの研究により明らかにされている（Cloern and Jassby 2008）。丹後海は外海に対して開けた湾であるため，外海水の影響を受けやすい（本書 1–1 参照）。こういった比較的開放的な沿岸域において河川流入が海域の基礎生産にどの程度寄与しているのかについての知見は限られている。そこで由良川河口域−丹後海沿岸域をモデルサイ

トとして，河川流入の季節変化が海域の植物プランクトン生産の季節性に
与える影響を定量評価するために，舞鶴水産実験所が当時所有していた教
育研究船の白浪丸および緑洋丸による高頻度観測（2009 年 12 月から 2011 年
7 月まで月 2 回以上）を実施した（Watanabe et al. 2017）。

　丹後海沿岸域の観測では水深 30 m までの海域に複数の定点を設け，多
項目水質計による鉛直計測と多層採水を実施した。採水試料の栄養塩濃度
を測定し，その時空間変化を調べた。栄養塩供給源ごとの植物プランクト
ン生産への寄与を調べるために，簡易な物質収支モデル（ボックスモデル）
を構築して，河川由来栄養塩と海域由来栄養塩の供給量を月ごとに推定し
た。物質収支モデルにおいて，海域由来栄養塩は河川水の流入により駆動
されるエスチュアリー循環によって外海から供給される栄養塩と定義して
いる。丹後海の水深 0 〜 30 m の海域を一つのボックスと仮定し，淡水流
入量とボックス内の塩分変化から塩分の収支計算によって，外海水流入量
およびそれによる栄養塩供給量を推定した。

　丹後海沿岸域では栄養塩とクロロフィル a 濃度が連動して明瞭な季節変
化を示した。栄養塩濃度は海水温の低下する 11 月から増加し，3 月頃に急
激に減少して夏季はほぼ枯渇した状態であった。クロロフィル a 濃度も 2
月ごろから 4 月ごろにかけてピークが見られ，栄養塩濃度が高い時期に合
致している（図2）。一方で 11 月から 1 月頃にかけては冬型の気圧配置の影
響で北風が強まることで，沿岸域の濁度が上昇し，海底まで光が到達しな
くなる（図2）。こうした影響もあってこの時期は栄養塩環境が良いにもか
かわらず，植物プランクトン生産が光制限を受けていると考えられる。

　では，丹後海沿岸域の植物プランクトン生産にとって重要な栄養塩はど
こから来たものなのか。河川由来栄養塩供給量の季節変化は河川流量の季
節変化と連動しており，冬春季と梅雨時期，台風時期の出水で河川から栄
養塩が供給される（図2）。一方，海域由来栄養塩の供給量は低水温となる
12 月から 4 月にかけて顕著に多く，水温が高い梅雨時期や台風時期にはほ
とんど供給されていない。冬春季は海面が冷却されることで鉛直混合が起
き，栄養塩の乏しい表層水に中深層の栄養塩が供給されるため，外海水の

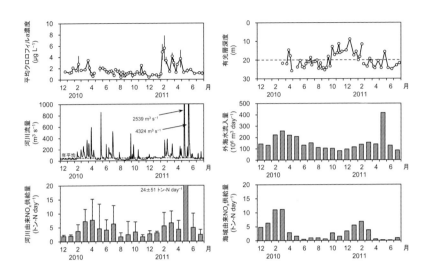

図2　丹後海沿岸域におけるクロロフィル a 濃度，有光層深度，河川流量，外海水流入量，河川由来NO$_x$供給量，海域由来NO$_x$供給量の季節変化。NO$_x$は硝酸態窒素および亜硝酸態窒素の合計を表す。河川流量の季節変化に応じて，河川由来および海域由来NO$_x$供給量が変化している。クロロフィル a 濃度は海域由来NO$_x$供給量が多く，かつ有光層深度が深い2月から4月に顕著に増加している。(Watanabe et al. 2017 を改変)

栄養塩濃度も高くなっている。冬春季の出水に駆動されるエスチュアリー循環は外海水の高栄養塩とかみ合っているので，重要な栄養塩供給過程となっている。梅雨時期や台風時期の出水によってもエスチュアリー循環は駆動され，外海水は沿岸域に多く輸送される（図2）。しかし，外海水の栄養塩濃度が低いために，エスチュアリー循環は逆に低栄養塩海水によって高栄養塩河川水を希釈してしまう効果を持つ。そのため，高水温期の出水による河川由来栄養塩は少なくとも水深30 m以浅の基礎生産にはあまり貢献していないようである。それぞれの栄養塩供給量および有光層深度（光が到達する水深）とクロロフィル a 濃度の季節的な関係を一般化線形モデルで解析すると，海域由来栄養塩と有光層深度の季節変化が植物プラン

クトン生産の季節性をよく説明することが示された。一方で河川からの栄養塩供給は丹後海沿岸域の生産にはあまり貢献していなかったが，これは開放的な河口沿岸域の一つの特徴であると考えられる。丹後海沿岸域の基礎生産にとって河川流入は重要であるが，陸域から供給される栄養塩自体の貢献度は低いようである。

4　河口沿岸域における鉄の動態

　鉄は窒素やリン，ケイ素と並んで植物プランクトンの生育に必須の微量金属元素である。海洋においては南極海などの高栄養塩低クロロフィル海域において，植物プランクトン増殖の制限要因として溶存鉄の研究が精力的に行われている。こうした海域では，窒素やリン，ケイ素が豊富にあるにもかかわらず植物プランクトン現存量が小さいことが長年の謎とされていた。1980 年代後半以降，米国の J・H・マーティン博士らの研究を通して，こうした海域では鉄が植物プランクトン生産を制限しているという「鉄仮説」が提唱された（Martin et al. 1990）。こうした外洋域は大陸から距離的に離れていることで，大気等からの鉄供給が極めて少ないため，鉄不足になると考えられている。沿岸域では河川から陸域由来の鉄が供給されることにより植物プランクトン生産が支えられている。本節の前半で述べたように，由良川では森林よりも農耕地や市街地といった里から多くの鉄が供給されている。一方，鉄は海水中においては溶解度が極めて低く，植物プランクトンが利用可能である溶存態の存在量は限られる。海水中で鉄が溶存態として存在するためには，フルボ酸やフミン酸と呼ばれる腐植物質が鉄と結合して可溶化することが重要である。腐植物質とは，生物・物理・化学的作用により動植物遺骸等から生じる物質のうち，化学構造が特定されない有機物の総称であり，自然界に普遍的に存在している。ここでは，鉄とその運び屋と考えられる腐植物質が河口沿岸域でどのような挙動

を示すのかについて調査した結果を紹介する（Watanabe et al. 2018）。

　鉄分析用のサンプル採取は上述の由良川下流域，丹後海沿岸域の現場観測と同じ地点において実施した。金属フリーのバンドン型採水器を作成して採水を行った。海水中の溶存鉄濃度は極めて微量（＜数 nM）であるため，大気等からの汚染を管理したクリーンルームでの分析が必要である。固相抽出法による濃縮と脱塩を施したサンプルを用い，ICP 質量分析計により鉄濃度を測定した。なお本研究では，孔径 0.7 μm のフィルターでろ過したサンプルを溶存態としているため，コロイド態鉄も含まれている。腐植物質濃度を定量するためには複雑な前処理を要するため，多くのデータを得るには労力が必要である。一方，溶存有機物の一部は蛍光特性を示し，その蛍光ピークの位置からタンパク質様蛍光物質と腐植様蛍光物質に大きく区分される。水域で見いだされる腐植様蛍光物質は腐植物質と同様の蛍光特性を有するため，腐植物質の動態解析に広く用いられている。本研究では，溶存鉄濃度と同時に腐植様蛍光特性を測定し，これらの時空間的な分布がどのような関係にあるのかを調べた。

　溶存鉄濃度と塩分の関係を見ると，溶存鉄は河川水中で 1000 nM 以上と比較的高濃度で存在するのに対し，塩分 30 以上の海水中では 10 nM 程度と極めて低濃度であった（図 3）。淡水と塩分の混合過程では，保存的に希釈されるわけではなく，塩分 0 〜 10 程度の領域で急激に濃度が低下していることが分かる。濃度変化から計算すると，由良川河口域では河川由来溶存鉄の 94% 以上が水中から除去されていた。これに対して腐植様蛍光物質は直線的に濃度減少し，保存的に希釈されていることが見て取れる（図 3）。これらの結果からは由良川河口域において溶存鉄と腐植物質は異なる挙動をしているように見える。

　それでは腐植物質は河口域において鉄の運び屋の働きをしていないのであろうか。腐植物質と鉄の関係について既往の知見と見比べて深堀してみた。過去の研究では腐植様蛍光強度と腐植物質濃度の関係（Determann et al. 1994），そして腐植物質が持つ鉄との結合ポテンシャル（Laglera and van den Berg 2009）が調べられている。これらの関係性はもちろん腐植物質の

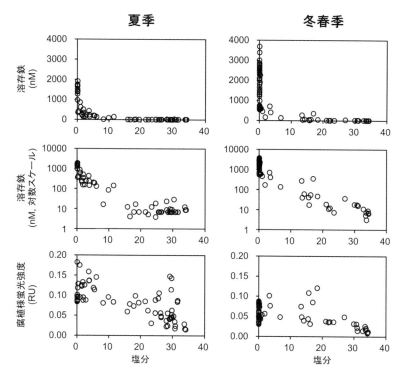

図3 淡水と海水の混合過程における溶存鉄および腐植様蛍光物質の変化。季節によらず溶存鉄濃度は塩分 0 ～ 10 の領域で急激に低下するが，腐植様蛍光強度は保存的に希釈されている。(Watanabe et al. 2018 を改変)

性質や海域特性によっても変わる可能性があるため不確実性を含んでいるが，試算としては有用な手段と考えられる。これらの関係性から推定された腐食物質に結合した溶存鉄濃度（腐植錯体鉄ポテンシャル濃度）は，河川水中で13 ～ 25 nM，海水中で数 nM であった。実際の溶存鉄濃度と比較すると河川水では大きな差が見られた（図3）。この結果は，河川由来溶存鉄（粒径 0.7 μm 以下）の大部分がコロイド態鉄であり，コロイド態鉄はほとんど除去されて沿岸域には到達していないことを示唆している。一方で，海

水中の腐植錯体鉄ポテンシャル濃度は実際の溶存鉄濃度と近くなっていた。このことは沿岸域への河川由来溶存鉄の輸送において，腐植錯体鉄が重要な役割を果たしていることを示唆している。またこの結果は，鉄の供給量だけではなく，腐植物質と結合しているという質的な面での評価が不可欠であるということを示している。上述したように，由良川では森よりも里から量的には多くの溶存鉄が供給されていた。しかし，その質に着目してみると，その見え方はもしかしたら変わるかもしれない。鉄や腐植物質を介した森川里海の関係についてはこれからも複合的な視点で研究をしていく必要がある。

5 川・海の相互作用と生物生産

　ここまで紹介してきた一連の研究では，河川から沿岸域までの連続したシステムにおいて，物理構造，栄養塩循環，そして植物プランクトン生産がどのように関係し合っているのかをフィールドワークにより明らかにした。興味深いことに，由良川の河川流量が季節的に変動することで，下流域と沿岸域の間で植物プランクトン生産のホットスポットが変化していた。河川流量が少ない夏季から秋季にかけては塩水楔が河床を遡上し，河川下流域において河川由来栄養塩を起点として基礎生産が高まる。この期間，丹後海沿岸域においては河川からの栄養塩供給が少なく，かつエスチュアリー循環に駆動される沖合からの栄養塩供給もほとんどないため，生物生産性が低い海となっている。一方，冬春季は河川流量が増加することで，沿岸域ではエスチュアリー循環に駆動される沖合からの栄養塩供給が卓越し，海域の基礎生産が支えられている。このように生物生産の主たる場所が河川と沿岸域で季節的に移動することは，河口沿岸域を成育場・生息場とする魚類の分布にも大きく影響している可能性がある。冬春季の高い基礎生産に支えられて丹後海沿岸域では一次消費者であるアミ類の現

存量が大きくなる（本書2-2）。こうしたアミ類はこの時期に沿岸域にやってくるスズキやヒラメの仔稚魚の成育に利用されている（本書2-1，4-4）。沿岸域が貧栄養になる晩春から夏にかけてはスズキ稚魚の一部は由良川に遡上し，河川内の豊富な生物生産を活用する（本書4-4）。現在進行形で生じている気候変動や人為攪乱は河川流量や河川水質を改変し，河口沿岸域の生物生産を変容させている。陸域から海域までを一貫した生態系として捉え，その相互関係をよく理解し，そこから得られる価値を最大限高めるような統合的な沿岸域管理が求められている。その際に，一流域を一気通貫で研究した知見は貴重なものであると考える。

　本節では主に著者が京都大学の大学院修士課程で関わった森里海連環学に関する研究プロジェクトの成果を紹介させていただいた。少しばかり昔話をすると，著者が京都大学に入学したころに宮城県に住む祖母から送られてきた書籍がこうした研究に携わるきっかけだったように思う。京大フィールド科学教育研究センターが進めてきた森里海連環学の考え方にも大きな影響を与えた畠山重篤さんの書籍『漁師さんの森づくり──森は海の恋人』（畠山2000）である。本節で紹介した研究によって「森は海の恋人」である科学的根拠が得られたわけではない。しかし，森川里海を一貫して考えるという視点は現在も未来も健全な沿岸域管理にとってなくてはならないものである。これからも森川里海連環の視点を持った沿岸域研究が一層深化していくことを期待したい。

里海トピック1

急潮と定置網の被害

舩越裕紀

京都府農林水産技術センター海洋センター

　「急潮（きゅうちょう）」という言葉をご存じだろうか。多くの人は暮らしの中で耳にすることはなく，私自身恥ずかしながら水産系技術職に就くまで，言葉自体知らなかった。急潮とは，一言で表すと速い流れのことであり，例えるなら「海中の嵐」である。丹後海では台風や温帯低気圧の通過がきっかけとなることが多い。例えば，台風が日本海を通過した場合，発生した急潮は山陰沿岸から東向きに岸沿いを伝播し，経ヶ岬を回り込んできたり，京都の沖合から南進してきたりして丹後海へと流れ込んでくる。同様の急潮は流れの上流側に大きな半島を持つ内湾において起きやすく，日本海では富山湾や佐渡島の両津湾でも発生する。厄介なのは，陸上の天気と急潮に同時性がないことである。急潮は台風の通過後半日〜 2 日後に発生することが多く，ときには 1 週間近く継続する。台風一過という熟語どおり，風が収まり空は快晴で波は穏やかでも，海中では嵐が吹き荒れるという事象が起きる。

　「定置網漁業」とは，文字どおり網を海中の定まった場所に設置し，網に入ってきた魚を漁獲する漁業であり，400 年ほど前（富山湾が発祥と言われる）から日本の沿岸漁業や漁村を支えてきた。定置網は，海中に長期間設置したままなので，漁具だけではなく，魚礁の役割もあり，定置網を産卵や索餌に利用したり，隠れ家にしたりする生物がいる。定置網漁業はまさに里海の重要な要素の一つである。この定置網に急潮がときに大きな被害を及ぼす。定置網は非常に高額な設備であり，被害が小さければ手作業で修復できるが，被害額が一億円以上になる場合もある。そうなれば漁業の存続が危ぶまれる。現在のところ，被害を防止あるいは軽減する最も有効な対策は，前もって定置網の一部あるいは大部分を一時的に海中から撤去することである。そのためには事前に急潮を予測する必要がある。コンピュータシミュレーション等を駆使した急潮の予測精度はかなり向上しているが，予測は気象条件に依拠するため，気象予報が変わると急潮の予測も大きく変わる。網の撤去には労力と時間がかかる上，撤去中は漁獲が見込めないため，漁業者および対策を促す予報担当者にとって，対策をとるべきかどうか非常に難しい判断を迫られる。

　奇しくも，急潮が頻発する丹後海や富山湾，両津湾はいずれも好漁場であり，南下する寒ブリを定置網で漁獲することで有名である。今後も，自然と共生し，豊かな恵みを享受し続けることができるよう，防災技術のさらなる進歩が期待される。

海藻と海草——海の森の多様なつながり

八谷光介

水産研究・教育機構水産技術研究所

　海藻と海草は，沿岸生態系の重要な一次生産者であり，多くの生き物の生活を支えているが，魚や貝類などの動物に比べ研究者も少なく一般にあまり知られていない。そこで本節では，まず海藻や海草がどういう生き物であるか紹介し，次に京都の海の海藻の生き様について述べる。最後に，海藻と海草を題材に，里海について，あるいは人と海の共生について考えてみたい。

1　海藻や海草とは

種類や利用法

　海藻と海草は，ともに「かいそう」と読めるが，生物の種類としては大きく異なり，これらを区別するために海草を便宜上「うみくさ」と呼んでいる。英語では海藻は seaweed，海草は seagrass と区別しており，食用となる海藻では sea vegetable と言われることもある。

　海藻は光合成色素の違いにより緑藻類，褐藻類，紅藻類に分けられている（表1）。緑藻類の一部から陸上植物が進化したと考えられており，その過程で根，茎，葉などの形態や機能が分化してきた。この陸上植物のうち再び生息地を海中に戻したものが海草である。海草は陸上植物と基本構造

表 1　海藻と海草の代表的な種類

緑藻類	アオサ類（アナアオサ，スジアオノリなど），シオグサ類，フサイワズタ
褐藻類	モズク，アラメ・カジメ類，ワカメ，コンブ類（マコンブなど），ホンダワラ類（ヒジキ，アカモクなど）
紅藻類	アマノリ類（アサクサノリ，スサビノリなど），テングサ類（マクサなど），エゴノリ
海草類	アマモ，スガモ，ウミヒルモ

が同じであり，砂泥に根を張って生活しているが，海藻には陸上植物のように養分を吸収する根に相当する器官がなく，岩や他の海藻などに付着している。

　海藻を食品として広く利用している日本や韓国では，海藻に対する認知度が世界で最も高い。一方，欧米ではこれまで seaweed というと海岸に打ち上げられたゴミを連想させていたが，近年は，海藻の様々な機能が注目されている。食用として直接利用されるほか，海藻や海草は食品添加物，工業原料，肥料などとして用いられる。医療薬としての研究も盛んであり，生活習慣病などへの効果が期待されている。食用利用は，日本，韓国，北朝鮮，中国の東アジアが多い。一方，フィリピンやインドネシアでは，食品添加物や工業原料となる海藻多糖類を得るための養殖生産が多い。近年は，世界中で海藻利用が拡大しており，欧米では地球温暖化対策として，コンブ類の海藻養殖により CO_2 吸収量を増加させる取り組みもでてきている。

生育に影響を及ぼす要因

　海藻と海草の生育に影響を及ぼす主な要因として，光，波や流れ，乾燥，水温，栄養塩および植食動物などがある。以下では個々の要因を概説するが，実際には複数の要因が組み合わさって生育に影響するため，その

ことについては次のセクションで述べる。

〈光〉海藻と海草は光合成を行うために光がなければ生きていけない。水中では光が空気中よりも減衰するため水深による変化が大きく，光の減衰率は海水の透明度に強く影響される。内湾で海水が濁っている場合には，水深 1 m ほどの浅い場所でも光が十分に届かず，目の前のものが見えないが，透明度の高いところでは 10 m 以上潜っても，水中に居ることを忘れるほど水が澄んでいる。京都を含む対馬暖流域は比較的透明度の高い海域であり，水深 20 m 以上でも海藻や海草の群落が見られるところもある。しかし，富栄養化により植物プランクトン密度が増加し透明度が低下すると，海藻や海草の生育限界水深も浅くなるため，その分布面積も狭くなる。

〈波や流れ〉海では，通常，波浪や潮汐により海水が動いている。波当たりが強い場所では，それに耐えられる体や付着力を持つ海藻だけが生育する。また，海底の砂礫などが強い波に動かされ，それらが海藻をはぎ取ることもあるし，海藻が砂礫に埋まることもある。

　一方，海藻は海水から栄養塩を取り込み，老廃物を排出するため，適切な海水流動がないと海藻と接する海水の栄養塩が不足して生長が阻害されることがある。ところで，海藻の密生した群落内部は，群落の周辺部と経験する流れが異なっており，それらの複雑な関係を解釈することはなかなか難しい。しかしながら，海藻の生長や生残などは，その場の海水流動に影響されていることは確かである。

〈乾燥〉潮の干満によって空中に露出したり海中に水没したりする場所を潮間帯という。潮間帯では，高さや地形あるいは波当たりのわずかな違いによって，干出する時間や乾燥の程度，日当たり，温度などが大きく異なるため，狭い範囲に多様な環境が形成され，海藻をはじめとする生物多様性が非常に高い。潮間帯での海藻の分布は，乾燥への耐性といった海藻自身の生理特性に影響されるが，海藻を食べる植食動物の分布やそれを食べ

る肉食動物の分布も潮間帯の中で変化するため，それらの動物の生息場所とも関連している。

〈水温〉日本沿岸には暖流域と寒流域がともにあり，多様な海藻相が形成される。藻場を構成する主な海藻としては，暖流域にホンダワラ類，アラメ・カジメ類があり，寒流域にコンブ類が，アマモは北海道から九州まで生育している。詳しくは後述するが，近年は，温暖化による藻場の衰退が続いていることから，海藻の生長や生残に対する水温の影響，とりわけ高水温の影響が調べられている。一方，低水温の影響については，あまり調べられていないが，例年より水温が低い年に，それまで生えていた海藻が衰退するような現象は確認されていない。一般に低水温になると海水が鉛直混合し富栄養になるので，低水温による負の影響を受けにくいのであろう。

〈栄養塩〉海藻は根を持たず，体全体の表面で海水から栄養塩を吸収するので，土壌や底質の栄養塩を根で吸収し，体の各部位へ輸送している陸上植物や海草とは構造が異なる。一般に，富栄養な場所や時期によく生える海藻は生長が速く短命であり，貧栄養なところに生える海藻は生長が遅く寿命が長い。また，栄養塩の濃度だけでなく，その季節変化や突発的な供給に応じて栄養塩を体内に蓄積する能力も，海藻と栄養塩の関係にかかわってくる。

　陸域からの栄養塩供給が多い内湾のほうが富栄養となる傾向があるが，開放的な海岸でも沖合底層からの湧昇，寒流，海底湧水（里海トピック2）などにより栄養塩が供給される。そのほかに，海底泥からの溶出，動物の排泄物などを起源とする栄養塩の供給もある。

〈植食動物〉海藻には，植食動物に食われやすい種類と嫌われるものがあり，概して人間が食べる海藻は，植食動物にも食べられやすいようだ。そのため，ノリ養殖やワカメ養殖では魚類の食害が問題視されている。天然の海藻を食べる植食動物では，ウニ，アワビ，サザエなどの海底に棲む生

物（ベントス）で多くの研究例があるが，1990年代後半ぐらいから九州などの温暖な海域で，植食魚（ノトイスズミ，アイゴ，ブダイなど）が藻場の海藻を食い荒らすことが報告されてきた。

　動物の活動は概して低水温になると鈍くなるので，海藻側の対応としては，低水温期に生長・成熟して次世代を残し，高水温になると盤状の付着器や配偶体などのごく微小な形で植食動物をやり過ごすという方法がある。温暖化により植食魚が活発になってきた九州や四国では，以前は，一年中，枝葉を伸ばす多年生ホンダワラ類も生えていたが，近年は，魚類の活動が落ち着いた低水温期だけ枝葉を伸ばすホンダワラ類が増えてきた。マメタワラやヤツマタモクは，京都では枝葉を周年伸ばしているが，食圧が高い夏季には付着器だけで生き残ることもできるため，九州などではそのような生活史が見られる。

海藻の種間競争や動物との相互作用

　海藻は莫大な数の生殖細胞を産み出し，条件さえよければ盛んに生長するため，付着場所や光のような有限な資源をめぐって種内あるいは種間で競い合うことになる。このため，通常は海藻が新たに付着できる場所は少ないが，小石のように不安定なもの，嵐で反転した岩，流氷や砂礫に削られた地点，あるいは植食動物が多いところでは，付着場所が空くことがある。空いた場所に素早く着定するには，生殖細胞を常に多く放出している種が有利であるが，着定した場所を占有し続けるためには，寿命の長い種が有利になる。北海道東部では，流氷により海藻が削り取られると，その場所に遊走子が着定してコンブ類が生えることができるが，流氷が来ないと多年生海藻がその場を占有し続けるために，コンブ類が生えないとのことである。

　光をめぐる競争では，体を大型化させ，水面から到達する光を他の海藻より上で受ける方が有利である。アラメ・カジメ類では硬い茎をのばして上方に葉状部を保持しており，ホンダワラ類では気胞と呼ばれる浮袋を形成し，長い枝を水中で直立させている。また，他の海藻に付着することで

より良い光条件を確保しようとする海藻もある。モズクやエゴノリはホンダワラ類などに付着する付着藻であり，光をめぐる競争で優位な立場にあるホンダワラ類のさらに上を行く戦略を有している。ちなみにモズクの語源は「藻（に）付く」（モヅク）とされ，いかにも付着藻らしい名前である。

　海藻以外の生物との相互作用では，植食動物の影響が最も大きい。植食動物の多い場所では食われにくい海藻が生き残りやすいが，これらは一般的に生長の遅いものが多く，植食動物の少ない場所では他の海藻との競争に負けてしまう。一方，海藻が食われるとその場所が空くために，それまでは付着場所を得られなかった海藻にチャンスが訪れることになる。三陸沿岸では一年生のマコンブやワカメが多く生えているが，これらは毎年新しい付着場所を確保しなければならない。同海域ではウニやアワビが多く，海藻の生えていない場所も多く見られ，この状態が継続すると海藻の生育しない不毛地帯となる。ところが，ウニやアワビのような植食動物は親潮が到達し低水温になると活動が鈍くなるために，この時期にちょうど発芽するマコンブやワカメには好都合である。その後，水温が上昇してウニやアワビの活性が上がってきたときには，マコンブやワカメは大きく生長しており，植食動物に十分な餌を供給しつつ，自らも生き残ることができる。

　また，植食動物を捕食する肉食動物も間接的に海藻の生育に影響する場合がある。アリューシャン列島の「ラッコ－ウニ－海藻」の食物連鎖関係が有名で，ラッコがいる島では，ウニが食われて減少し，海藻が生えるが，ラッコのいない島ではウニが多く，海藻が生えないことが観察されている。ところで，現在，食物連鎖を通じて海藻の生育に最も影響を与えている生物はヒトであろう。漁獲や生息地の改変あるいは気候変動を通じて，ウニなどの植食動物，ウニを食べるとされるラッコ，イセエビ，イシダイなどの肉食動物に対して最も影響力が大きいと考えられるからである。

　ここまで海藻と海草の生育に影響を与える主な要因をみてきたが，実際にどの種が生えるかは，一つの要因だけで決まることはなく，複数の要因

が常に関係している。また，三陸のマコンブやワカメのように，環境要因の季節変化やそれが海藻に影響を及ぼすタイミングも重要である。このように海藻や海草の生育する沿岸生態系には複数の要因が絡み合い，時間的な不均一性も加わる。そしてそこに棲む生物たちも相互作用して多種多様な生活史が繰り広げられることになる。これらを解きほぐすことが海藻や海草の生態を理解する上で必須であるが，それは容易なことではない。

藻場の役割と磯焼け

　海藻や海草が集まって生える場所のことを藻場（もば）と呼んでいる。日本沿岸ではコンブ類，アラメ・カジメ類，ホンダワラ類（ガラモとも呼ばれる）などの大型海藻と，テングサ類などの小型海藻が藻場の優占種となることが多く，それぞれコンブ場，アラメ・カジメ場，ガラモ場，テングサ場と呼ばれる（口絵9）。海草のアマモが生えている場所もアマモ場と呼ばれ，藻場に含まれる。

　藻場には様々な役割があり，海藻は人間や植食動物へ食物を供給し，藻場に棲む生物も他の動物の餌となる。藻場では海中に複雑な立体構造が形成されるために，流れの穏やかな環境がつくられ，幼稚魚に隠れ場所を提供する。また藻場から流出した流れ藻も魚類の棲み場となる。そのほかに，光合成や呼吸を通じて海水中の酸素や炭酸濃度を変化させることや，生長に伴い固定した炭素を海中にとどめ再び大気中に回帰しないようにする役割も持っている。このような機能や立体構造が森林と似ていることから，藻場は「海の森」とも呼ばれる。

　このように重要な役割を持つ藻場であるが，様々な要因による衰退や磯焼けが問題となってきた。藻場は沿岸域に形成されるため，かつては埋め立てが最大の減少要因であり，特にアマモ場は内湾や河口域に主に分布することから，埋め立てや透明度の低下といった人間活動の影響を受けてきた。一方で1990年代ごろからは下水処理の高度化などにより，海が富栄養から貧栄養に変化して植物プランクトン密度が低下し透明度が上昇したために，アマモの分布域が広がっているところもある。しかし，20 〜 30

年ぐらい前から，温暖化の影響により藻場の状況は大変厳しいものとなってしまった。

　藻場の海藻が本来有している季節変化や年変動の幅を超えて，縮小・消滅する現象を磯焼けと呼んでいる。古くは北海道日本海沿岸が有名で，1960年代に顕著となった磯焼けが現在も継続している。それ以外では，黒潮流路（伊豆地方）や親潮勢力の年変動（三陸地方）による藻場の衰退はあったが，これらは海況の変化により藻場が回復したために，磯焼けというよりは中期的な藻場の自然変動とみなされている。

　しかし，1990年代から，暖流域である九州や四国でアラメ・カジメ類の衰退が報告され，続いて2000年代にはホンダワラ類も衰退・消滅するようになった。2010年代も藻場の衰退域が北上し続けており，日本海側では壱岐・対馬や山口県，太平洋側では関東地方でも藻場の衰退が報告されている。

　気象庁（https://www.data.jma.go.jp/gmd/kaiyou/data/shindan/a_1/japan_warm/japan_warm.html【参照 2022.03.15】）によると2020年までのおよそ100年間にわたる日本近海の年平均海面水温の上昇率は＋1.16℃/100年，とされている。また，その図を見ると，近年では1990年代後半と2010年代中〜後期の上昇率が高く，最新の5年移動平均値は過去最高となっている。

　水温の上昇率が高かった時期と，九州や四国の藻場が衰退した時期は概ね一致しており，藻場の異変が観察された年には，平年より水温が高めに推移していることから，高水温が藻場衰退の引き金となっていることは確かであろう。水温が上昇すると，海藻の生長や成熟にとって不適となるほか，植食魚やウニの摂食活動の活発化，活動期間の長期化，分布域の北上などが生じる。ただし，植食魚やウニの多くは暖水性であるが，冷水性のキタムラサキウニでは，日本海北部で水温上昇により個体数が減少しているところもある。

　一方，寒流域のコンブ場では年変動はあるものの，温暖化により藻場が継続して衰退し，漁業生産に致命的な影響を与えることはないだろうと考えられてきた。実際に，三陸沿岸では一年生マコンブが優占し，ウニやア

ワビの豊富な好漁場として長年にわたり地域経済を支えてきた。ところが，2016年よりコンブ場の衰退が継続し，地元漁業関係者らは，過去に見たことがないぐらいマコンブが生えていないと言うほどである。そしてコンブやワカメを餌とするエゾアワビの漁獲量は2020年には過去最低レベルに至ってしまった。このように，現在では，寒流域でも寒流の勢力が低下するなど，水温変動を主要因とする藻場の衰退が深刻な問題となっている。

藻場の衰退は日本列島に限らず世界各地から報告されている。西オーストラリアや北米カリフォルニア州などではMarine Heat Wave（海洋熱波）と呼ばれる高水温状態が発生し，藻場が大規模に衰退した。これらの現象の背景には気候変動があることは否定できないと考えられ，世界中の研究者が警告を発している。

このような厳しい環境下でも，藻場や磯根漁業を維持するため様々な取り組みが行われてきた。これらのうち最も多いのが植食動物の除去で，植食魚やウニを積極的に漁獲あるいは移植するのであるが，それらが増えた原因を取り除かないままでは，対症療法であり延々とその作業を繰り返すことになる。対策には費用もかかり，活動によって十分な収入が得られないと持続的にならないため，新しい発想による活動が待ち望まれる。

2 京都での藻場研究

ガラモ場と環境

京都の沿岸には，内湾から外海まで多様な環境がある。狭い水道で外海とつながる阿蘇海や久美浜湾，湾口から奥行きのある舞鶴湾や宮津湾，丹後半島の南東側に位置する丹後海，冬季の激しい北西季節風に直面する丹後半島外海域などがあり（口絵2），藻場の様子も変化に富んでいる。

とはいっても，これらの藻場で優占するのはホンダワラ類であり，各地

で共通する種も生えている。そこで，筆者らは異なる環境に生育するホンダワラ類の生態を比較する研究を行った。具体的には，内湾と外海およびその中間的な環境である，舞鶴湾，丹後半島外海域，丹後海において，ガラモ場の優占種の現存量や生産量を調べた（八谷ほか 2007）。

　調査では 50 cm 四方の方形枠内のホンダワラ類（長いものでは 4 m 以上）を，毎月刈り取るのであるが，海藻の密生する海底で波に揺られながらの作業は危険と隣り合わせであった。また，生産量の推計方法は陸上植物でも用いられる「層別刈取法」というもので，これは採集したホンダワラ類を一定の高さ（10 ～ 20 cm）ごとに切り分け，それらを別々に乾燥するなど，手間のかかる作業であった。当時，勤務していた京都府立海洋センターで調査を共にしたダイバーや職員の協力があって初めてできた研究であった（表 2）。

　これらのホンダワラ類では，年間純生産量と最大現存量の比は一定の範囲内（1.0 ～ 1.9）だったので，生産量と現存量の傾向は同様であるとみなすことができる。調査地点ごとに種組成は異なるが，ヨレモクとジョロモクが複数地点で出現している。ここで着目して欲しいのは，同種であっても，環境が変わると現存量や生産量が大きく変わり，同じ地点の種間の違いは，同種の地点間の違いよりも小さかったことである。このことは，ホンダワラ類の現存量や生産量はその場の環境によってある程度決まり，種による違いはそれほど大きくないのではないか，ということを示唆する。生態学的な調査では，種を単位として様々な特性を調べることが多いが，多様な環境に生育する種では，各地の個体群間で現存量や生産量といった特性が異なり注意が必要である。ホンダワラ類の場合，その場の環境に合った生き方を柔軟に選択しているのだろうと考えられた。

流れ藻

　ホンダワラ類の気胞のように浮袋を持つ海藻は，藻体の一部が切れたり付着部が剥がれたりすると海面を漂う流れ藻となる。北大西洋沖合のサルガッソー海ではホンダワラ類が一生浮遊生活を送るが，一般的には藻場の

表2　舞鶴湾，丹後海，日本海（丹後半島外海域）のガラモ場優占種の最大現存量と年間純生産量（単位は g/㎡）

	最大現存量			年間純生産量		
	舞鶴湾	丹後海	日本海	舞鶴湾	丹後海	日本海
アキヨレモク	3038			3949		
ヨレモク	2122	1108	492	4037	1458	710
ジョロモク		779	766		1197	753
ヤツマタモク		1607			2407	
ノコギリモク		1263			2132	
マメタワラ		978			1471	
フシスジモク			839			1110

八谷ほか（2007）から引用

　ある沿岸域から流れ藻が供給される。日本沿岸では，ガラモ場の分布する黒潮域や対馬暖流域あるいは瀬戸内海で流れ藻が形成される。流れ藻はブリなどの幼魚の生息場やサヨリなどの産卵基質として水産業にとっても重要である。

　流れ藻の研究は1950年代より行われており，流れ藻の種組成やそれに随伴する魚類が報告されている。若狭湾西部海域で毎月一回，調査船を走らせて流れ藻を調べてみたところ，先行研究の九州北岸や佐渡島周辺と同様の種組成を示し，一年生のアカモクが流れ藻の中で優占していた（八谷ほか2005）。そのアカモクは，他の多年生ホンダワラ類3種よりも，浮力が大きく，浮遊期間が長く，流れ藻としての優れた特性があることが分かった（Yatsuya 2008）。アカモクは，毎年，新たな生息地に生殖細胞を着定させるため，流れ藻による分散能力が発達したのかもしれない。

海藻の寿命

　舞鶴水産実験所の周囲の浅瀬には，アキヨレモクというホンダワラ類が多く生育している。本種を含めて多年生ホンダワラ類の寿命は明らかではない場合が多い。というのは，海藻のうち樹木の年輪のような形質があるのは，アラメ・カジメ類やホンダワラ類の一部と少なく，それらの年齢形質についても 1 年に 1 回形成されるかどうか疑問の余地があるからである。

　最も確からしい方法は，同じ個体を生まれてから死ぬまで長期間追跡することであるが，潜水調査を続けるにはかなりの費用と根気を要する。そのため，海藻の寿命に匹敵する期間にわたり同じ個体を追跡する研究は，潜水作業を必要としない潮間帯の海藻か，潜水を要するものではアラメ，カジメ，ノコギリモク，あるいは海外の例に限られていた。

　実験所を研究拠点とすると潜水地点まで 1 分もかからない利便性が得られ，長期的に何度も調査するには好都合である。そこで，実験所のアキヨレモクをなるべく長く観察しようと思い立った。具体的には，4 m^2 の区画内に生育しているすべてのアキヨレモクの付着場所を記録して個体識別し，その生残と全長を追跡した（八谷 2008）。これだけの作業なら長く続けられると考えたのだが，雪の中の潜水もあったし，波の強い日には浮泥が巻き上がって海水が濁るし，大事な調査対象を傷つけないように注意を要するなど，毎月 1 回の単純な調査でも継続することの難しさを感じた。

　実際の調査は 4 年と少し（52 か月）継続することができた。この間に，新たに幼胚が着定し，それが伸長し，成熟し，そして枯死するまでの一生を観察できたものもあった。また，調査期間より寿命が長い個体もあり，それらとは 53 回，海中で再会していたため，調査を終了せざるを得ないときには別れが淋しくもあった。研究結果としては，本種の最大寿命は 5 年以上（調査開始時に 1 才以上とみられる個体もあったため）という，それほど役立ちそうにないものであったが，海洋生物の一生を自然界の中で観察することができるのは，一部の哺乳類を除いて，海藻ぐらいではないだろうか。

3　人と海の共生に向けて

里海や藻場を守るには

　里海とは，人の手が届いている海，人が部分的にでも管理できる海，とも言えるだろう。しかし，「海は陸上に比べて，人の目が届きにくい上に，人為的な管理が難しい」ということも事実と思われる。以下にその理由を挙げてみる。

1. 海の力は，人類の持つ力に比べ，はるかに強い
2. 人は海中ではなく陸上で生活しており，海の環境を感覚的に理解できていない
3. 海の中のメカニズムがよく分かっていない

　藻場は人の居住地に近い沿岸に形成され，動物のように移動しないので，魚介類よりも容易に管理できると思われがちだが，里山のように高度に管理することは，まず不可能である。その理由は上記の通りだが，これまでの人間社会や科学はそれらを克服することに心血を注いできた。その結果，海やその生態系を制御できるとの発想に至り，行き過ぎた開発，埋め立て，乱獲を経て人と海の共生を難しくしてしまった。今後は，これらの限界を受け入れた上で，なるべく海の中のことも理解し，海との付き合い方を考えていく姿勢が必要ではないだろうか。

　海との付き合い方を考える上で，アワビの事例は参考になる。アワビはとても高価で取引されるため，新漁場の発見や新しい道具（潜水器や動力船）の導入により，途端に乱獲される運命にあった。漁村による管理が行き届いていた日本では比較的長期にわたり資源の崩壊を食い止めていたが，近年は藻場の衰退も加わり，暖流系アワビは絶滅が危惧されるといっても過言ではない。世界を見渡しても，アワビ資源をうまく管理し持続可能な漁業が成立している例はほとんど見当たらない。その一方で，2010年代前半までの三陸沿岸は，ピーク時よりは水揚水準は低下したものの，

持続的にアワビと共生していた非常に稀な例であったと考えられる。このようなところに人と海の共生を考えるヒントがあるかもしれない。

　海の中の異変は手遅れになるほど大きな影響が出てから初めて気付くことが多い。磯焼けの場合では，藻場が著しく衰退する前に，高水温や被食に弱い一部の種が生育しなくなったり，ある季節だけ海藻の一部が食われたりすることがある。また，海藻の現存量や生産量の減少や年齢組成の変化が見られることもある。このような「前兆現象」は，海の中を継続的にモニタリングすることで初めて認識できるが，ほとんどは見逃されている。里海や藻場を守り，人と海との共生を築くには，海を見て，触れて，感じて，考える人の存在が不可欠であろう。

ブルーカーボン

　海藻と海草に関する話題では，地球温暖化の影響を避けて通れない。化石燃料の消費などにより温室効果ガス（主には二酸化炭素（CO_2））が増えることで大気や海洋が温暖化すると考えられている。海藻と海草は光合成によりCO_2を吸収し，木のように体に炭素を貯留し続ける機能は小さいものの，その後の堆積や輸送により海底や深海に炭素を貯留すると考えられている。陸上植物の貯留した炭素をグリーンカーボンと呼ぶのに対し，海洋生物の場合はブルーカーボンとされている。

　国連環境計画などが出版した報告書（Nellemann et al. 2009）では，海草はマングローブや塩生湿地とならんで，ブルーカーボン生態系として認められている。一方，海藻については，海草のようにその場に堆積しないことや海草よりも分解されやすいために，CO_2吸収源として認められていなかったが，その後の研究により，その効果が示されてきている。

　海藻と海草がどれくらいのCO_2を吸収し，その炭素を海洋に貯留するかという評価は，海藻の分布域，現存量や生産量，流れ藻の到達点など，これまでの基礎的な研究成果が土台となっている。今後，詳細な評価が公表される予定だが，暫定的な概算見積もりでは，海藻や海草をはじめとする海洋生態系全体が貯留できる炭素量に比べ，人為的な排出量は圧倒的に

多く，後者は前者の 30 倍以上と推定されている (宮島・浜口 2017)。陸上生態系を加えてもこのアンバランスは変わらず，人間社会は自然界が循環・処理できる以上の廃物を放出していることになる。近年，世界中で温暖化により藻場が衰退するとともに，その炭素貯留機能が低下しており，これらは悪循環の関係にある。自然界の反応にはタイムラグがあるため，これまでに放出された温室効果ガスのフルスケールの影響を受けるのは将来世代であり，その全貌は未だ明らかではない。藻場についても現在は遷移の途中とみられ，将来的にどのような生態系に落ち着くのか予想することは難しい。

広い視野で

　自然環境を破壊しようが守ろうが，それらは人間社会のために行われるという前提がある。藻場を例にとれば，これを保護して磯根漁場，幼稚魚の棲み場，CO_2 吸収源として利用するのか，これを埋め立てて陸上として利用するのかは，実態としては大きく異なるが，両者とも人間社会に役立てるためであり，その良否を一概に判断することはできない。そのように考えると，望ましい里海のあり方を単独で考えるよりは，持続的な人間社会のデザインをベースとして考え，そのパーツとして里海のあり方が考察されるべきと思われる。その実現には，海洋や水産という領域に限定されない総合力が問われるだろう。

海底湧水と沿岸域の生物生産

杉本　亮
福井県立大学海洋生物資源学部

　地下水・湧水は，古くから飲料水，農業・工業用水などとして人々の暮らしに活用されてきた。水産資源と地下水の関わりをみると，魚類や貝類の良質な生息場や産卵場の周辺に，海底から湧出する地下水，いわゆる海底湧水が存在する事例が世界各地で知られている。海底湧水は，海底からもやもやと立ち上る揺らぎとして目視できる場合もあれば，砂浜などで噴き出すように湧出している様子を観察できる場合もある。しかし，ほとんどの海底湧水は海岸線や海底面の広い範囲にわたって滲みだすように湧出しており，その存在を目視で確認することは容易ではない。そのため，海底湧水が沿岸海域の生物生産や生物多様性に作用する仕組みを明らかにした研究事例は世界的にもほとんど見られなかった。

　2000年代になって，地下水中で特異的に高濃度になる放射性物質のラドンやラジウムを簡単に測定できる機器が開発されたことで，世界中の沿岸海域で海底湧水研究が活発に行われるようになった（小路ほか 2017）。陸から海へ流出する淡水に占める地下水の割合は数％〜10%程度に過ぎないが，地下水には河川水と比べて栄養塩が高濃度に溶け込んでいる場合が多く，栄養塩の輸送量は河川水を上回る事も珍しくない。若狭湾の中央部に位置する小浜湾では，陸域から流入する栄養塩の33%から65%が海底湧水によるものと見積もられている。瀬戸内海では，海底湧水が植物プランクトン等の光合成速度やカレイ類稚魚の成長速度を速めていることなども明らかにされてきている。

　昨今の海底湧水研究の進展には，技術革新に加えて，地下水・湧水の研究をこれまで担っていた陸水学・水文学・生物地球化学等の陸域の研究者と，沿岸海域の環境や資源生物を扱う海洋学・水産学などの関連分野の研究者が協力し，学際的な研究体制が築かれたことも大きく貢献している。今後，このような学際研究の重要性はさらに増していくものと思われる。

小浜湾内のアマモ場において海底湧水量を直接計測している様子。

より深く学びたい人のための参考図書

堀 正和・桑江朝比呂 編著（2017）『ブルーカーボン──浅海における CO_2 隔離貯留とその活用』地人書館，東京．

気象庁（2021）『気象業務はいま 2021』研精堂印刷株式会社，東京．

中原紘之（1988）褐藻類の生活史．海洋と生物，56: 221-225.

小路淳・杉本亮・富永修 編集（2017）『地下水・湧水を介した陸──海のつながりと人間社会』水産学シリーズ 185，恒星社厚生閣，東京．

宇野木早苗（1995）『沿岸の海洋物理学』東海大学出版会，神奈川．

宇野木早苗（2015）『森川海の水系』恒星社厚生閣，東京．

横浜康継（2001）『海の森の物語』新潮社，東京．

引用文献

馬場康之・井上和也・戸田圭一・中川一・石垣泰輔・吉田義則（2005）台風 0423 号による由良川流域の水害に関する調査報告．京都大学防災研究所年報，48: 673-682.

Cloern, J.E. and Jassby, A.D.（2008）Complex seasonal patterns of primary producers at the land-sea interface. Ecology Letters, 11: 1294-1303.

Determann, S., Reuter, R., Wagner, P. and Willkomm, R.（1994）Fluorescent matter in the eastern Atlantic Ocean. Part 1: method of measurement and near-surface distribution. Deep Sea Research Part I: Oceanographic Research Papers, 41: 659-675.

Endo, Y., Allam, A., Natsuike, M., Yoshimura, C. and Fujii, M.（2021）Export of dissolved iron from river catchments in northeast Japan. Landscape and Ecological Engineering, 17: 75-84.

Fuji, T., Kasai, A. and Yamashita, Y.（2018）Upstream migration mechanisms of juvenile temperate seabass *Lateolabrax japonicus* in the stratified Yura River estuary. Fisheries Science, 84: 163-172.

福島慶太郎・福﨑康司・日高渉・鈴木伸弥・大槻あずさ・池山祐司・白澤紘明・向昌宏・上野正博・徳地直子・長谷川尚史・吉岡崇仁（2014）水源域における森林生態系の攪乱が河川水及び沿岸河口域の栄養塩動態に与える影響．森里海連環学による地域循環木文化社会創出事業（木文化プロジェクト）2013 年度報告書，50-67.

福﨑康司・福島慶太郎・白澤紘明・渡辺謙太・大槻あずさ・徳地直子・吉岡崇仁（2014）由良川流域における溶存鉄および溶存有機物の広域的な分布と動態．森里海連環学による地域循環木文化社会創出事業（木文化プロジェクト）2013 年度報告書，73-97.

畠山重篤（2000）『漁師さんの森づくり──森は海の恋人』講談社，東京．

Intergovernmental Panel on Climate Change（2021）Climate Change 2021: The Physical Science Basis. Contribution of Working Group I to the Sixth Assessment Report of the Intergovernmental Panel on Climate Change. Cambridge University Press, Cambridge, UK.

Itoh, S., Kasai, A., Takeshige, A., Zenimoto, K., Kimura, S., Suzuki, K.W., Miyake, Y., Funahashi, T., Yamashita, Y. and Watabane, Y.（2016）Circulation and haline structure of a microtidal bay in the Sea of Japan influenced by the winter monsoon and the

Tsushima Warm Current. Journal of Geophysical Research, 121: 6331-6350.

Kasai, A., Kurikawa, Y., Ueno, M., Robert, D. and Yamashita, Y.（2010）Salt-wedge intrusion of seawater and its implication for phytoplankton dynamics in the Yura Estuary, Japan. Estuarine, Coastal and Shelf Science, 86: 408-414.

気象庁（2021）『気象業務はいま 2021』研精堂印刷株式会社，東京．

Laglera, L.M. and van den Berg, C.M.G.（2009）Evidence for geochemical control of iron by humic substances in seawater. Limnology and Oceanography, 54: 610-619.

Martin, J.H., Gordon, R.M. and Fitzwater, S.E.（1990）Iron in Antarctic waters. Nature, 345: 156-158.

宮島利宏・浜口昌巳（2017）堆積物における長期炭素貯留のしくみと役割．『ブルーカーボン——浅海における CO_2 隔離・貯留とその活用』（堀正和・桑江朝比呂編）pp.93-122．地人書館，東京．

Nellemann, C., Corcoran, E., Duarte, C.M., Valdes, L., DeYoung, C., Fonseca, L. and Grimsditch, G.（2009）Blue Carbon: The Role of Healthy Oceans in Binding Carbon. United Nations Environment Programme, GRID-Arendal, Arendal, Norway.

千手智晴・松井繁明・韓仁盛・滝川哲太郎（2007）東シナ海から日本海への熱・淡水輸送．海と空，83: 47-54.

小路淳・杉本亮・富永修 編集（2017）『地下水・湧水を介した陸——海のつながりと人間社会』水産学シリーズ 185，恒星社厚生閣，東京．

Simpson, J.H.（1997）Physical processes in the ROFI regime. Journal of Marine Systems, 12, 3-15.

宇野木早苗（1993）『沿岸の海洋物理学』東海大学出版会，神奈川．

Watanabe, K., Kasai, A., Antonio, E.S., Suzuki, K., Ueno, M. and Yamashita, Y.（2014）Influence of salt-wedge intrusion on ecological processes at lower trophic levels in the Yura Estuary, Japan. Estuarine, Coastal and Shelf Science, 139: 67-77.

Watanabe, K., Kasai, A., Fukuzaki, K., Ueno, M. and Yamashita, Y.（2017）Estuarine circulation-driven entrainment of oceanic nutrients fuels coastal phytoplankton in an open coastal system in Japan. Estuarine, Coastal and Shelf Science, 184: 126-137.

Watanabe, K., Fukuzaki, K., Fukushima, K., Aimoto, M., Yoshioka, T. and Yamashita, Y.（2018）Iron and fluorescent dissolved organic matter in an estuarine and coastal system in Japan. Limnology, 19: 229-240.

Yamamoto, M., Omi, H., Yasue, N. and Kasai, A.（2020）Correlation of changes in seasonal distribution and catch of red sea bream *Pagrus major* with winter temperature in the eastern Seto Inland Sea, Japan (1972-2010). Fisheries Oceanography, 29: 1-9.

山下洋 監修（2011）『改訂増補 森里海連環学——森から海までの統合的管理を目指して』京都大学学術出版会，京都．

八谷光介・西垣友和・道家章生・和田洋藏（2005）若狭湾西部海域で採集された流れ藻の種組成．京都府立海洋センター研究報告，27: 13-18.

八谷光介・西垣友和・道家章生・井谷匡志・和田洋藏（2007）京都府沿岸域の環境特性の異なる生育地でのホンダワラ科海藻の年間純生産量とその比較．日本水産学会誌，73: 880-890.

八谷光介（2008）舞鶴湾におけるアキヨレモク群落の動態．Algal Resources, 1: 1-8.

Yatsuya, K.（2008）Floating period of Sargassacean thalli estimated by the change in density. Journal of Applied Phycology, 20: 797-800.

ミズクラゲの群れ

第2章
動物プランクトンの細やかな環境応答

　動物プランクトンは分類学的に多様であるばかりでなく，生態学的にも様々な機能を果たしており，里海生態系に欠かせない構成要素である。本章では，一般にはほとんど認識されていないが，里海の生物生産機構を理解する上で特に重要と考えられる分類群に注目し，丹後海と舞鶴湾において蓄積されてきた知見を中心に紹介する。まず，魚類の初期餌料として重要なカイアシ類の分布を概観し，魚類の資源変動を引き起こす浮遊卵仔魚の輸送を議論する。次に，浮遊生活から底生生活に移行した後の魚類の餌料となるアミ類の個体群動態を解説し，温暖化の影響を推察する。さらに，その生態学的機能が見直されつつあるクラゲ類の不思議な生活史を紹介し，近年増加傾向にあるクラゲ類大発生について，人間活動との関連を考察する。

2-1

カイアシ類と浮遊卵仔魚——逆らわず流されず

鈴木啓太

京都大学フィールド科学教育研究センター舞鶴水産実験所

1 動物プランクトンとは

　プランクトン（plankton）は水中に生息する遊泳力の乏しい生物と定義さ
れ，日本語では浮遊生物と呼ばれる。流れに逆らえるほどの遊泳力はない
が，重力や浮力を利用することにより，大規模な鉛直移動を行うプランク
トンも知られている。一般に，目に見えないほど小さいと思われている
が，大型クラゲとして有名なエチゼンクラゲ（最大傘径 2 m，最大重量 150
kg）も定義上はプランクトンに含まれる（口絵 10e）。しかし，プランクト
ンの大部分は微小生物であり，顕微鏡を使わなければ，形態を観察するこ
とができないことも事実である。プランクトンのうち，体外から取り入れ
た無機物から有機物を合成できる独立栄養生物は植物プランクトン
（phytoplankton），体外から取り入れた有機物を生命活動に利用する従属栄
養生物は動物プランクトン（zooplankton）と呼ばれる。ただし，独立と従
属の栄養形式を併用したり，環境条件に応じて切り替えたりできる生物も
少なくないため，植物プランクトンと動物プランクトンの区別は必ずしも
明確ではない。

　動物プランクトンには，生活史を通して浮遊生活を送る終生プランクト
ン（holoplankton）ばかりでなく，生活史の一時期に浮遊生活を送る一時性
プランクトン（meroplankton）も含まれる。そのため，動物プランクトンは
あらゆる動物分類群にわたると言われるほど分類学的に多様である（口絵

48

図1　プランクトンネット。カイアシ類は小型プランクトンネットの鉛直びきにより（a），浮遊卵仔魚は大型プランクトンネットの水平びきまたは傾斜びきにより採集する（b）。

10)。また，植物プランクトンを摂食する植食者，他の動物プランクトンを捕食する肉食者，遺骸や排泄物を分解する分解者など生態学的にも様々な機能を果たしている。通常，動物プランクトンの研究は，特定の網目の布地から作成されたプランクトンネットと呼ばれる濾し網により水中の動物プランクトンを採集することから始まる（図1）。プランクトンネットの構造や網目，使用方法は採集結果に大きな影響を及ぼすため，目的や対象に応じて適切に選択する必要がある。採集後，動物プランクトンはホルマリンやエタノールにより保存し，同定，計数，測長などの分析に供する。本節では，舞鶴水産実験所の関係者による動物プランクトンの研究のうち，特に興味深い知見が蓄積されているカイアシ類の分布と浮遊卵仔魚の輸送を紹介したい。流れに翻弄されながらも，無暗に逆らわず，安易に流されない動物プランクトンの暮らしぶりは大変興味深い。なお，プランクトン全般に関する入門書としては『日本の海産プランクトン図鑑　第2版』をお勧めする。

2　カイアシ類の分布

　カイアシ類は橈脚亜綱（Copepoda）に属する小型甲殻類であり，大部分の種は体長数ミリメートルに満たないが，沿岸域においてしばしば優占し，海水1リットルあたり数千個体を超えることもある。海洋における種数と個体数の多さから「海の昆虫」と例えられたり，楕円体に近い体型と海産魚類の初期餌料としての重要性から「海の米粒」と呼ばれたりしている。ここでは，舞鶴水産実験所設置当初の大学院生であった上田拓史氏の研究成果を紹介しながら，身近な海の動物プランクトンの代表としてカイアシ類に注目し，その鉛直分布と水平分布の生態学的な意義を考えてみたい。もし，カイアシ類全般をさらに知りたい場合は，カイアシ類の不思議や魅力を分かり易く紹介している『カイアシ類学入門——水中の小さな巨人たちの世界』をご覧いただきたい。

　甲殻類は脱皮を繰り返しながら成長するが，カイアシ類の幼体は成体になるまでに11回も脱皮をする必要があり，6回目の脱皮以前はノープリウス（nauplius），6回目の脱皮以後はコペポディド（copepodid）と呼ばれる（図2）。ノープリウスは非常に小さいため，プランクトンネットの網目を通り抜けやすく，また，形態にもとづき種まで同定することが難しい。しかし，上田氏は網目が特に細かいプランクトンネットを用い，舞鶴湾全域において海面から海底まで5m間隔で動物プランクトンを採集し，優占カイアシ類4種の鉛直分布を発育段階ごとに調べた（Ueda 1987）。その結果，ノープリウスの分布水深は発育に伴い浅くなるが，コペポディドの分布水深は発育に伴い深くなること，また，成体の多くは昼間に沈降し，夜間に浮上するという日周鉛直移動を行うことを4種に共通して認めた。ただし，孵化直後にあたるノープリウスI期の分布水深は種ごとの産卵生態を反映して異なっていた。すなわち，成体メスが卵塊を体に付着させて運ぶ種（卵運搬型の種）では，成体メスとノープリウスI期の分布水深が概ね一致していた。これに対し，成体メスが卵を水中に放出する種（卵放出型の

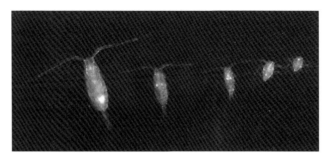

図 2 舞鶴湾に優占するカイアシ類 (アカルチア属)。左から順に成体 1 個体，コペポディド 2 個体，ノープリウス 2 個体。

種) のノープリウス I 期は，浮性卵から孵化すれば海面付近に，沈性卵から孵化すれば海底付近に分布していた。一般に，海面付近は日光がよく届くため，植物プランクトンが増殖しやすく，カイアシ類の食物が豊富に存在する反面，魚類などの視覚捕食者に発見されやすい。成体は夜間に浮上することにより食物獲得と被食回避を両立させていると考えられる。しかし，発育に伴う鉛直分布の変化が生態学的にどのような意義を持つのか，また，産卵生態に見られる種間差にも生態学的な意義があるのか，明確な結論は得られなかった。

　四半世紀を経て，上田氏は日本最大の潮汐を誇る有明海において，河口域に優占するカイアシ類 2 種の発育に伴う鉛直分布の変化と日周鉛直移動を調べた (Ueda et al. 2010)。その結果，成体ばかりでなく幼体も上げ潮時に浮上し，下げ潮時に沈降するという潮汐に応じた鉛直移動を行うことにより河口域に定位することが明らかになった。ところが，卵放出型の種は定位を常に優先するのに対し，卵運搬型の種は日周鉛直移動を優先する場合もあることが分かった。卵放出型の種は，卵と幼体が生息範囲の下流側に分布するため，定位を優先しなければ，流失してしまう危険性が高い (図 3：Suzuki et al. 2012)。これに対し，卵運搬型の種は，卵塊を運ぶ成体メスと幼体が生息範囲の上流側に分布するため，流失防止よりも被食回避を

優先させることができる。ちなみに，増水時には，2 種ともに成体が水底の澪（水流により削られた水路）に避難することにより河口付近に留まることができる (Ueda et al. 2004)。一連の研究により，潮汐の大きな河口域におけるカイアシ類の鉛直分布の意義と産卵生態との関わりが明らかになった。一方，舞鶴湾のように潮汐の小さな水域においては，潮汐以外の環境要因の影響が大きいと予想される。上田氏が舞鶴湾に残していった課題を解決するには，カイアシ類の食物や捕食者の分布を調査し，水槽実験や数値モデルなどの研究手法も組み合わせ，様々な環境要因を多角的に検討する必要がある。

　カイアシ類の水平分布についても興味深い研究成果が得られている。上田氏は舞鶴湾ばかりでなく，京都府北部の久美浜湾と長崎県平戸島の志々伎湾において，カイアシ類を周年にわたり採集し，湾ごとに優占種の水平分布を明らかにした (Ueda 1991)。湾内流入河川の河口付近には低塩分環境を好む汽水種が優占するが，その他の水域は塩分環境が互いに異ならないにもかかわらず，湾奥部，湾央部，湾口部のそれぞれに特異的な優占種が三つの湾に共通して認められた。一般に，湾奥部ほど栄養塩が豊富であり，植物プランクトンが多いとともに，魚類などの視覚捕食者も多いため，被食を免れながら急激に増殖できる比較的小型のカイアシ類が優占しやすいと考えられる。このような水平方向の環境勾配とカイアシ類優占種の対応関係は舞鶴湾において特に明瞭であり，カイアシ類が水質や水塊の指標になりうることが示された。結果論になるが，舞鶴湾は潮汐が小さいばかりでなく，河川流入が湾奥に限られ，閉鎖性も高いため，湾奥から湾口に至る環境勾配が時空間的に安定しており，カイアシ類の鉛直分布と水平分布を調べるのに好都合な特徴を兼ね備えていた。舞鶴湾におけるカイアシ類の研究は近年停滞しているが，この機会に上田氏の研究成果が再評価され，発展的に継承されることを願っている。

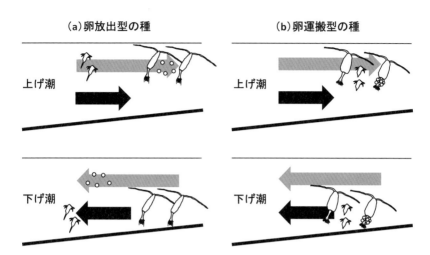

図3 日本最大の潮汐を誇る有明海奥部の河口域におけるカイアシ類の定位機構。カイアシ類は表層が底層より速く流れることを利用し，上げ潮時に浮上，下げ潮時に沈降することにより流出を防ぐ。ただし，卵放出型の種 (a) の卵と幼体は生息範囲の下流側に流されやすいため，卵運搬型の種 (b) に比べ，流出の危険性が高い。

3 　浮遊卵仔魚の輸送

　卵から生まれた魚の子供は十分な遊泳力を獲得するまで浮遊生活を送ることが多い。厳密には，成魚と類似の形態を示す前は仔魚 (larva)，示した後は稚魚 (juvenile)，仔魚から稚魚への変化を変態 (metamorphosis) と呼ぶ。原則として，鰭の棘条がすべて定数に達すると変態が完了し，この頃に十分な遊泳力を獲得することが多い。変態は外部形態の変化ばかりでなく，骨格や内臓などの内部形態の変化もともなう。魚類の個体発生において，変態のような質的変化は発育と呼ばれ，体重増加のような量的変化を表す成長と区別される。小卵多産の繁殖戦略をとる海産魚類の場合，浮遊卵仔魚は形態的にも生理的にも非常に未熟であり，短期間に大量死亡する

ことが多い。この初期減耗の程度が数年後の成魚加入量を左右すると考えられる。そのため，特に水産重要種においては，初期減耗の要因として飢餓や被食，生息適地への輸送の成否が長年研究されてきた。ここでは，丹後海における浮遊卵仔魚研究の興隆を概観した上で，身近な沿岸魚類の代表としてヒラメとスズキに注目し，沖合産卵場から沿岸成育場までの輸送機構を考えてみたい。仔稚魚についてさらに学びたい方は，研究の楽しさや難しさも教えてくれる『稚魚の自然史――千変万化の魚類学』をご覧いただきたい。

　まず，舞鶴水産実験所設置当初の大学院生であった南卓志氏によるカレイ目魚類の初期生活史の研究を紹介する。同氏は丹後海とその周辺海域において浮遊仔魚と着底稚魚を採集し，ヒラメやヤナギムシガレイをはじめとするカレイ目10種以上について，出現時期，分布，形態，食性などを詳細に報告した（例えば，南1982）。さらに，カレイ目魚類は，種ごとに生息適水温に応じた分布水深や産卵期を持つため，仔魚の出現時期や浮遊期間，変態サイズに明確な種間差があることを示した（Minami and Tanaka 1992）。

　次に，京都府立海洋センターが実施した浮遊仔魚の調査を紹介したい。丹後海において夏から秋に多く採集されるマダイやヒラメをはじめとする14種以上の分布と食性を調べ，仔魚の多くは表層から中層に分布すること，また，発育初期の仔魚は主にカイアシ類ノープリウスを摂食していることを明らかにした（例えば，桑原・鈴木1983）。これらの研究は水産重要種に限らず，出現種を網羅的に調査しており，生態学的な価値が特に高い。

　最後に，舞鶴水産実験所の大学院生として上田氏や南氏に続く世代にあたる田中佑志氏による浮遊卵の分布機構に関する研究に触れたい。同氏は丹後海の湾口沖においてカタクチイワシ卵の分布と物理環境を調査し，水平的には湾内と湾外の水が接するフロントの近傍に集積されやすく（Sakamoto and Tanaka 1986），鉛直的には海面または密度躍層（水の密度が急激に変化する水深帯）に浮遊しやすいことを明らかにした（Tanaka 1992）。

これらの研究は，浮遊卵の比重と海水の密度および鉛直混合の程度を考慮し，浮遊卵の鉛直分布を厳密に解釈する研究の先駆けであった。このように，丹後海の浮遊卵仔魚研究は 1970 年代から 1980 年代にかけて大きく発展した。

　ヒラメは劇的な変態を経て浮遊生活から底生生活に移行（着底）するカレイ目魚類を代表する水産重要種である。発育初期には他の魚類と同様に左右相称の体であるが，発育に伴い，右眼を体の左側に偏らせるばかりでなく，骨格や内臓も左右非相称に発達させ，海底の生活に特化した体を手に入れる（図 4）。丹後海のヒラメについては，舞鶴水産実験所が中心となり，行動学や生理学などの視点も取り入れながら様々な研究を展開している。ここでは，初期減耗要因の一つに位置づけられる浮遊卵仔魚の輸送に焦点を絞って話を進めたい。丹後海とその周辺海域において，ヒラメ仔魚は 3 月から 6 月に出現し，発育に伴い分布を沖合から沿岸に移すとともに，

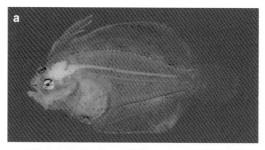
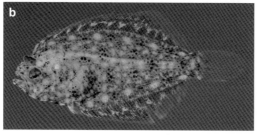

図 4　丹後海のヒラメ仔稚魚。浮遊生活から底生生活へ移行中の仔魚（体長約 12 mm）は，体が透き通り，右眼が背正中線上に位置する (a)。底生生活を開始した稚魚（体長約 14 mm）は，体が着色し，右眼が体の左側に位置する (b)。

主食をカイアシ類ノープリウスからオタマボヤ類に変える（南 1982）。浮遊生活期を通し昼間に沈降し，夜間に浮上する日周鉛直移動を行い，変態が始まると，塩分上昇時に浮上し，塩分低下時に沈降する傾向を強め，夜間の上げ潮を利用して岸方向へ移動する（清野ほか 1977；Burke et al. 1995）。約 1 か月の浮遊生活の後，砂浜のような沿岸浅所に着底し，アミ類を専食するようになる（南 1982）。

　大変興味深いことに，例年，丹後海においてはヒラメ仔魚の着底ピークが 4 月頃（前期群）と 5 月頃（後期群）に 1 回ずつ認められる。前期群の孵化時期にあたる 2 月下旬から 4 月上旬には，丹後海とその周辺海域の水温がヒラメの産卵適水温に達しておらず，また，同時期の同海域にヒラメ卵はほとんど出現しない（前田 2002）。そのため，前期群は対馬暖流の上流側に位置する水温が比較的高い海域，具体的には鳥取県や兵庫県の沖合において孵化し，対馬暖流によりはるばる丹後海まで輸送されてくると推定されている。一方，後期群は丹後海とその周辺海域において孵化し，遠くまで輸送されずに着底すると考えられている。前期群と後期群の着底ピークの時期や規模には年変動が認められ，対馬暖流の流況との関係が疑われているが，詳しいことは分かっていない。例年，丹後海の水温が急上昇する 6 月頃には沿岸浅所のアミ類密度が急低下するため，前期群の稚魚は相対的に低水温・高餌料の環境を，後期群の稚魚は相対的に高水温・低餌料の環境を経験することになる（本書 2-2）。つまり，着底後に高水温・高餌料の好適環境に恵まれないため，競争力の弱い稚魚は成長が停滞し，生き残ることが難しいと考えられる。一方，アミ類が長期にわたり高密度に存在する東日本の太平洋側においては，着底後に好適環境が約束されているため，沿岸浅所まで無事に輸送されれば，多くの稚魚は順調に成長し，生き残る可能性が高い（Ohshima et al. 2010）。実は，ヒラメ漁獲量の変動パターンは海域により異なり，東日本の太平洋側では数年間に数倍の大変動が生じることがあるのに対し，西日本の日本海側ではそのような大変動は生じない。丹後海のヒラメの卵仔魚の輸送機構と稚魚の生残機構を究明することにより，ヒラメの資源変動を抑制する仕組みが明らかになるかもしれな

い。

スズキはスポーツフィッシングの対象として人気があり，初夏に旬を迎える白身魚として重宝される沿岸魚類である。マダイやヒラメをはじめとする沿岸魚類の多くが春から夏に産卵するのに対し，スズキは真冬に産卵するため，初夏には産卵に伴う疲弊から回復し，刺身でも美味しく食べられるようになる。スズキの漁獲量は案外多く，全国ではヒラメと同程度の年間約6000トン，京都府ではヒラメの数倍以上の年間約160トンに上る。ここでは，冬の荒れる日本海におけるスズキ浮遊卵仔魚の輸送機構を紹介したい。

著者らは2007年から2017年まで11年間にわたり丹後海とその周辺海域においてスズキ浮遊卵仔魚（口絵10b）を採集するとともに，丹後海奥部の沿岸浅所においてスズキ着底稚魚を採集した（Suzuki et al. 2020）。浮遊仔魚の出現ピークは例年1月，着底稚魚の出現ピークは例年3月であった。出現ピークの密度は年により大きく異なり，浮遊仔魚が多いほど着底稚魚も多いという正の相関が認められた。しかし，浮遊仔魚密度の年変動が最大20倍であったのに対し，着底稚魚密度の年変動は最大150倍に及んだ。このような着底稚魚密度の大変動の要因を探るにあたり，まず，産卵量の年変動の影響を除くため，産卵親魚量の目安となるスズキ漁獲量により着底稚魚密度を割り，浮遊期の生残指数と呼ぶことにした。この浮遊期の生残指数について，気象や海象に関わる様々な変数との関係を調べたところ，意外なことに，気温と負の相関が認められ，水温とは関係が認められなかった。つまり，浮遊卵仔魚は海の中にいるにもかかわらず，海水より大気の影響を強く受けていることが示唆された。初めは狐につままれた心境であったが，浮遊期の生残指数と北西風の強さに正の相関があることに気づき，次の仮説を思いついた。北西風が冠島を中心とする時計回りの流れを強化し，浮遊卵仔魚を湾奥方向に輸送するのではないか（図5：本書1-1；Itoh et al. 2016；Suzuki et al. 2020）。西高東低の気圧配置が発達し，北西風が吹き込み，気温が低下する冬型の気象条件がそろうと，浮遊卵仔魚は湾奥方向に輸送されやすく，冬型がゆるむと，湾奥方向に輸送されにくい。そ

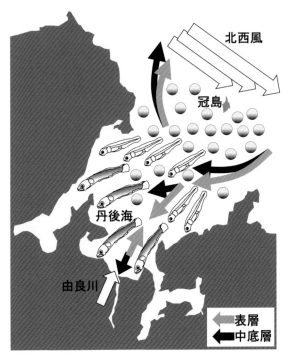

図 5　丹後海のスズキ浮遊卵仔魚の輸送機構。北西風が冠島を中心とする時計回りの流れを強化し，スズキ浮遊卵仔魚を湾奥方向に輸送する。由良川河口沖にはエスチャリー循環流（表層流出，中底層流入）が存在する。

の結果，気象条件に応じ浮遊期の生残指数が変動する。実際，気象予報モデルにより推定された北西風，流向流速計により観測された流れ，浮遊卵仔魚の水平分布の 3 者の経時変化には対応関係が認められた。湾外は波に削られた海蝕崖が続くのに対し，湾内，特に湾奥には稚魚の成育に適した波の穏やかな河口域や砂浜，藻場が点在する。稚魚が多く生き残るように，親魚は湾奥の成育場に向かう流れの上流側に産卵しているのかもしれない。丹後海のスズキ研究が発展し，真冬に産卵する意義や資源を高く維持できる理由が明らかになることに期待したい。なお，成育場における稚

魚の成長と生残については，本書 4-4 の「川と海をつなぐ魚──スズキ稚魚の河川利用生態」をご覧いただきたい。

4　関心から始まる

　本節では，舞鶴水産実験所に蓄積されてきた動物プランクトンの研究成果のうち，カイアシ類の分布と浮遊卵仔魚の輸送に焦点を絞って紹介した。流れに翻弄されながらも巧みに生きる彼らの暮らしに興味を感じていただけたであろうか。人里近くに住む身近な生き物でも，調べるほどに，意外な発見があり，新たな疑問が湧いてくる。沿岸域を「里海」として持続的に利用するには，沿岸域の環境と生物に対する理解を深め，生物多様性と生物生産性を守り続ける必要がある。文字にすると難しく感じられるが，すべては目の前の海に関心を持つことから始まると著者は考えている。

クローズアップ
舞鶴
2

全国公開実習の魅力

邉見由美

京都大学フィールド科学教育研究センター舞鶴水産実験所

　舞鶴水産実験所は，2011 年度に文部科学省教育関係共同利用拠点に初認定され，以降 3 期連続で認定されている。本事業に認定されたことで，全国の大学へ豊富な教育カリキュラムと実習施設・設備を提供し，海洋フィールド教育に貢献している。この共同利用拠点の柱の一つである全国公開実習について紹介したい（口絵 6）。

　2022 年現在は，全国公開実習として，「森里海連環学実習 I」,「魚類学実習」,「無脊椎動物学実習」,「魚類生態学実習」,「博物館実習（館園実務）」,「仔稚魚学実習」の六つを開講し，全国の大学生を受け入れている。「森里海連環学実習 I」では，由良川上流域から河口域までの水質・水生生物調査を行い，森から海までの流域を複合した一つの生態系として捉える視点を育成する。「魚類学実習」・「無脊椎動物学実習」では対象生物に応じて異なる様々な調査手法を広く学ぶ。「魚類生態学実習」ではシュノーケリングによる生態観察をはじめとする調査手法を習得する。「博物館実習（館園実務）」では，当実験所に所蔵されている魚類標本を用いて博物館業務を体験する。さらに，「仔稚魚学実習」では，仔稚魚の耳石日周輪解析や胃内容物分析を行う。

　著者の私も 2012 年度の公開実習（現在の魚類生態学実習）に参加し，シュノーケリングや乗船調査で見られる日本海特有の生物に新鮮さを覚えた。また，全国各地から集まった大学生と海洋生物について夜通し話し込んだり，朝早くから釣りをしたりして，一週間ほど共同生活を送った。当時大学 1 年生の山守瑠奈さん（現京都大学瀬戸臨海実験所助教）は歯磨きしながら海洋生物図鑑を読み込み，空き時間には英語で論文を書いていたので，これが京都大学のレベルか，と衝撃を受けた。さらに，私の愛読書『魚の心をさぐる──魚の心理と行動』を書かれた益田玲爾先生に実際にお会いすることができて感激した。益田先生からは美味しい魚の調理法についても教えていただいた。このように，他大生や教職員と深く交流できることも，公開実習の醍醐味と言える。現在は，かつての私がそうだったように，初日に緊張と期待の入り混じった面持ちで現れた学生たちが，最終日に満足顔で帰る様子を懐かしく眺めている。

　日本海のフィールドの魅力が詰まった舞鶴で他大生や教職員と交流し，海洋生物学を一緒に学びませんか。全国の大学生の皆さんの参加をお待ちしています。

アミ類──魚類成育場を支える鍵生物

秋山　諭

大阪府立環境農林水産総合研究所水産技術センター

1 砂浜浅海域におけるアミ類の重要性

魚類成育場としての砂浜浅海域

　砂浜海岸は日本の海岸線総延長の約10%，自然海岸の約20%を占めており，古来日本人は水産資源や観光資源などとして生態系サービスを享受してきた。丹後海浅海域（口絵2）でも様々な漁業が営まれており，1900〜1920年頃にはブリ大敷網漁が盛んに行われ，現在でも定置網漁業や釣り・はえ縄漁業，採貝藻漁業が実施されている。また，宮津湾と阿蘇海を隔てる天橋立や伊根湾周辺の舟屋など海岸と関わりの深い観光資源にも富んでいる。

　砂浜浅海域は多様な魚類群集を支えており，河口・干潟域やアマモ場，ガラモ場，マングローブ域，サンゴ礁域などと同じく仔稚魚の成育場としての機能を果たしている。砂浜浅海域が成育場として機能するための条件は，シェルター機能，餌場機能などとして整理されている（須田・五明1995）。シェルター機能とは，捕食者からの逃避場としての機能であり，浮遊懸濁物や巻き上げられた砂泥による捕食者の視覚の妨害，藻類の集積による隠れ場所の提供などが挙げられる。また，浅海域には河川・地下水により豊富な栄養がもたらされ，基礎生産が活発に行われることで仔稚魚の餌となる生物が豊富に存在する。砂浜浅海域において，仔稚魚は動物プランクトンを中心に様々な生物を摂食しており，その中でも，カイアシ類

とアミ類は現存量が多く，浮遊生活期にはカイアシ類が，底生生活期には
アミ類が利用されることが多い（本書 2−1）。

沿岸生態系におけるアミ類の重要性

　アミ類は，節足動物門軟甲綱アミ目に属する生物の総称で，世界中の沿
岸域から沖合域および海跡湖沼，また浅所から深所まで広く分布する小型
甲殻類である。日本では約 200 種（千原・村野 1997），世界では 1100 種以上
が報告されている（Meland et al. 2015）。外見はエビ類やオキアミ類に似る
が，体構造が異なり，分類学上はヨコエビ類やワラジムシ類に近い。発生
様式は直達発生型で，成熟した雌は保育嚢を持ち，その中で卵や幼生を保
護し，成体に近い形態となった稚アミを水中へ放出する。植物プランクト
ンだけではなく，動物プランクトンやデトリタスなど多様な食物を利用す
る雑食者である（高橋 2004）。アミ類は沿岸海域に高密度で分布している場
合が多く，沿岸海域を成育場・生息場とする魚類の重要な餌生物となって
おり，ヒラメ，ワカサギ，シロギス，クロソイ，スズキ，ハタハタなど多
くの水産重要魚種がアミ類を主要な餌料源として利用している。特に砂浜
浅海域に生息するヒラメ稚魚は，アミ類を専食することが知られ，多くの
海域で胃内容物の 50% 以上をアミ類が占める（田中ほか 2006）。アミ類の分
布密度がヒラメ稚魚の成長速度（Fujii and Noguchi 1996）や年級群の規模に
影響し，加入量水準をも規定する可能性も示唆されている（山田 2019）。

　アミ類の繁殖特性，分布密度，生産力の季節変化は，ヒラメをはじめと
する魚類の生産構造と環境収容力を把握し，各海域が有する生物生産機構
の特性に応じた資源管理・資源培養計画を策定する上で，基本的な知見と
なる。そのため，アミ類を含めた小型餌料生物を対象とした採集調査が各
地で実施されてきた（例えば，広田ほか 1989）。しかし，種組成や現存量の
把握にとどまる研究が多く，アミ類の基礎生物学的な知見の収集は遅れて
いることから，「我が国では魚類の餌料生物としてのアミ類が強調されす
ぎ，研究内容にバランスを欠いた印象は否めない」との指摘もある（花村
2001）。

アミ類の個体群動態と環境

　温帯域では，水温や日射量などの非生物環境が季節変化するため，沿岸域に生息するアミ類では環境に対応してその生活と個体群の構造が変化する。多くのアミ類で大型の越冬世代と，小型の春 – 夏世代の存在が確認されており（Mauchline 1980），越冬世代は冬にゆっくりと大型に成長し，春先に多数の卵を出産する世代，春 – 夏世代は成長が速く，小型で成熟し，短い周期で繁殖を繰り返す世代と考えられている。このように，寿命が1年に満たないアミ類の生活史特性は，同種でも環境の季節変化に対応する形で変化している。

　日本沿岸域に生息するアミ類の分布密度には，明瞭な季節変化が認められ，特に一定の高密度期を経た後，急激に減少する例が多数報告されている（例えば，Takahashi and Kawaguchi 2004）。アミ類が特定の時期に激減する要因としては，捕食圧の増加，餌不足，呼吸代謝や成長へのエネルギー配分の増加に伴う再生産速度の減少などが考えられる（広田 1990）。

2　丹後海浅海域におけるアミ類の生産

丹後海浅海域のアミ類群集

　若狭湾最大の枝湾である丹後海には，一級河川の由良川が流入し，その河口には右岸に神崎海水浴場，左岸に丹後由良海水浴場と東西にそれぞれ約2 km の砂浜海岸が広がる（口絵3b）。これらの砂浜海岸から水深15 m 程度までは砂質底が広がり，水深20 m 以深では急激に泥底へと推移する（志岐・林 1985）。丹後海浅海域は魚類の成育場として知られ，ヒラメ，イシガレイ，スズキ，クロダイなどの水産重要魚種をはじめ，多くの仔稚魚が生息している。特に，3 ～ 6 月にはヒラメ仔稚魚が高密度で出現し，数多くの生態研究が行われてきた（例えば，浜中・清野 1978; 南 1982）。

　本海域では，ハマアミ属，モアミ属，アルケオミシス属など12 属以上

のアミ類が確認されて
いる。アミ類の分布密
度は水深 5 〜 10 m 程
度の海域では冬から初
夏までは比較的高く
（平均約 100 個体 /m²,
最大約 350 個体 /m²）, 6

図 1　ニホンハマアミ。写真の個体は，保育嚢を有する
成熟雌で，体長は約 13mm。

〜 7 月に急激に減少し, 以後低密度となる。特にアミ類の分布密度が高い
水深 5 〜 10 m 域では, ニホンハマアミが優占している（Akiyama et al.
2015）。

　ニホンハマアミ（口絵 10c, 図 1）は日本近海に広く分布する表在性のア
ミ類で, その分布は日本海側および東シナ海側では北海道から鹿児島県お
よび韓国東部沿岸, 太平洋側では岩手県から宮崎県までの比較的開放的な
砂浜海岸から報告されている。なお, 日本沿岸でナカザトハマアミとして
報告されてきたアミ類は, 現在では分類が整理され, ニホンハマアミと同
種であるとみなされている。分布するすべての海岸で必ずしも優占するわ
けではないが, 丹後海や鳥取県沿岸では本種が優占し, 食物網の中で重要
な位置を占めることが知られる（西田ほか 1978; Antonio et al. 2010; Fuji et al.
2010）。なお, 丹後海の付属湾である栗田湾や栗田半島の越浜にも砂浜海
岸が存在するが, 由良川河口両岸の砂浜海岸と比較するとアミ類の分布密
度は極めて低く, ハマアミ属はほとんど出現しない（秋山 2016）。

ニホンハマアミの個体群動態

　丹後海浅海域のニホンハマアミにおいても分布密度や繁殖形質の明確な
季節変化が確認されている。これまでに筆者が実施した採集調査や飼育実
験の結果から, 丹後海浅海域のニホンハマアミ個体群の季節変化は以下の
ように考えられる。水温が最低値に近づく 1 月頃（図 2a）に出生率が死亡
率を上回り, 分布密度が急激に上昇する結果, 2 月頃に増加率は年間最大
に達する。この時期に成熟を迎える個体は秋〜初冬生まれであり, 繁殖可

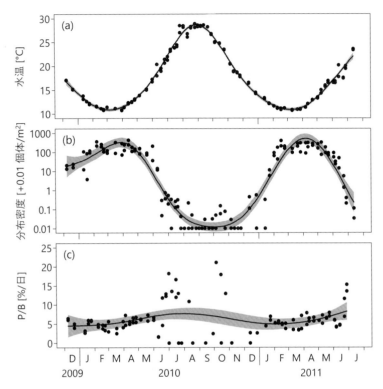

図2 丹後海浅海域における水温 (a) およびニホンハマアミの分布密度 (b) と生産量 /
現存量比 (P/B) (c) の季節変化。黒丸は水深 5 m および 10 m における観測値,
実線は平滑化スプライン, 陰影部は 95% 信頼区間を示している。ニホンハマア
ミは冬季から春季にかけては高密度で分布するが, 初夏に急減する。また, 本種
の P/B は初夏から秋季にばらつきやすい。

能な世代数が多い。2 月頃には分布密度が約 100 個体 /m^2 に達し (図 2b),
以後増加率は減少するものの, 増加傾向は変わらない。3 〜 4 月に水温が
13.3℃を上回ると, 増加率は負に転じ, 分布密度の減少が始まるが, 出生
率, 死亡率ともに低く, 個体群は比較的安定している。越冬個体により産
出された大量の稚アミは, 水温上昇期である春には, 後から生まれた個体

ほど初期の成長速度が速い。抱卵雌の体長や，雌が保育嚢内に抱える卵・幼生のサイズや数は，高水温であるほど小型・少数化する（Akiyama et al. 2015）ことから，水温の上昇に伴い成熟開始サイズが減少し，小型の抱卵雌は小型で少数の稚アミを産出する。また，寿命は短くなり大型個体は出現しない。そのため，成熟個体は短期間で死滅する。水温が20℃を上回る６月に入ると死亡率が増加し，急激に分布密度が減少する。この後の高水温時には，生残率の大きなばらつきにより個体群が非常に不安定になり，低密度のまま推移する。水温上昇に伴う抱卵雌の小型化による再生産能力の低下は，春－夏世代を特徴付ける重要な現象である。水温が低下すると，分布密度は緩やかに増加し，１月頃に再び急増する。

ニホンハマアミの生産量推定

魚類の環境収容力は，餌生物の現存量よりもむしろ生産量により決定されることから，魚類による餌生物の捕食量や魚類の現存量を推定するためには餌生物の現存量の把握だけでは不十分である（Crisp 1984）。これは水産資源学における余剰生産量の考え方と同じで，餌生物の現存量がいくら多くても，「減少量」が「増加量」を上回れば，餌生物の現存量は減少し，魚類の現存量も持続的ではなくなる。魚類も餌生物も現存量を維持するためには，魚類による捕食量が餌生物の生産量と同等以下である必要があり，餌生物の「増加量」と「減少量」を求めることが重要となる。

これまでに生物の生産量を推定するための様々な方法が提案されている。主な方法として，個体群を時系列的に追跡する成長量逐次計算法（Crisp 1984）やサイズ頻度法（Menzie 1980）がある。これらの方法は，ほぼ同時期に出生した集団（コホート）の追跡をベースとした推定方法で，繁殖期が短い，寿命が長い，年間世代数が少ないといったコホート解析に適した冷水域のアミ類に適用されてきた（例えば，Yamada et al. 2007）。ニホンハマアミをはじめとした暖水域のアミ類は，年中産卵すること，短命で世代交代を繰り返し，世代の重複が見られることからコホート解析による生産量の推定が困難であり，知見が少ないのが現状である。

　他の方法としては，瞬間生産量による推定方法（玉井 1988）が挙げられる。この方法はフィールドにおける成長解析もしくは飼育下で成長データが得られる場合に適用できる方法で，これまでにタスマニア島南部ストーム湾に生息するオキアミ類の一種（Ritz and Hosie 1982; Hosie and Ritz 1983）や東北地方の太平洋側沿岸のミツクリハマアミ（山田 2000）で試みられている。丹後海浅海域では，筆者が 2009 年 12 月〜 2011 年 7 月に週 1 回程度の頻度で実施した採集調査と，さらに水温別に実施した放出直後の稚アミの飼育実験の結果を用いて瞬間生産量を推定した（秋山 2016）。採集調査で得られたニホンハマアミの分布密度，サイズ組成，抱卵雌個体数などの情報と飼育実験によって得られた水温別の脱皮間隔や脱皮間成長の情報を合わせることで，個体群としての成長量，脱皮殻生産量，再生産量を見積もり，これらの合計に生残率を乗じた値を本種の生産量とした。なお，採集時の抱卵数から出生数を，採集日間の分布密度変化と出生数から死亡数をそれぞれ推定し，現存数と出生数の合計とそこから死亡数を減じた値との比を生残率とした。

　ニホンハマアミの生産量（P）の季節変化は，現存量（B）の季節変化に大きく依存しており，高密度期に生産量は大きくなった。ただし，単位時間あたりの生物量の入れ替りを示す生産量 / 現存量比（P/B）（ここでは，1 日に現存量の何 % の生産量があるかを示す）は水温の影響を受け，17℃程度まではほぼ一定であり，23.3℃までは高水温ほど高くなったが，23.3℃を超えると急激に低下し，28.5℃以上でほぼ 0%/ 日となった（図 2c）。これは，その日に出生した個体を含めた個体群全体の生残率が高水温で低下するためである。すなわち，ニホンハマアミ個体群の生産においては，水温について成長には正の影響が，生残には負の影響が働き，その結果として 23.3℃付近で P/B が最大になるものと考えられる。ただし，生残率は 17℃以上でばらつきが大きくなるため，P/B も 17℃以上でばらつき，個体群に不安定さをもたらす。高水温において生残率が低下する原因の一つは，寿命が短くなることである。また，成熟体長が小型化し抱卵数も低下することから，高水温では再生産速度も低下する。保育嚢放出時の稚アミサイズも小

型化するので，魚類の初期減耗においてよく知られるサイズ依存的な生残率の低下（Miller et al. 1988）も要因の一つと考えられる。

　丹後海の水深 5 〜 10 m 域におけるニホンハマアミの年間生産量の平均値は 731.1 mg 乾重量 /m^2/ 年と見積もられた（図3）。そのうち，成長量が50.7%，脱皮殻生産量が 40.6%，再生産量が 8.7% を占めていた。由良川河口沖合に広がる砂浜浅海域の水深 5 〜 10 m 域の面積はおよそ 280 ha であり，ニホンハマアミが均質に分布していると仮定すると海域全体での年間生産量は 2.0 トン乾重量 / 年となる。ニホンハマアミの含水率は 82.9%（秋山 未発表）であることから，12.0 トン湿重量 / 年と見積もられる。また，ニホンハマアミの高密度期の日間生産量は海域全体で約 80 kg 湿重量 / 日と推定され，そのうち脱皮殻生産量を除くと約 48 kg 湿重量 / 日となる。ヒラメ稚魚の日間摂餌量は体重の約 5% であることから，ニホンハマアミの生産量は体重約 1 g（体長約 5 cm）のヒラメ稚魚 95 万個体の摂餌量に相当する。

餌料源としてのニホンハマアミ

　ヒラメやスズキの稚魚は春から秋にかけて丹後海浅海域を成育場として利用し，主にアミ類を摂餌する（南 1982; Fuji et al. 2010）。この間，成長とともに稚魚の胃内容物重量が増加し，捕食されるアミ類のサイズ範囲も広がる（Fuji et al. 2010）。両魚種の稚魚は餌生物として潜砂性よりも表在性のアミ類を好み，仔魚から稚魚への変態期にニホンハマアミが優占することから，本海域ではニホンハマアミが重要な餌料源となっている。しかし，本海域におけるニホンハマアミの高密度期の分布密度は 100 〜 200 個体 /m^2 程度であり，東北地方の太平洋側沿岸のミツクリハマアミ（1000 〜 2500個体 /m^2，山田ほか 1994）や新潟県五十嵐浜のオオトゲハマアミ（約 1000 個体 /m^2，Sudo et al. 2011）と比較すると，量的に少ない。ヒラメの成長速度は上限値に達するまではアミ類の分布密度依存的であることが知られ（Fujii and Noguchi 1996），また初夏のアミ類密度の急激な減少時期はヒラメやスズキの稚魚が成長して餌料要求量が増加する時期と一致する。このこ

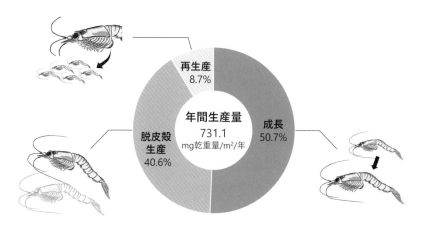

図 3　丹後海浅海域におけるニホンハマアミの年間生産量とその組成。生産量の組成には多少の季節変化があるものの，個体サイズの増大による成長量と脱皮殻生産量が大部分を占め，再生産量は 1 割に満たない。

とから，はるかに高いアミ類密度が長期間続く日本海中部沿岸や東北地方の太平洋側沿岸と比較すると，丹後海ではアミ類の分布密度とその減少時期の両方が，ヒラメやスズキの稚魚の生残に対して強く影響することが考えられる。

　ヒラメ放流種苗の回収率は，他海域と比べて日本海中部沿岸や東北地方の太平洋側沿岸で高く（Yamashita and Aritaki 2010），これらの海域では放流ヒラメ個体群の成長と生残を長期間十分に維持できる，高いアミ類の生産力があることが示唆される。これらの海域と比較すると，丹後海のアミ類の生産力は天然魚類稚魚の生産ですら十分に支えられない可能性がある。京都府海域（丹後海以外も含む）では，これまでに多くのヒラメ種苗が放流されており，ピーク時の 1993 〜 2004 年ごろには平均で年間 70 万尾以上の種苗が放流されてきた。京都府栽培漁業基本計画の更新に伴う対象種や放流目標尾数の変更等により，近年では京都府海域でのヒラメの放流は 6000 尾程度にとどまっている（水産庁増殖推進部ほか 2022）が，日本海中西

部海域協議会で策定された広域プランにより，石川県〜山口県の広域での
資源造成目標の設定，親魚養成の効率化，効率的・効果的な種苗生産の共
同体制の構築などが推進されており，今後適期・適地放流の効果検証が期
待される。

3　温暖化の影響

日本近海の水温上昇

　気象庁が発表する「海洋の健康診断表」によると，2020 年までの過去約
100 年間では日本海の海面水温上昇率は世界全体や北太平洋全体の平均値
の約 2 〜 3 倍である。日本近海では日本海中部の水温上昇率が最も高く
（＋1.75℃ /100 年），若狭湾の沖合にあたる日本海南西部でも＋1.33℃ /100
年の水温上昇が見られている。

　丹後海に隣接する舞鶴湾では，1970 〜 1972 年から 2002 〜 2006 年にか
けて出現する魚種が変化し，北方系種の減少，南方系種の増加が報告され
ている（Masuda 2008; 本書 4-2）。また，日本海南西部沿岸では，来遊して
きても定着できない死滅回遊生物だと従来考えられていたカニ類の定着
（武田ほか 2011）が，瀬戸内海でも近年南方系の魚類の越冬，繁殖・再生産
が指摘されている（重田 2008）。このように，日本沿岸域では水温上昇によ
り南方系種の出現と定着が増加している。

ニホンハマアミ個体群への影響

　水温上昇は，新規種の加入だけではなく，在来生物の生態にも大きく影
響する。ニホンハマアミは北海道から九州で分布が確認されており，丹後
海は分布域のほぼ中央に位置することから，多少の水温上昇では丹後海が
本種の分布域から外れることはないと考えられる。しかし，これまでの結
果により，本種の成長，生残，繁殖形質には水温が大きく影響することが

明らかになっている。すなわち，丹後海では，水温上昇によりニホンハマアミが分布しなくなることはないが，その個体群動態や生産量は大きく変化することが推察される。

　気象庁によると，日本海南西部の海面水温は，この100年間で冬季（1〜3月）に＋1.63℃，春季（4〜6月）に＋1.44℃，夏季（7〜9月）に＋0.76℃，秋季（10〜12月）に＋1.61℃上昇した。水温の高い夏季よりも，低水温期にあたる秋〜春季に水温の上昇幅が大きい。前述の通り，水温が13.3℃を超えるとニホンハマアミの増加率が負に転じ，初夏にかけて分布密度を低下させる。低密度時の個体群の不安定さはP/Bと水温の関係に明瞭に認められ，水温17℃付近までは5%/日で安定しているが，水温17℃を超えるとP/Bが大きくばらつく（図2c）。現在1年間のうちで水温が17℃を超えるのは約半年であるが，今後低水温期の水温上昇により，個体群が不安定化し分布密度が急激に減少する時期が早まることが危惧される。

　そこで，現在の水温から年間を通して一律に＋0.5，＋1.0，＋2.0℃上昇した場合の密度増加率，相対分布密度（1月1日の分布密度を1とした場合の相対値），P/Bの変動を推定した（図4a〜d）。現在の水温と密度増加率を用いて推定した相対分布密度の季節変化では，1月後半から増加し始め，3月に密度増加率が最大となり（図4b），4月に相対分布密度が最大となった後，5月に急激に減少した（図4c）。密度増加の度合いや減少時期が現実とややずれている点，翌年1月1日時点で初期値の1を下回るなど，現実の密度変化と完全には一致していないが，大まかな季節変化は再現できていると考えられる。密度増加率は低水温ほど大きく，13.3℃で正負が逆転するため，仮定水温が上昇するにつれて13.3℃以下になる期間が短縮され，密度の増加開始時期が遅くなり，減少開始時期が早まった（図4c）。相対分布密度の年間最大値および年間平均値は，現在の水温で最も大きく，水温上昇に伴い減少した。以上のことから，水温上昇が進めば，最大分布密度，高密度期間ともに現在を下回り，個体群が大幅に縮小すると推察された。なお，各水温上昇時おける年間生産量は，＋0.5℃で現在の60%程度，＋1.0℃で30%程度，＋2.0℃で10%程度と見積もられた。また，高水温が

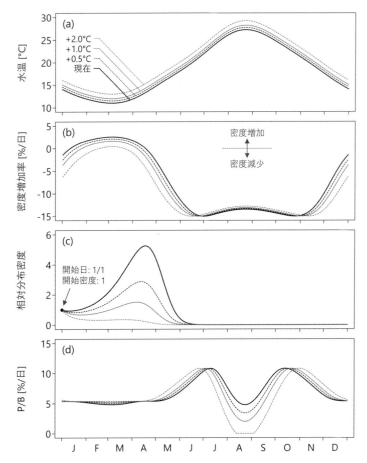

図4　現在の水温に対し +0.5℃，+1.0℃，+2.0℃上昇させた場合 (a) のニホンハマ
アミの密度増加率 (b)，相対分布密度 (c)，生産量 / 現存量比 (P/B) (d) の季節
変化の推定値。密度増加率が正のときに分布密度は増加し，負で減少する。水温
の上昇により密度増加率が低下すると推定されるため，相対分布密度も減少す
る。また，P/B は，冬季から春季には水温上昇の影響をさほど受けないが，夏季
には値が大きく低下する。

長期化すると，P/B がばらついたり（> 17℃），急低下したり（> 23.3℃）す
る期間も長くなる（図 4d）。

稚魚の成長・生残への影響

　温暖化はアミ類の個体群動態にとどまらず，生態系そのものに影響を与える。丹後海において，ニホンハマアミはヒラメをはじめとした多くの沿岸魚類に利用されている。現在，丹後海に着底するヒラメには，西方の鳥取県・兵庫県沿岸などで産卵され3〜4月に若狭湾内に移入する前期群と若狭湾内で産卵され5〜6月に着底する後期群の存在が認められている（Tanaka et al. 1997）。水温上昇に伴う分布密度の減少や，現在6月後半前後に見られているアミ類の急激な減少の早期化が，ヒラメ個体群，特に後期群の成長・生残に大きく負の影響を与えることが予想される。水温上昇に伴い魚類の産卵期や変態期も変化することが十分考えられるが，温暖化がアミ類個体群動態の変化と生産力の減少を通して，沿岸魚類資源に大きな負の影響を与えることが危惧される。

　上記のように，気候変動による水温上昇は，成長や繁殖といった生理学的な側面により，アミ類の生産生態に負の影響を与えることが考えられる。さらに，温暖化はアミ類を含む生態系，生物群集の構造そのものを変化させる可能性がある。極めて複雑な構造を有する生態系に対する水温上昇の影響を評価するためには，これまで見過ごされながらも生態系の鍵種となるニホンハマアミのような生物の生態について詳細な調査・研究が求められる。

マダイとクロダイの紫外線適応

福西悠一

富山県農林水産総合技術センター水産研究所

　筆者が里海生態保全学分野の1期生として入学した2000年代初めは，地球環境問題の一つとしてオゾン層の破壊による紫外線の増加が大きく取り上げられていた。紫外線は海水も透過し，仔稚魚に悪影響を及ぼす可能性があることから，「海産魚類の紫外線に対する適応」を研究テーマとして選んだ。そして，モデル魚種は，近縁種のマダイとクロダイに決めた。仔稚魚期以降はクロダイの方がマダイよりも浅い海域に棲息することから，「クロダイの方がマダイよりも強い紫外線に適応している」との仮説を立て，検証を行った。

　マダイとクロダイを卵から飼育し，仔稚魚に紫外線を照射して，その後の生き残りにより紫外線耐性を評価した。その結果，クロダイの方がマダイよりも紫外線耐性が高かったことから，仮説は支持されたと考えられた（Fukunishi et al. 2006）。しかし，水槽の中で人工的に育てた魚たちは，本当にその種の特性を反映しているのだろうか。この疑問を解くために，舞鶴水産実験所の地の利を活かし，マダイとクロダイの天然稚魚を採集し，紫外線耐性を調べた。その結果，天然魚でもクロダイの方がマダイよりも紫外線に強いことが確認された。また，それぞれの魚種について天然魚と飼育魚を比較したところ，マダイにおいては違いがなかったのに対し，クロダイは飼育魚よりも天然魚の方が強い紫外線に耐えられることが判明した（Fukunishi et al. 2013）。ここで，クロダイが黒いことに着目した。クロダイの体表の黒色素胞の数を調べると，天然魚の方が飼育魚よりも多いことが分かった。クロダイの天然魚は，太陽の日差しを浴びて生活する中で紫外線を吸収する黒色素胞を増やし，強い紫外線に対処する能力を備えたのだろう。飼育魚から得られたデータだけを基にして紫外線の影響を予測すると，過大評価の危険性があることが分かった。

　最近では，紫外線の増加が報道されることはめっきり少なくなり，海の環境問題の話題は，海洋酸性化やマイクロプラスチックに取って代わられた。しかし，報道されないから解決したと錯覚してはいけない。日本に到達する紫外線量は現在も増加傾向にあり（環境省2021），紫外線耐性の低いマダイなどの仔稚魚は，悪影響を受ける可能性がある。したがって，里海生態系において，魚類に対する紫外線の影響を，引き続き注視する必要がある。

2-3

クラゲ類——特異な生活史と大発生

鈴木健太郎
電力中央研究所

　クラゲと聞くとどんなことを思い浮かべるだろうか？　フワフワと漂っている姿を思い浮かべたり，刺されて痛かった経験を思い出したりする人もいるだろう。また，「クラゲ大発生で水産業に甚大な被害」といったニュースを思い浮かべる人もいるかもしれない。水族館でその美しい姿に癒されたことがある人も多いだろう。このように，クラゲはよく知られた生き物ではあるものの，彼らの一風変わった生活史や生態系における役割を知る人はあまり多くはなく，筆者が知人・友人と酒を酌み交わしていると，「クラゲは見ている分には綺麗かもしれないけど，研究して役に立つの？」と聞かれてしまうこともしばしばである。本節では，最も典型的なクラゲである鉢クラゲ類（特にミズクラゲ）を中心に，その生活史や生態を紹介するとともに，クラゲの大発生から見た沿岸域の環境について述べる。

1　クラゲとは？

　名前に「クラゲ」とつく生物は多くの分類群にわたって存在する。ここでは，狭義および広義のクラゲ類の特徴について紹介する（表1）。クラゲ類とは，狭義には，刺胞動物門（Cnidaria）のうちヒドロ虫綱（Hydrozoa），鉢虫綱（Scyphozoa），十文字クラゲ綱（Staurozoa），箱虫綱（Cubozoa）に属

表 1　クラゲ類・ゼラチン質動物プランクトンと呼ばれる代表的な分類群

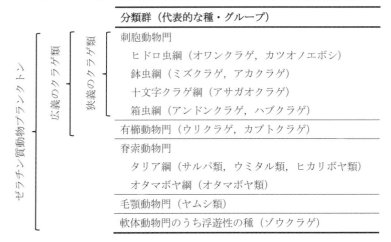

分類群（代表的な種・グループ）
刺胞動物門
ヒドロ虫綱（オワンクラゲ，カツオノエボシ）
鉢虫綱（ミズクラゲ，アカクラゲ）
十文字クラゲ綱（アサガオクラゲ）
箱虫綱（アンドンクラゲ，ハブクラゲ）
有櫛動物門（ウリクラゲ，カブトクラゲ）
脊索動物門
タリア綱（サルパ類，ウミタル類，ヒカリボヤ類）
オタマボヤ綱（オタマボヤ類）
毛顎動物門（ヤムシ類）
軟体動物門のうち浮遊性の種（ゾウクラゲ）

（左の括弧：ゼラチン質動物プランクトン／広義のクラゲ類／狭義のクラゲ類）

する動物のことを指し，これら 4 綱をクラゲ亜門（Medusozoa）としてまとめることもある。これらのうち，最も典型的なクラゲは鉢虫綱（鉢クラゲ類）である。クラゲ亜門に属する 4 綱は，生活史の中にメデューサ期（medusa stage，一般に傘状の体の下に触手や口腕を持つ成体期）を有するのが特徴で，「クラゲ」と聞いて多くの人が想像するのはメデューサ期の姿である。これら狭義のクラゲ類は，他の刺胞動物であるサンゴやイソギンチャク（ともに花虫綱 Anthozoa）と同様に，餌を捕えたり，身を守ったりするのに使われる刺胞（nematocyte）と呼ばれる細胞を持つのが特徴である。刺胞の中には刺糸（nematocyst）と呼ばれる針があり，刺激を受けると刺糸が射出され，標的に突き刺さって毒を注入したり，からまったりする。

　狭義のクラゲ類に加えて有櫛動物門（Ctenophora，いわゆるクシクラゲ類）を含めて，広義のクラゲ類と呼ぶことがある。以前は，クシクラゲ類は刺胞動物とともに腔腸動物門（Coelenterata，現在は使われない）に含められていたほど，狭義のクラゲ類と類似した見た目ではあるが，刺胞を持たないという大きな違いがある。また，近年ではクシクラゲ類だけでなく，脊索

動物門（Chordata）に属するサルパ類やウミタル類，毛顎動物門（Chaetognatha）に属するヤムシ類，軟体動物門（Mollusca）に属する浮遊性の巻貝であるゾウクラゲ等，体がゼラチン質でできた動物プランクトン（zooplankton）を「ゼラチン質動物プランクトン（gelatinous zooplankton）」と総称し，海洋生態系や物質循環における役割を理解しようとする研究が増えてきている。

2 生態系における役割

　狭義のクラゲ類（以降，「クラゲ類」と記す）は，体に触れた動物プランクトンを刺胞で捕えて摂食するため，クラゲ類の捕食が生態系に与える影響が議論されてきた。クラゲ類の捕食の影響としては，ドイツのキールフィヨルドで大発生したミズクラゲの仲間が，タイセイヨウニシンの仔魚を大量に捕食し，その結果翌年の成魚の数が著しく減少した事例が代表的である（Möller 1984）。また，クラゲ類の現存量の増大に伴って植食性動物プランクトンが減少し，その結果，植物プランクトン（phytoplankton）が増大するというトロフィックカスケード（trophic cascade）が生じたとの報告もある。さらに，クラゲ類と同様に動物プランクトンを餌とする魚類との間で餌を巡る競争もある。

　クラゲ類の捕食者としては，近年まで，ウミガメ類やマンボウ類等のごく限られた生物のみが知られていた。そのため，一次生産者（植物プランクトン等）が固定し，低次消費者（動物プランクトン等）が捕食を通じて取り込んだ炭素・窒素・リン等をクラゲ類が消費すると，植物プランクトンを起点として高次捕食者へとつながる生食連鎖（grazing food chain）上でのエネルギーの"行き止まり"になってしまうと考えられてきた。しかし，実際には様々な生物がクラゲ類を餌として利用しているようだ。近年になって捕食者の胃内容物を対象としたDNA解析技術の進展等によって，

多くの魚類がクラゲ類を捕食していることが分かってきた（里海トピック 4 参照）。また，動物に装着できる小型カメラ等の開発によって，ペンギンをはじめとする海鳥がクラゲ類を捕食していることも分かってきた（Thiebot and McInnes 2020）。クラゲ類は水分の多いゼラチン質であるため，従来の胃内容物観察では見逃してしまっていたのだ。

　クラゲ類は生きている間だけではなく，死んだ後も他の生物の重要な餌となっているようだ。クラゲ類の大発生後には，死んだクラゲ類が沈降し，海底を覆いつくすようになることがある（クラゲ類の大量沈降・堆積は jelly-falls と呼ばれる）。生物の移動や沈降による，表層から深海への炭素の輸送は生物ポンプ（biological pump）と呼ばれ，温室効果ガスである二酸化炭素を大気から除去する機能が注目されており，死んだクラゲ類の大量沈降・堆積は生物ポンプの一端を担っていると言える。また，沈降したクラゲはヌタウナギ類やコシオリエビ類等によって速やかに食べられていることが観察されており，餌の少ない深海における貴重な栄養源となっていることも明らかとなってきた（Sweetman et al. 2014）。

　クラゲ類は大量の粘液を海中へと放出する。放出された粘液は溶存態有機物であり，細菌に利用される。そのため，クラゲ類が大発生すると生食連鎖への炭素・窒素・リン等のフローが減少し，生物の遺骸や排泄物・粘液等を同化した細菌を起点とする腐食連鎖（detritus food chain）へのフローが増加する可能性が示唆されている（Condon et al. 2011）。このように，クラゲ類が生態系内で果たす役割については知見が増えつつあり，従来考えられてきたより重要な役割を担っていることが分かってきたが，依然として不明な点も多い。

3　人間との関わり

　クラゲ類は人間に利益も不利益ももたらす。人間に利益になるものの代

表としては，食材としての利用（主に中華料理）がある。食用とされるのは
ビゼンクラゲやエチゼンクラゲ等の鉢虫綱根口クラゲ目に属するクラゲで
あり，東南アジアやメキシコ等では中国等へと輸出するための根口クラゲ
類を対象とした漁業が成り立っている。我が国でも有明海でビゼンクラゲ
が漁獲されている。カワハギ等のクラゲ食魚類を釣る際には，釣り餌とし
て利用されることもある。クラゲ類に含まれるコラーゲンやムチンといっ
た有用成分は，医薬品や化粧品で活用され始めている。最近では，クラゲ
類の美しくゆったりと泳ぐ姿は人気が高く，多くの水族館がクラゲ類の飼
育・展示に力を入れている。

　人間に不利益になるものとしては，刺傷被害，漁業被害，臨海発電所の
取水障害等がある。クラゲ類は触手等に刺胞を持ち，餌や外敵が触れると
刺糸を射出し，刺胞毒を注入する。そのため，夏の海水浴シーズンになる
と，海水浴客がクラゲ類（主にアンドンクラゲ）に刺される被害が毎年のよ
うに報告される。触れた際の痛みはクラゲの種類により大きく異なるが，
これには射出される刺糸の長さが関係している。触れてもほとんど痛みを
感じないミズクラゲの刺糸よりも，強い痛みを感じるアンドンクラゲやハ
ブクラゲの刺糸は長い。長い刺糸は皮膚に触れた際に，表皮を貫通して真
皮に到達し，痛覚神経を打ち抜くことで強い痛みを引き起こしている
(Kitatani et al. 2015)。さらに，沖縄や奄美の沿岸に生息するハブクラゲや，
オーストラリア等に分布するオーストラリアウンバチクラゲ等は刺胞毒が
非常に強く，過去には死亡事故も起きている。刺糸の短いミズクラゲの場
合でも，皮膚が薄い箇所に触れると強い痛みを感じることがあったり，ア
レルギー反応を示す人もいたりするため，クラゲを見つけてもむやみに触
らない方がよい。

　クラゲ類大発生に伴う漁業被害は古くから報告されている。日本ではエ
チゼンクラゲやミズクラゲによるものが多く，それらが漁網に大量流入す
ることで網の破損，漁獲物の損傷による商品価値の低下，作業効率の低下
等が起こる。スコットランドでは，大発生したヒドロ虫類が養殖生簀内の
サケのエラを損傷させた結果，サケが大量斃死し，単年で1億円以上／養

図 1　ミズクラゲの (a) ポリプ，(b) ストロビラ，(c) エフィラ，(d) メデューサ。生活史は図 2 を参照のこと。

殖場の被害額となったこともある。

　我が国の火力発電所や原子力発電所では，稼働中は冷却水として大量の海水を常時利用している。クラゲ類（日本の場合はほとんどがミズクラゲ）が大量に流入すると取水系統が閉塞するため，冷却用海水の取水を制限または停止せざるを得なくなり，その結果，発電機の出力制限や発電停止に至る事例が多く報告されている。

4 鉢クラゲ類の生活史

　クラゲ類の生活史は複雑かつ多様である。ここでは，ミズクラゲ（図1）を主な例として，鉢クラゲ類の生活史を紹介する。鉢クラゲ類は一般に，底生生活を送る無性世代と，浮遊生活を送る有性世代を生活史に持つ（本節では世代交代型生活史と呼ぶ，図2）。有性生殖で形成された受精卵は，表面の繊毛で遊泳できるプラヌラ（planula，幼生）へと成長する。ほとんどの鉢クラゲ類では，精子と卵は海中へと放出され，受精卵は分散する。一方，ミズクラゲでは，オスが口腕（傘の下側にあるリボン状もしくは棒状のもの）の先から精子塊（粘液で包まれた精子）を放出し，メスは精子塊を受け取って体内受精したのち，受精卵がプラヌラに成長するまで，傘の下側にあるフリル状の保育嚢で保持する。海中を漂うプラヌラは，適切な基盤（岩や貝殻，人工構造物等）にたどり着くと付着し，無性世代であるイソギンチャク状のポリプ（polyp，ミズクラゲでは直径1～2 mm程度）となる。ポリプは無性生殖によって自身のクローンを作り増殖する。無性生殖による増殖方法は様々だが，出芽（ポリプの側面から新たなポリプが形成される）や，走根（イチゴの匍匐枝のようにポリプから伸長し，先端に新たなポリプを形成する），ポドシスト（podocyst，硬いキチン質の殻で覆われた細胞塊）の形成が代表的である。ポドシストは休眠卵的性質を持ち，貧酸素等の劣悪な環境にも耐え，水温変化等の環境刺激によってポリプを発芽する。休眠可能な期間は，ミズクラゲでは3年間程度，エチゼンクラゲでは少なくとも6年間と長期に及ぶ（Thein et al. 2012; Kawahara et al. 2013）。ミズクラゲのポリプはこれらの三つの代表的な方法すべてを通して無性生殖し，ポドシストの形成は餌不足等の不適な環境にさらされると促進される。一方，アカクラゲやエチゼンクラゲのポリプはポドシストでしか増殖せず，餌が多い等の好適な環境でポドシストの形成が促進される。水温の低下（ミズクラゲでは概ね15℃以下）といった環境刺激を受けると，ポリプの体にくびれが生じ，1枚もしくは複数枚の皿（ディスク）を重ねたようなストロビラ

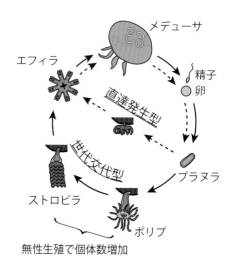

図 2　ミズクラゲの生活史。鉢クラゲ類に一般的な世代交代型生活史を実線矢印で，ミ
ズクラゲにおける直達発生型生活史を破線矢印で示す。付着生活を送るポリプや
ストロビラ等では，付着基盤を灰色で示した。Suzuki et al. (2019) を一部改変
して作成。

（strobila，横分体）となる。この現象をストロビレーションと呼ぶ。ストロ
ビラ上のディスク枚数は種や環境で異なり，タコクラゲやサカサクラゲ等
は 1 枚（モノディスクタイプ），ミズクラゲやアカクラゲ等では複数枚（ポリ
ディスクタイプ）であり，ポリディスクタイプでは餌環境等がディスク枚
数に影響する。ストロビレーションが進むと，ストロビラ上のディスクは
1 枚ずつエフィラ（ephyra，稚クラゲ）となり，海中へと放出される。放出
直後のエフィラは複数枚の縁弁を持った花びら状で（縁弁の数は種により異
なる），成長するとメデューサとなり，通常は産卵後に死亡する。
　このような複雑な生活史を示す鉢クラゲ類は，増殖戦略も一般的な生物
とは異なる。一般的な生物では，受精卵形成時に個体数が最大となり，そ
の後は減少する。一方，無性世代を持つ鉢クラゲ類は，受精卵形成から基
盤に付着するまでに減耗するものの，その後の環境が良好であればポリプ

〜ストロビラ期の無性生殖により個体数を増加させることができる。その
ため，ポリプ〜ストロビラ期の無性生殖がエフィラの放出数を決定し，メ
デューサ期の大発生に非常に大きな影響を与えていると考えられている。

　鉢クラゲ類の中には，前述した世代交代型とは異なる生活史を持つ種も
いる。クロカムリクラゲではプラヌラやポリプを介さずに卵から直接小さ
なメデューサが生まれ，オキクラゲではポリプを介さずにプラヌラからエ
フィラに変態するため，これらの種では有性世代しか持たない（直達発生
型生活史：一般的な「直達発生」とは定義が異なり，クラゲ類の研究ではこれら
のポリプを介さない発生を「直達発生」と呼んでいる）。その結果，ポリプ〜
ストロビラ期の無性生殖がなく，また生活史の中で付着生活を送る時期が
ない（holoplankton，終生浮遊性）。無性生殖がないことで鉢クラゲ類に特徴
的な付着生活期における増殖というメリットがなくなってしまうが，付着
基盤の有無にとらわれずに，分布範囲を拡げることができる。オキクラゲ
は世界中に分布していると考えられており，終生浮遊性の生活史によって
分布拡大に成功した端的な事例である。

　鉢クラゲ類に一般的な世代交代型生活史から，オキクラゲやクロカムリ
クラゲに特徴的な直達発生型生活史はいかにして進化したのだろうか？
通常，このような進化生態学的な問いに対する答えはなかなか見つからな
いが，舞鶴湾を含む若狭湾周辺のミズクラゲの特異な生態が重要な手がか
りとなるかもしれない。ミズクラゲは主に世代交代型生活史を送るが，若
狭湾や七尾湾，陸奥湾のミズクラゲは，プラヌラが一時的に基盤に付着す
るものの，ポリプを介さずに速やかにエフィラ 1 個体を放出しうることが
報告されている（図2）。この生活史は，オキクラゲやクロカムリクラゲと
同様に直達発生と呼ばれたり，プラヌラのストロビレーションと呼ばれた
りしている（本節では直達発生と記す）。舞鶴湾で実施した我々の研究
（Suzuki et al. 2019）では，メデューサは海水温 20℃以上となる 7 〜 10 月に
通常の世代交代型の卵・プラヌラを産んだ後も冬まで生残し，海水温 20℃
以下となる 12 〜 5 月には直達発生型の卵・プラヌラを産むことが分かって
きた（図3）。また，直達発生型の卵（直径約 0.4 mm）は，プラヌラから直接

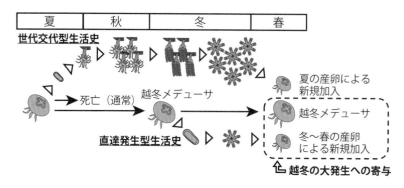

図 3　舞鶴湾におけるミズクラゲの二つの生活史と季節。メデューサは通常の海域では産卵後の夏〜秋に死亡する。一方，舞鶴湾では，夏の世代交代型の産卵を終えたメデューサの多くが生き残り（越冬メデューサ），冬〜春に直達発生型の産卵を行う。

エフィラを放出できるだけのエネルギーを蓄えており，世代交代型の卵（直径約 0.2 mm）と比べて顕著に大きかった。直達発生型のオキクラゲやクロカムリクラゲでも，世代交代型の一般的な鉢クラゲ類よりも大きな卵を産むことが知られている。

　ミズクラゲにおける直達発生型生活史は，ポリプ期における無性生殖による増殖がない点で，世代交代型生活史と比べて一見不利に見える。しかし，両生活史が舞鶴湾等において両立しているのには，何か理由があるはずである。そこで，この理由について，両生活史間で大きく異なる付着生活期の長さが増殖・生残に与える影響から考えてみたい。通常の世代交代型生活史では，春から夏にプラヌラが基盤に付着した後，冬にエフィラが放出されるまでの約半年間，他の生物との競争に勝ったり被食を免れたりして生き残らなければ，有性世代であるエフィラを放出することはできない。一方，直達発生型生活史では，大型のプラヌラが基盤に付着してから数日〜 2 週間と短期間のうちにエフィラを 1 個体放出する。そのため，付着基盤上での競争や被食といったリスクにさらされる可能性が低く，基盤

に付着したプラヌラは高確率でエフィラを放出できるのだろう。それぞれの生活史に一長一短があるため，環境条件に応じ使い分けていると考えられる。オキクラゲやクロカムリクラゲでも，祖先種で付着生活期間が短い生活史が生じ，そこから終生浮遊性の生活史を持つ種へと進化していったのかもしれない。

5　鉢クラゲ類の大発生とその原因

近年，世界中で鉢クラゲ類のメデューサの大発生（以降，「大発生」と記す）が報告されているが，このような大発生は近年に限ったものではなく，古くからあったようだ。京都大学舞鶴水産実験所が面している舞鶴湾に注ぐ伊佐津川の河口では，毎年お盆に「吉原の万燈籠」という祭りが行われる。この祭りは，300年程前の享保年間に，クラゲ（おそらく鉢クラゲ類，特にミズクラゲである可能性が高い）の大発生により漁を全く行えなかった際に，海神の怒りを鎮めるために始まったとされている。

クラゲ類の個体数や現存量に関する長期データは多くはないものの，クラゲの大発生には周期性があり，一部の海域・種では，大発生の頻度や強度が近年になって増加している可能性が指摘されている。エチゼンクラゲは主に黄海や東シナ海に分布しているが，大発生時には対馬暖流に乗って，我が国の日本海沿岸に大量に押し寄せ，さらには津軽海峡を通過して太平洋沿岸にまで至ることすらある。日本沿岸でエチゼンクラゲが大量に確認された最初の記録は1920年とされており，以降1958年，1995年と約40年ごとに大発生が確認されてきたが，1995年以降では，2002年，2003年，2005年，2006年，2007年，2009年，2021年と大発生の頻度が急増した。30年以上のクラゲ類現存量の長期データが存在するベーリング海や，メキシコ湾では，クラゲ類は単調に増加しつづけているわけではなく，増減を繰り返していることも示されている（Robinson and Graham 2013; Decker et al. 2014)。また，現存する世界中のクラゲ個体数・現存量のデータをまとめて解析した研究からも，クラゲ類は10年以上の周期で大発生を繰り返していることが示唆されている (Condon et al. 2013)。

　鉢クラゲ類大発生の原因候補の一つ目は気候変動である。有名な気候変動としては，人間活動に起因する現在進行形の地球温暖化がある。これまでに行われてきた実験から，ミズクラゲ等は，地球温暖化によって海水温が上昇すると，餌が十分にあればポリプ期における無性生殖が促進され，より多くのエフィラを放出することが示されている。また，ミズクラゲでは，海水温の上昇がメデューサの越冬成功率を上昇させ，大発生に寄与する可能性が指摘されている。ミズクラゲのメデューサは有性生殖後の夏〜秋に死亡するのが一般的だが，越冬して翌春まで生き残ると，当年生まれのメデューサに1歳の越冬メデューサが加わり，現存量が増加する (図3)。さらに，舞鶴湾のように，越冬したメデューサが冬〜春に直達発生型の有性生殖をする場合には，越冬メデューサの大発生への寄与はより大きくなる。気候は，人間活動以外に自然に起因する変動も示す。代表的な自然変動としては，太平洋や大西洋の海水温や気圧が10年〜数十年周期で振動する太平洋十年規模振動 (Pacific Decadal Oscillation，PDOと略される) や北大西洋振動 (North Atlantic Oscillation，NAOと略される) がある。前述したメキシコ湾におけるクラゲ類 (アカクラゲの仲間とミズクラゲの仲間) の現存量は，北大西洋振動等の気候の自然変動と相関することが報告されており (Robinson and Graham 2013)，クラゲ類の周期的な大発生には気候の自然変動が影響している可能性が高い。

　二つ目の原因候補は，地球規模で深刻な環境問題となっている富栄養化である。一般に，富栄養化に伴って各栄養段階の生物の現存量は増加するが，餌生物の増加によってクラゲ類の増殖速度は上昇する。また，陸域からの窒素の負荷によって海域のN:P比が上昇すると，植物プランクトン相の中心が大型の珪藻類から小型の鞭毛藻類となり，その結果，動物プランクトン相も小型の種が優占するようになることがある。このような動物プランクトンの小型化は，植物プランクトン現存量の増加による濁度の上昇

とともに，摂餌の面でクラゲ類にとって有利な環境となる。すなわち，視覚に頼って捕食する魚類は摂餌成功率が低下するのに対し，視覚に頼らない接触捕食者であるクラゲ類は摂餌成功率が低下しない（Ohata et al. 2011）。さらに，富栄養化によって増加した有機物が分解されることで，海中の溶存酸素濃度が低下すること（貧酸素化）があるが，貧酸素化もクラゲ類の大発生に寄与している可能性が高い。一般に，クラゲ類は貧酸素耐性が比較的高く，ミズクラゲのポリプは他の付着生物が分布しない貧酸素水中の付着基盤を利用することで大増殖しうることが報告されている（Ishii and Katsukoshi 2010）。一方，ミズクラゲのメデューサは貧酸素水中には分布せず（鈴木ほか 2017），貧酸素化で得をするのはポリプ〜ストロビラ期に限られるようだ。

　三つ目の原因候補は魚類資源の減少である。我が国の海面漁業漁獲量は1984 年に最大となり，その後は減少の一途をたどっている。漁獲量は漁業者数の変動や市場の動向等の影響も受けるが，魚類資源自体が長期的に減少していることは間違いない。動物プランクトン食の魚類とクラゲ類の餌生物は似ており，それら魚類とクラゲ類の間では餌を巡る競争がある。また，クラゲ類を食べる魚類は多く，その中には漁獲対象種も含まれる。そのため，魚類資源の減少は，クラゲ類にとっての競合者や捕食者の減少を意味し，クラゲ類の増加に寄与すると考えられている。

　四つ目の原因候補は人工構造物の増加である。海運や臨海産業の発達，海岸改修，水産養殖業の増加に伴い，沿岸域には多くの人工構造物が作られてきた。これら人工構造物は鉢クラゲ類のポリプの生息場所となりうる。特に，ミズクラゲの仲間のポリプは，浮桟橋や養殖筏といった浮体の裏面にぶら下がるようにして付着することが多い。台湾の大鵬湾（Tapong Bay）では，2002 年まではカキの養殖筏がポリプの付着基盤となってミズクラゲ個体群が維持されていたが，養殖筏が撤去された後ではミズクラゲが全くいなくなってしまった（Lo et al. 2008）。これは大発生とは逆にクラゲ類がいなくなってしまった事例だが，人工構造物の増加がミズクラゲの仲間の大発生に寄与することを端的に示している。

　これらの原因候補は，気候の自然変動を除くと，いずれも人間活動に起因するものばかりである。産業革命以後の人間活動の活発化は沿岸域の環境を大きく変えてきており，クラゲ類の大発生もその影響を強く受けている可能性が考えられる。しかし，これまで述べてきたように，クラゲ類の生態は多くが未解明であり，前述した原因候補についても，大発生への寄与の程度は十分に検証されていない。近年，クラゲ類やその他のゼラチン質動物プランクトンの生態系内での重要性が認識され始めている。今後，クラゲ類やその他のゼラチン質動物プランクトンが生態系で果たす役割が明らかになることで，沿岸生態系自体の理解や，環境変化に対する生態系の応答に関する理解が深まり，「沿岸生態系を健全に維持しながら，人間活動を継続する」という持続可能な社会を構築する上で大いに役立つだろう。また，筆者が居酒屋で自身の研究対象について弁明する機会も減るはずである。

クラゲを食べる魚たち

宮島 (多賀) 悠子
水産研究・教育機構水産技術研究所

　ミズクラゲをはじめとするクラゲ類は，沿岸海域でしばしば大発生して漁業被害をもたらす。さらに，魚類の卵仔稚に高い捕食圧を与えることで水産資源を減少させる，まさに海の厄介者である。しかも，クラゲ類は捕食者がおらず，海洋生態系の食物網のデッドエンドと認識されることが多い。しかし，実際にはクラゲ類は一部の魚類，ウミガメや海鳥の餌となっており，特に魚類とは両者が複雑に関係した食物網を形成している。クラゲ類を食べる魚類はカワハギ科，イボダイ科，サバ科など 124 種にもおよび，マンボウなどの 11 種はクラゲ食に特化している。

　ここで多くの読者は，大部分が水分で構成されており，ましてや刺胞毒を有するクラゲ類に餌としての価値があるのか疑問に思うのではないだろうか。確かに，クラゲ類の体成分は 95% 以上が水分であり，クラゲ食魚の主な餌である甲殻類や小型魚と比べてカロリー面で劣る。しかし，クラゲ類はこれらの餌と比べて大きく，遊泳力も小さいので索餌，採餌がしやすい。さらに，魚類の必須脂肪酸である n-3 系・n-6 系高度不飽和脂肪酸，特にアラキドン酸，エイコサペンタエン酸やドコサヘキサエン酸といった，有用な成分を高率に含んでいる。京都の海にも多く生息するカワハギやウマヅラハギは，ミズクラゲやエチゼンクラゲを一日に魚体重の 6 〜 24 倍も食べ，クラゲ類の摂取のみで成長できる (Miyajima et al. 2011; Miyajima-Taga et al. 2017)。クラゲ類は低カロリーではあるものの獲得が容易で，大量摂取が可能な餌として利用されているのだろう。

　クラゲ類は魚類の卵仔稚の脅威となる捕食者だが，カワハギ科魚類は成長過程の早い時期に被食・捕食関係が逆転する。カワハギとミズクラゲの関係をみると，ごく初期の仔魚はメデューサに捕食されるが，わずか体長 4 mm で刺胞毒耐性ができ，捕食を回避するようになる (Miyajima-Taga et al. 2016)。そして，体長 5 mm から卵やプラヌラを，体長 22 mm からメデューサを食べ始める。また，成魚は最大 3 個体 / 秒のペースでポリプを摂餌するなど，生活史の大半で様々な成長段階のミズクラゲを摂餌する。無性生殖で大量の浮遊幼生を放出するポリプ以前の成長段階のクラゲ類への摂餌は，漁業被害や水産資源の減少を引き起こすメデューサの生物量に大きな影響を与えうる。このような生態を鑑みると，クラゲ類大発生の防除には，クラゲ食魚の保全によるトップダウンコントロールが有効かもしれない。

より深く学びたい人のための参考図書

de Mora, S., Demers, S. and Vernet M.（eds.）（2000）The Effects of UV Radiation in the Marine Environment. Cambridge University Press, Cambridge, UK.

長澤和也（2005）『カイアシ類学入門——水中の小さな巨人たちの世界』東海大学出版会，神奈川．

千田哲資・南卓志・木下泉（2001）『稚魚の自然史——千変万化の魚類学』北海道大学出版会，札幌．

末友靖隆（2013）『日本の海産プランクトン図鑑　第 2 版』共立出版，東京．

鈴木健太郎（2014）ミズクラゲの個体数変動機構と発生量予測手法に関する文献調査．電力中央研究所報告，V13019．

高橋一生（2004）淡水・沿岸域におけるアミ類の摂餌生態（総説）．日本プランクトン学会報，51: 46-72．

高橋正征・古谷研・石丸隆 監訳（2007）『生物海洋学 1（プランクトンの分布／化学組成）』（第 2 版）東海大学出版会，神奈川．

豊川雅哉・西川淳・三宅裕志 編集（2017）『クラゲ類の生態学的研究』生物研究社，東京．

宇野木早苗・山本民治・清野聡子 編集（2008）『川と海——流域圏の科学』築地書館，東京．

山下洋 監修（2011）『改訂増補 森里海連環学——森から海までの統合的管理を目指して』京都大学学術出版会，京都．

安田徹（2003）『海の UFO クラゲ』恒星社厚生閣，東京．

引用文献

秋山諭（2016）沿岸砂浜域におけるニホンハマアミ Orientomysis japonica の個体群動態に関する研究．博士論文，京都大学大学院農学研究科，京都．

Akiyama, S., Ueno, M. and Yamashita, Y.（2015）Population dynamics and reproductive biology of the mysid Orientomysis japonica in Tango Bay, Japan. Plankton and Benthos Research, 10: 121-131.

Antonio, E.S., Kasai, A., Ueno, M., Won, N.I., Ishihi, Y., Yokoyama, H. and Yamashita, Y.（2010）Spatial variation in organic matter utilization by benthic communities from Yura River–Estuary to offshore of Tango Sea, Japan. Estuarine, Coastal and Shelf Science, 86: 107-117.

Burke, J.S., Tanaka, M. and Seikai, T. (1995) Influence of light and salinity on behaviour of larval Japanese flounder (Paralichthys olivaceus) and implications for inshore migration. Netherlands Journal of Sea Research, 34: 59-69.

千原光雄・村野正昭 編（1997）『日本産海洋プランクトン検索図説』東海大学出版会，神奈川．

Condon, R.H., Steinberg, D.K., del Giorgio, P.A., Bouvier, T.C., Bronk, D.A., Graham, W.M. and Ducklow, H.W.（2011）Jellyfish blooms result in a major microbial respiratory sink of carbon in marine systems. Proceedings of the National Academy of Sciences of the United States of America, 108: 10225-10230.

Condon, R.H., Duarte, C.M., Pitt, K.A., Robinson, K.L., Lucas, C.H., Sutherland, K.R., Mianzan, H.W., Bogeberg, M., Purcell, J.E., Decker, M.B., Uye, S., Madin, L.P., Brodeur, R.D., Haddock, S.H.D., Malej, A., Parry, G.D., Eriksen, E., Quiñones, J., Acha, M., Harvey, M., Arthur, J.M. and Graham, W.M.（2013）Recurrent jellyfish blooms are a consequence of global oscillations. Proceedings of the National Academy of Sciences of the United States of America, 110: 1000–1005.

Crisp, D.J.（1984）Chapter 9: Energy flow measurements. In Holme, N.A. and McIntyre, A.D. (eds.), Methods for the Study of Marine Benthos. pp. 284–372. Blackwell Scientific Publications, Oxford, UK.

Decker, M.B., Cieciel, K., Zavolokin, A., Lauth, R., Brodeur, R.D. and Coyle, K.O.（2014）Population fluctuations of jellyfish in the Bering Sea and their ecological role in this productive shelf ecosystem. In Pitt, K.A. and Lucas, C.H. (eds.), Jellyfish Blooms. pp. 153–183. Springer, Dordrecht, The Netherlands.

Fuji, T., Kasai, A., Suzuki, KW., Ueno, M. and Yamashita, Y.（2010）Freshwater migration and feeding habits of juvenile temperate seabass *Lateolabrax japonicus* in the stratified Yura River estuary, the Sea of Japan. Fisheries Science, 76: 643–652.

Fujii, T. and Noguchi, M.（1996）Feeding and growth of Japanese flounder (*Paralichthys olivaceus*) in the nursery ground. In Watanabe, Y., Yamashita, Y. and Oozeki, Y. (eds.), Survival Strategies in Early Life Stages of Marine Resources. pp. 141–151. A. A. Balkema, Rotterdam, The Netherlands.

Fukunishi, Y., Masuda, R. and Yamashita, Y. (2006) Ontogeny of tolerance to and avoidance of ultraviolet radiation in red sea bream *Pagrus major* and black sea bream *Acanthopagrus schlegeli*. Fisheries Science, 72: 356–363.

Fukunishi, Y., Masuda, R., Robert, D. and Yamashita, Y. (2013) Comparison of UV–B tolerance between wild and hatchery–-reared juveniles of red sea bream (*Pagrus major*) and black sea bream (*Acanthopagrus schlegeli*). Environmental Biology of Fishes, 96: 13–20.

浜中雄一・清野精次（1978）由良川沖魚類の日周期活動と食性の関係について．京都府立海洋センター研究報告，2: 117–128.

花村幸生（2001）沿岸生態系におけるアミ類の重要性と研究の意義．号外海洋，27: 131–140.

広田祐一・富永修・上原子次男・児玉公成・貞方勉・田中克・古田晋平・小嶋喜久雄・輿石裕一（1989）日本海浅海域におけるアミ類の地理分布．日本海ブロック試験研究集録，15: 43–57.

広田祐一（1990）新潟五十嵐浜におけるアミ類の季節変動とヒラメ稚魚に捕食されるサイズ．日本海ブロック試験研究集録，19: 73–88.

Hosie, G.W. and Ritz, D.A.（1983）Contribution of moulting and eggs to secondary production in *Nyctiphanes australis* (Crustacea: Euphausiacea). Marine Biology, 77: 215–220.

Ishii, H. and Katsukoshi, K.（2010）Seasonal and vertical distribution of *Aurelia aurita* polyps on a pylon in the innermost part of Tokyo Bay. Journal of Oceanography, 66: 329–336.

Itoh, S., Kasai, A., Takeshige, A., Zenimoto, K., Kimura, S., Suzuki, K.W., Miyake, Y., Funahashi, T., Yamashita, Y. and Watanabe, Y.（2016）Circulation and haline structure of a microtidal bay in the Sea of Japan influenced by the winter monsoon and the Tsushima Warm Current. Journal of Geophysical Research: Oceans, 121: 6331-6350.

環境省（2021）第 3 部 太陽紫外線の状況．令和 2 年度オゾン層等の監視結果に関する年次報告書，149-171.

Kawahara, M., Ohtsu, K. and Uye, S.（2013）Bloom or non-bloom in the giant jellyfish *Nemopilema nomurai* (Scyphozoa: Rhizostomeae): roles of dormant podocysts. Journal of Plankton Research, 35: 213-217.

Kitatani, R., Yamada, M., Kamio, M. and Nagai, H.（2015）Length is associated with pain: Jellyfish with painful sting have longer nematocyst tubules than harmless jellyfish. PLoS ONE, 10: e0135015.

清野精次・坂野安正・浜中雄一（1977）若狭湾西部海域におけるヒラメ資源の研究 IV 浮遊期ヒラメ仔魚の輸送機構．昭和 50 年度京都府水産試験場報告，16-26.

桑原昭彦・鈴木重喜（1983）若狭湾西部海域に出現する主要仔魚の食性と餌生物の関係について．日本水産学会誌，40: 1507-1513.

Lo, W.-T., Purcell, J.E., Hung, J.-J., Su, H.-M. and Hsu, P.-K.（2008）Enhancement of jellyfish （*Aurelia aurita*）populations by extensive aquaculture rafts in a coastal lagoon in Taiwan. ICES Journal of Marine Science, 65: 453-461.

前田経雄（2002）若狭湾西部海域におけるヒラメ仔稚魚の加入機構に関する研究．博士論文，京都大学大学院農学研究科，京都．

Masuda, R.（2008）Seasonal and interannual variation of subtidal fish assemblages in Wakasa Bay with reference to the warming trend in the Sea of Japan. Environmental Biology of Fishes, 82: 387-399.

Mauchline, J.（1980）The biology of mysids and euphausiids. In Blaxter, J.H.S., Russell, F.S. and Yonge, M. (eds.), Advances in Marine Biology volume 18. pp. 1-369. Academic Press, London, UK.

Meland, K., Mees, J., Porter, M. and Wittmann, K.J.（2015）Taxonomic review of the orders Mysida and Stygiomysida (Crustacea, Peracarida). PLoS ONE, 10: e0124656.

Menzie, C.A.（1980）A note on the Hynes method of estimating secondary production. Limnology and Oceanography, 25: 770-773.

Miller, T.J., Crowder, L.B., Rice, J.A. and Marschall, E.A.（1988）Larval size and recruitment mechanisms in fishes: Toward a conceptual framework. Canadian Journal of Fisheries and Aquatic Sciences, 45: 1657-1670.

南卓志（1982）ヒラメの初期生活史．日本水産学会誌，48: 1581-1588.

Minami, T. and Tanaka, M.（1992）Life history cycles in flatfish from the northwestern Pacific, with particular reference to their early life histories. Netherland Journal of Sea Research, 29: 35-48.

Miyajima, Y., Masuda, R., Kurihara, A., Kamata, R., Yamashita, Y. and Takeuchi, T. (2011) Juveniles of threadsail filefish, *Stephanolepis cirrhifer*, can survive and grow by feeding on moon jellyfish Aurelia aurita. Fisheries Science 77: 41-48.

Miyajima-Taga, Y., Masuda, R., Morimitsu, R., Ishii, H., Nakajima, K. and Yamashita, Y. (2016) Ontogenetic changes in the predator–prey interactions between threadsail filefish and moon jellyfish. Hydrobiologia 772: 175-187.

Miyajima-Taga, Y., Masuda, R. and Yamashita, Y. (2017) Feeding capability of black scraper Thamnaconus modestus on giant jellyfish *Nemopilema nomurai* evaluated through field observations and tank experiments. Environmental Biology of Fishes 100: 1237-1249.

Möller, H.（1984）Reduction of a larval herring population by jellyfish predator. Science, 224: 621-622.

長澤和也（2005）『カイアシ類学入門——水中の小さな巨人たちの世界』東海大学出版会, 神奈川.

西田輝己・野沢正俊・網尾勝（1978）鳥取砂丘沿岸域におけるアミについて－I. 鳥取県水産試験場報告, 19: 1-52.

Ohata, R., Masuda, R., Ueno, M., Fukunishi, Y. and Yamashita, Y.（2011）Effects of turbidity on survival of larval ayu and red sea bream exposed to predation by jack mackerel and moon jellyfish. Fisheries Science, 77: 207-215.

Oshima, M., Robert, D., Kurita, Y., Yoneda, M., Tominaga, O., Tomiyama, T., Yamashita, Y. and Uehara, S.（2010）Do early growth dynamics explain recruitment success in Japanese flounder *Paralichthys olivaceus* off the Pacific coast of northern Japan? Journal of Sea Research, 64: 94-101.

Ritz, D.A. and Hosie, G.W.（1982）Production of the euphausiid *Nyctiphanes australis* in Storm Bay, south-eastern Tasmania. Marine Biology, 68: 103-108.

Robinson, K.L. and Graham, W.M.（2013）Long-term change in the abundances of northern Gulf of Mexico scyphomedusae *Chrysaora* sp. and *Aurelia* spp. with links to climate variability. Limnology and Oceanography, 58: 235-253.

Sakamoto, W. and Tanaka, Y.（1986）Water temperature patterns and distribution of fish eggs and larvae in the vicinity of shallow sea front. Bulletin of the Japanese Society of Scientific Fisheries, 52: 767-776.

千田哲資・南卓志・木下泉（2001）『稚魚の自然史——千変万化の魚類学』北海道大学出版会, 札幌.

重田利拓（2008）瀬戸内海の魚類に見られる異変と諸問題. 日本水産学会誌, 74: 868-872.

志岐常正・林勇夫（1985）第24章 若狭湾 I 地質. 『日本全国沿岸海洋誌』（日本海洋学会沿岸海洋研究部会編）pp. 947-957. 東海大学出版会, 神奈川.

須田有輔・五明美智男（1995）砂浜海岸砕波帯における魚類仔稚分布と物理環境. 水産工学研究集録, 1: 39-52.

Sudo, H., Kajihara, N. and Noguchi, M.（2011）Life history and production of the mysid *Orientomysis robusta*: High P/B ratio in a shallow warm-temperate habitat of the Sea of Japan. Marine Biology, 158: 1537-1549.

末友靖隆（2013）『日本の海産プランクトン図鑑　第2版』共立出版, 東京.

水産庁増殖推進部・水産研究・教育機構・全国豊かな海づくり推進協会（2022）『令和2年度 栽培漁業用種苗等の生産・入手・放流実績（全国）～資料編～』全国豊かな海づくり推進協会, 東京.

Suzuki, K.W., Ueda, H., Nakayama, K. and Tanaka, M.（2012）Different patterns of stage-specific horizontal distribution between two sympatric oligohaline copepods along a macrotidal estuary (Chikugo River, Japan): implications for life-history strategies. Journal of Plankton Research, 34: 1043-1057.

Suzuki, K.W., Fuji, T., Kasai, A., Itoh, S., Kimura, S. and Yamashita, Y.（2020）Winter monsoon promotes the transport Japanese temperate bass *Lateolabrax japonicus* eggs and larvae toward the innermost part of Tango Bay, Sea of Japan. Fisheries

Oceanography, 29: 66-83.

鈴木健太郎・熊倉恵美・遠藤紀之・石井晴人・野方靖行（2017）日本沿岸 4 海域におけるミズクラゲ集群の鉛直分布に及ぼす水塊構造の影響．日本プランクトン学会報, 64: 114-123.

Suzuki, K.S., Suzuki, K.W., Kumakura, E., Sato, K., Oe, Y., Sato, T., Sawada, H., Masuda, R. and Nogata, Y.（2019）Seasonal alternation of the ontogenetic development of the moon jellyfish *Aurelia coerulea* in Maizuru Bay, Japan. PLoS ONE, 14: e0225513.

Sweetman, A.K., Smith, C.R., Dale, T. and Jones, D.O.B.（2014）Rapid scavenging of jellyfish carcasses reveals the importance of gelatinous material to deep-sea food webs. Proceedings of the Royal Society B: Biological Sciences, 281: 20142210.

高橋一生（2004）淡水・沿岸域におけるアミ類の摂餌生態（総説）．日本プランクトン学会報, 51: 46-72.

Takahashi, K. and Kawaguchi, K.（2004）Reproductive biology of the intertidal and infralittoral mysids *Archaeomysis kokuboi* and *A. japonica* on a sandy beach in NE Japan. Marine Ecology Progress Series, 283: 219-231.

武田正倫・古田晋平・宮永貴幸・田村昭夫・和田年史（2011）日本海南西部鳥取県沿岸およびその周辺に生息するカニ類．鳥取県立博物館研究報告, 48: 29-94.

玉井恭一（1988）ベントスの生産量とその推定法②──生産量の推定法＜その 2 ＞．海洋と生物, 10: 452-455.

Tanaka, M., Ohkawa, T., Maeda, T., Kinoshita, I., Seikai, T. and Nishida M.（1997）Ecological diversities and stock structure of the flounder in the Sea of Japan in relation to stock enhancement. Bulletin of National Research Institute of Aquaculture, Supplement 3: 77-85.

田中庸介・大河俊之・山下洋・田中克（2006）ヒラメ *Paralichthys olivaceus* 稚魚の食物組成と摂餌強度にみられる地域性．日本水産学会誌, 72: 50-57.

Tanaka, Y.（1992）Japanese anchovy egg accumulation at the sea surface or pycnocline: observation and model. Journal of Oceanography, 48: 461-472.

Thein, H., Ikeda, H. and Uye, S.（2012）The potential role of podocysts in perpetuation of the common jellyfish *Aurelia aurita* s.l. (Cnidaria: Scyphozoa) in anthropogenically perturbed coastal waters. Hydrobiologia, 690: 157-167.

Thiebot, J.-B. and McInnes, J.C.（2020）Why do marine endotherms eat gelatinous prey? ICES Journal of Marine Science, 77: 58-71.

Ueda, H.（1987）Small-scale ontogenetic and diel vertical distributions of neritic copepods in Maizuru Bay, Japan. Marine Ecology Progress Series, 35: 65-73.

Ueda, H.（1991）Horizontal distributions of planktonic copepods in inlet waters. Proceedings of the Fourth International Conference on Copepoda; Bulletin of the Plankton Society of Japan, special volume: 143-160.

Ueda, H., Terao, A., Tanaka, M., Hibino, M. and Islam, M.S.（2004）How can river-estuarine planktonic copepods survive river floods? Ecological Research, 19: 625-632.

Ueda, H., Kuwatani, M. and Suzuki, K.W.（2010）Tidal vertical migration of two estuarine copepods: naupliar migration and position-dependent migration. Journal of Plankton Research, 32: 1557-1572.

山田秀秋・長洞幸夫・佐藤啓一・武蔵達也・藤田恒雄・二平章・影山佳之・熊谷厚志・北川大二・広田祐一・山下洋（1994）太平洋沿岸域におけるアミ類の種組成と分布

特性．東北区水産研究所研究報告，56: 57-67.

山田秀秋（2000）ヒラメ幼稚魚の主要餌料生物ミツクリハマアミの生産生態学的研究．博士論文，東京大学大学院農学生命科学研究科，東京．

Yamada, K., Takahashi, K., Vallet, C., Taguchi, S. and Toda, T.（2007）Distribution, life history, and production of three species of *Neomysis* in Akkeshi-ko estuary, northern Japan. Marine Biology, 150: 905-917.

山田徹生（2019）ヒラメ生活史初期の生き残りとその加入機構に関する研究について．水産研究・教育機構研究報告，48: 61-84.

Yamashita, Y. and Aritaki, M.（2010）Stock enhancement of Japanese flounder in Japan. In Daniels, H.V. and Watanabe, W.O. (eds.), Practical Flatfish Culture and Stock Enhancement. pp. 239-255. Wiley-Blackwell, Hoboken, USA.

緑洋丸で採集されたベントス

第3章

ベントスの知られざる生活史と多様性

　ベントス（底生生物）は，食材や珍味として人々の生活を潤すばかりではなく，プランクトンやデトリタス（生物の破片や分解途中の有機物）の消費者として，また，大型魚類などの餌生物として里海生態系を支えている。本章では，舞鶴湾を中心とした日本海側に生息するベントスの中でも，貝類やエビ・カニ類，ナマコの生態を紹介し，ベントス資源の持続的利用について考察する。また，深海域の巻貝類と淡水性のエビ類を中心に，日本海のベントスの遺伝的多様性について解説する。特に，水産資源として重要なズワイガニ，マナマコ，アカガイについては，持続可能な水産業や資源管理についても検討した。本章の最後では，能登半島に位置する七尾湾を取り上げ，比較的良好な自然環境においても，ベントスに影響を及ぼす環境問題があることを紹介する。

日本海のベントス——多様性と漁業

佐久間　啓

水産研究・教育機構水産資源研究所

　本節では，底生生物（ベントス）について，その生活史や多様性等，一般性の高い内容を概説したのち，日本海の海に暮らすベントスに着目した，固有性の高いトピックのいくつかについて解説する。なお，筆者が「ベントス」という単語を認識したのは，舞鶴水産実験所に配属された学部4年生のことであった。読者諸氏の大半は「ベントス」についてよくご存じのことと推察するが，当時の筆者のような初学者が本書を手にすることを願って，概要から入りたいと思う。

1　ベントスについて

　ベントスとは何か。反復説で有名なエルンスト・ヘッケルは，水中を漂う生き物を指す「プランクトン」と対をなす単語として，ギリシャ語の"βένθος"（深み）に因むベントス"Benthos"を提唱した。ベントス，すなわち底生生物は，その名の通り海底を生息場所とする生物の総称で，サイズや種類（分類群），生活史や生息水深を問わない。河川や湖沼に生息する底生生物もベントスと呼ばれるが（淡水性ベントス），本節では海産ベントスを想定して説明を進める。ベントスはそのサイズによって小さいものからマイクロベントス（microbenthos：原核生物および単細胞生物の大部分），メイ

オベントス（meiobenthos：1〜0.5 mm メッシュのふるいを通過するもの），マクロベントス（macrobenthos：1〜0.5 mm メッシュのふるい上に残るもの）およびメガベントス（megabenthos：大型のもの）に区分されるが，これらのサイズ区分は絶対的なものでなく，研究者によって解釈が異なる場合がある。マイクロベントスの代表選手はバクテリア（真正細菌）であり，その生物量（バイオマス）は水深によってあまり変化しないことが知られる。海底の基質には多種多様なバクテリアが生息しているが，その大部分は単離・培養されていない，未知のものである。メイオベントスには線虫の仲間（線形動物）やカイアシ類の一種であるソコミジンコ等の小型甲殻類が，マクロベントスには様々な節足動物やゴカイ・イソミミズの仲間（環形動物）等が，それぞれ含まれる。メガベントスには漁業の対象となる大型のエビ・カニ（甲殻類）やウニ・ナマコ（棘皮動物），貝類等が含まれ，「ピンセットを使わずに直接手で持って扱える大きさのベントス」と考えて差し支えない。これらベントスのうち人間生活と直接関わるのは，主に漁業対象としてのメガベントスだが，より小型のベントスも海洋生態系を支える重要な役割を担っている。例えば，マクロベントスやメイオベントスのバイオマスは水深にかかわらずメガベントスより大きく，水深が深くなるごとに，より小型のベントスの重要度が高まることが示されている（Rex et al. 2006）。アミ類はプランクトンともベントスとも言い切れない生態を持つが（本書2-2），本節ではマクロベントスとして取り扱いたい。また，メガベントスに含まれる甲殻類およびナマコ類については本章の後半にて，詳しい解説がなされているので参照されたい。

　ベントスは，その生活史により，いくつかのグループに分類される。表在性ベントス（epibenthos）はその名の通り，海底の表面で生活する生物を指し，場合によってはさらに固着性と移動性に分類される。前者には着底後に動くことができないフジツボやサンゴ，ウミユリ等が，後者には自力で移動可能な棘皮動物や甲殻類等が含まれる。海底の基質に潜る，あるいは海底に巣穴を掘って生活する生物もベントスに含まれ，これらは埋在性ベントス（endobenthos）と呼ばれる。埋在性ベントスには，環形動物（ゴカ

イ・ユムシ等）や線形動物（線虫類），貝類，甲殻類（アナジャコ等）が知られる。意外に思われるかもしれないが，魚類がベントスに含まれる場合もある。ヒラメ・カレイ類（異体類）や，エイ類，カサゴ類，タラ類，ゲンゲ類等のうち海底に依存して暮らすものは，近底層性ベントス（hyperbenthos, benthopelagic species）と呼ばれる。

　ベントスは海底に依存して暮らすが，すべてのベントスが生涯を通じて海底から離れられないわけではない。移動能力の低い表在性・埋在性ベントスの大部分は，生まれた直後にプランクトンとして浮遊生活を送ることで（プランクトン幼生期），遠く離れた群れ（個体群）と交流し，あるいは新たな生息環境（ハビタット）へ進出する。例えば，本節の末尾で紹介するズワイガニは，生まれてからおよそ4〜5か月間，プランクトンとして海中を漂って暮らす。このような場合，プランクトン幼生の大部分は他の生物の餌となり（被食），あるいは生存可能な海域から流されてしまい（無効分散），生きて海底にたどり着くことができない。従って，プランクトン幼生を経験する種では，全滅のリスクを回避すべく，一回あたりの産卵数を増やすとともに個々の卵へのエネルギー投資を抑える傾向にある（小卵多産）。一方，親と同じ形で生まれ，プランクトン幼生を経験することなく一生海底で暮らすベントスも，少数派ながら存在する（直達発生）。直達発生型のベントスでは，死亡リスクの高いプランクトン幼生を量産する必要がないため，産卵数を抑えて個々の卵へのエネルギー投資を増やすことができるが（大卵少産），新たなハビタットへ進出する機会は減少する。また，分散の限られる直達発生型のベントスでは，遠く離れた個体群間で血縁関係が薄くなる（遺伝的距離が大きくなる）傾向にあり，地域個体群ごとに固有の特徴が発達しやすい（本書3-2，3-5参照）。このように，幼生期にプランクトン幼生を経験するか否かは，その生物がどのような分類学的グループに属するかによっても左右され（系統的制約），ベントスの暮らしぶりを決める重要な要因の一つとなっている（日本ベントス学会編2003など）。

　ベントスと人間の関係のうち，最も直接的なものが漁業である。ベント

スを対象とした漁業は世界中で展開されており，対象となる水深帯も砂浜から深海までと幅広い。また，漁具・漁法についても，潜水，底びき網，はえ縄，定置網，釣り，刺網，かご網等と数多く，事業規模も個人から企業まで様々である。ベントスを漁業資源としてみたとき，その変動パターンは，表層に分布するマアジ，マイワシ，マサバといった浮魚類と，大きく異なる。漁獲対象となるベントスの移動能力は浮魚類と比較して概ね低く，ある漁場のベントス資源を漁獲しつくしてしまうと，資源が回復するまでその漁場は利用できなくなってしまう。また，ベントスには，個体数を増やす（再生産）までに時間を要するものが知られ，例えばズワイガニでは雌が成熟するまで7年以上かかるとされる。これらの特徴を踏まえ，ベントス資源を管理する際は，漁獲量や努力量（底びき網をひく回数，仕掛けるかご網の数，あるいは出漁日数等）が厳密に制限される傾向にある。特に深海トロールの環境への影響については，長年議論されており，知見が蓄積されてきた（参考：Clark et al. 2016 など）。

2 日本海のベントス

　ベントスについて一通り紹介したところで，日本海に話題を移したい。日本海は，日本列島によって太平洋から切り離された閉鎖性の高い海域（縁海）であり，間宮海峡と宗谷海峡によりオホーツク海と，津軽海峡により太平洋と，対馬海峡により東シナ海と，それぞれ接続している（図1a）。各海峡は水深130 mより浅く，間宮海峡に至っては最も浅いところで水深10 mほどである。日本海の中央部には大和堆と呼ばれる堆（浅瀬）があるが，その周囲には日本海盆，大和海盆，対馬海盆と呼ばれる，水深2500 mを超える深海底が広がっており，特に日本海盆の最深部は3700 m以深とされる。

　日本海の海洋環境は，河川からの淡水流入および対馬海峡を通して流入

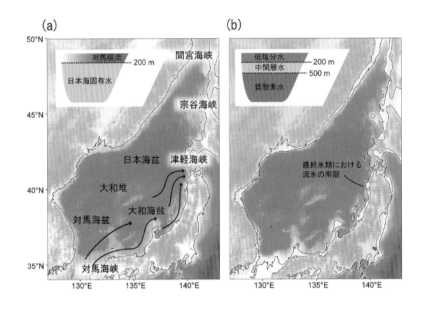

図1　現在 (a) および約3万年前の最終氷期最盛期 (b) における日本海の地形。水深の深い海底および標高の高い陸地を濃色で示した。(a) では対馬暖流の流路を矢印にて模式的に示した。(b) における海岸線は，現在の海底地形において海水準が130 m 低下した際を想定した。また，それぞれの時代における水塊の鉛直分布について図中左上に示した。

する対馬暖流の影響を受けている。特に沿岸域の環境は，河川水の影響を強く受けており，河川水流量は雪解け（春先）および梅雨明け頃（初夏）に増加する傾向にある。春先の河川水流入は河口域で栄養塩の増加をもたらし，植物プランクトンの増殖を起点とする様々な生物の量的増加（ブルーム）を発生させる。ブルームの影響を受けてアミ類等のマクロベントスが増殖し，これを狙って，より大型のベントス（甲殻類や魚類稚魚等）が河口域に出現する（本書1-2，2-2，4-4など参照）。一方，沖合域の環境は，河川水の流入に加え，日本海を流れる対馬暖流の影響のもとで成立している。対馬暖流は，日本海の入り口にあたる対馬海峡と出口にあたる津軽海

峡の水位差により駆動される黒潮由来の暖流であり，地球自転の影響を受けて日本海の東側，日本列島に沿って表層を北上する（図1a）。対馬暖流の下には，日本海固有水と呼ばれる酸素を豊富に含んだ極めて冷たい（水温1℃未満）海水が存在し（口絵12b），お椀のような形をした日本海の水深200m以深を概ね満たしている。概ね，と書いたのは対馬暖流の分布水深が場所によって変化することによる。具体的に，対馬暖流は対馬海峡付近で150m程度と薄く，北上するにしたがって厚くなる傾向にあり，津軽海峡付近では最終的には200〜300m程度になる。対馬暖流と日本海固有水の境界面では，水深の変化に伴って水温も急激に変化することから，水温変化の影響を受けやすい深海性ベントスの分布は，対馬暖流の季節的変動を受けて大きく変化することが知られる（長沼2000など）。

　日本海の経験した歴史についても，ここで簡単に紹介する。日本海は，様々な気候・地質的変動を経験しながら，ベントスをはぐくんできた。そもそも日本海は，ユーラシア大陸から日本列島が剥がれるようにして出来た「すきま」に，2000万年ほど前に形成され始めたとされる。1500万年ほど前には日本海の原型が形成されていたが，当時，日本列島のうち関東平野から北海道にかけてはまだ完全に陸化しておらず，太平洋と日本海の間には浅瀬が広がっていたと考えられている。その後，日本列島の陸化が進むとともに対馬海峡が開き，約170万年前頃，日本海は現在とほぼ同じ形に落ち着いたと考えられている。日本海はその頃から，劇的な気候変動を経験したとされる。約250万年前にはじまった氷期－間氷期サイクルでは，温暖な間氷期と寒冷な氷期（いわゆる氷河期）が交互に繰り返された。氷期には日本周辺海域も含めて中〜高緯度帯の広い範囲が寒冷化し，特に，歴史上最後の氷期である最終氷期（約7〜1万年前）には，流氷が男鹿半島沖まで到達した時期もあるとされる（小泉2006）。

　極めて寒冷な気候のもとで，日本海の表層（水深200m以浅）を積雪・降雨による低塩分の海水が覆い，深海と表層で海水の交換が失われた。また，地球上に存在する水の一部が氷や雪として陸上に保持されることで海水面が現在よりも最大で130m下がったとされる（海水準の低下）。海水準

の低下に伴い，日本海と太平洋・オホーツク海をつなぐ海峡の大部分が陸化し（陸橋形成），日本海への海水流入が停滞したと考えられる（図1b）。海水の流入が停滞した日本海の深海域（水深 500 m 以深）は，約 3 万年前から 1 万年前にかけて，極度の貧酸素状態に陥った。その後，気候の温暖化とともに日本海の環境は回復し，現在見られる日本海の環境へと急速に変化したと考えられている（平 1990; Itaki 2016）。

　ここでようやく本題，日本海のベントスについて紹介する。日本海に生息するベントスを網羅的に調べた研究から，その種数が太平洋やオホーツク海と比較してかなり少ないことが分かっている。日本海でベントスの多様性についてまとめた西村（1974）は，「日本海のベントスは（日本周辺の他の海域と比較して）質・量ともに貧弱である」と結論付けた。「貧弱」とは随分な言い方だと学生当時思ったものだが，実際に日本海で生物採集を行うと，ベントスの多様性の低さを体感することになる。ここでの多様性とは，例えば出現する生物の種数によって表現される。筆者が例年参加している日本海西部の底魚資源調査（日本海ズワイガニ等底魚資源調査，水産研究・教育機構）では，日本海の水深200 ～ 500 m において底びき網（オッタートロール）による生物採集を行っており，例年 40 種ほどの底魚類（漁業の対象となる底生魚類，場合によっては漁業資源となるベントス全体を指す）が採集される（図2）。一方，ほぼ同様の手法によって太平洋東北沖で調査を行った場合（底魚類資源量調査，水産研究教育機構），100 種以上が採集される。また，魚類に限らず，甲殻類や貝類，多毛類等，様々なベントスについて，日本海での多様性が低いことが知られている。また西村（1974）は，固有性の低さについても指摘している。固有性とは，日本海のみから知られる種，あるいは種のセット（群集）がどれだけ見られるか，という点で評価できる。実のところ，日本海に生息するベントスの大部分は，オホーツク海や北太平洋等，隣接する海域にも分布し，固有性は極めて低い。

　日本海におけるベントスの多様性や固有性の低さは，日本海の歴史と関連する。上で紹介したように，日本海はかなり閉鎖的な海域であり，加えて過去に劇的な寒冷化と貧酸素化，表層の低塩分化を経験している。この

図2　日本海深海域のベントスたち。ホッコクアカエビ，フサトゲニチリンヒトデ等の
ベントスが見られる。魚類はノロゲンゲ，コブシカジカ，ザラビクニン等，5種
ほど。種数の少なさがお分かりいただけるだろうか。

　ような厳しい環境変動のなかで，日本海のベントスが個体数の増減を繰り
返してきたことが，集団遺伝学的研究から分かっている。例えば，日本海
の浅海域に生息するハゼ類は過去に急速な個体数の増加（集団拡大）を経
験したとされる（本書4-5参照）。同様の傾向は，日本海の深海底に生息す
る巻貝類（本書3-2），エビ類（本書3-5）および多くの魚類（本書4-1）でも
見られている。これらのベントスは，環境の厳しかった過去の氷期に個体
数を大きく減らし（遺伝的な多様性が低いことから類推される），その後，温
暖な間氷期に個体数を急速に回復させたと考えられる。逆説的に，劇的な
環境の変動を生き抜くことができなかったベントスたちは，日本海の海底
から絶滅したものと推測される。残念ながら，日本海が大規模な環境変動
を経験した250万年前以降のベントス化石群は得られておらず，過去の日
本海産ベントスの多様性をうかがい知ることは難しい。それでも，過去の

環境変動の歴史と日本海産ベントスの多様性の低さには関連があるとの見方が一般的だ。また，歴史的背景に加え，日本海の海洋環境も，日本海産ベントスに見られる多様性の低さの一因と考えられる。例えば，沿岸域を流れる対馬暖流は，東シナ海において陸域由来の表層水を取り込んで低塩分化しており，これがサンゴ礁域の生物の日本海への進出を阻んでいるとの指摘がある。また，深海域に分布する日本海固有水は，太平洋側の同じ水深帯と比較して極度に寒冷であり，太平洋側に見られる深海性魚類の多くが日本海に進出できない一因とみられる（Sakuma 2022 など）。

　ここまで日本海の環境とベントスの多様性について紹介してきたが，日本海のベントスに関する具体的な研究事例についても触れたい。例えば，Takada et al. (2016) は，青森県から山口県に至る本州日本海側の砂浜（砕波帯）でマクロベントスの調査を行い，その特性を明らかにした。彼らは 41 の調査点で 28 グループ（種の判別が困難な生物については，属や科といった分類階級でまとめた）のベントスを発見し，特にナミノリソコエビ（端脚類）やフクロアミ属等のアミ類，ナミノコ属の二枚貝類等が多く出現した。従来，海と陸との境界にあたる砂浜域は，そこに暮らす生き物の特徴により，潮上帯（満潮時の海面より上），潮間帯（満潮時に海面下にあるが干潮時には海面に露出する），亜潮間帯（干潮時でも海面より下）に分けられるとされてきた。Takada et al. (2016) の研究では，ベントス群集の比較から，これらの枠組みが，潮汐変化の小さい日本海の砂浜でも適用可能であることが示された。一方，日本海北部の亜潮間帯では，他の海域の亜潮間帯に見られる群集に代わって潮間帯に見られる群集が出現するなど，群集の組成自体には幅広い地域性があることも示唆された。

　舞鶴水産実験所の所長であった林勇夫名誉教授は，舞鶴湾を中心にベントス群集の調査を行い，亜潮間帯，特に水深 30 ～ 200 m に及ぶ陸棚上のマクロベントス群集について精力的な研究を行った。例えば林 (1986) では，若狭湾の内湾である舞鶴湾，小浜湾および敦賀湾のベントス群集について調査し，各湾に共通する要素（モロテゴカイや *Prionospio* 属ゴカイ類に代表される泥底等）と局所的な要素（例えば敦賀湾のみに出現する，*Euchone* 属ゴ

カイ類に代表される砂泥底）が存在すること，特に局所的な要素の分布は時間とともに変化しうること等を指摘した。また，若狭湾主湾部のベントス群集の季節変化について検討した林・北野（1988）は，沖合域においても沿岸域と同様に，春季のブルームに続いて表在性ベントスの密度が増加すること，埋在性ベントスの増加するタイミングはそれよりかなり遅れることなどを明らかにした。水深100 m 以深のベントスの暮らしに表層プランクトンの季節変化が影響することは，現在広く知られており，彼らの研究はその先駆けとも言える。

3　漁業資源としてのベントス

　本節の最後に，日本海のベントスを対象とした漁業について紹介したい。前半で紹介した通り，様々なベントスが漁業の対象となり，我々の暮らしを支えている。日本海では，我が国の漁獲可能量（Total Allowable Catch: TAC）制度の対象として唯一の甲殻類であるズワイガニ，ベントスで最大の漁獲量を誇るベニズワイガニ，日本最大のエビ資源であるホッコクアカエビ等，代表的な甲殻類に加え，カレイ類やマダラ，ハタハタといった数多くの底魚が漁獲の対象となっており，日本海はまさにベントス資源の宝庫と言える。これらの魚種は主に底びき網，かご網，刺網等により漁獲され，日本海側のみならず，国内各地に流通し，人々の暮らしと密接に関わっている。先に述べたように，ベントスを対象とする漁業では，浮き魚と比較して安定した漁獲が望める一方，資源の持続的な利用には配慮が必要となる。漁業者は長年にわたり，日本海で漁獲されるこれらのベントス資源を有効かつ持続的に利用できるよう，工夫を重ねてきた。

　日本海のベントス漁業，特に底びき網漁業を知る上で，鍵となる重要種が，ズワイガニである（口絵 11a，16b）。ズワイガニは日本海の深海，主に水深200 〜 500 m に分布するメガベントスであり，主に底びき網漁業およ

びかご漁業によって漁獲される十脚目ケセンガニ科の甲殻類である。日本海の底びき網漁業においてズワイガニのウェイトは非常に高く，大臣許可漁業である沖合底びき網では，漁期中の水揚げ金額のおよそ80%をズワイガニが占める。ズワイガニを対象とした漁業の歴史は古く，江戸時代にはすでに日本海側の各地において漁獲されていたことが分かっている。ズワイガニ漁業に転機が訪れたのは，大正期における機船底びき網の出現および戦後の高度成長経済期における需要増である。エンジンを装備した漁船の出現により，漁獲の効率は飛躍的に向上した。また戦後になると，我が国の経済的発展に伴って需要も高まり，ズワイガニの漁獲量は劇的に増加した。日本海西部におけるズワイガニの漁獲量は，統計が整理された1954年に約8500トンであったが，東京オリンピックが開催された1964年には過去最高となる1万4600トンに達した（図3）。当時は雄ガニのなかでも特に成熟後（ズワイガニは成熟後脱皮をしない）1年以上経過し，十分身が詰まった価値の高い「カタガニ」が漁獲の主体であったことが分かっている。その後，ズワイガニの漁獲量は一時減少したものの，1970年に2度目のピーク（1万4200トン）を迎え，資源は回復したかに見えた。しかし，実はこの時，漁獲の主体はカタガニから，従来漁獲対象とされてこなかった最終脱皮後1年未満の「ミズガニ」，あるいは雌ガニや未熟ガニといった，市場価値の低い銘柄に移っていたとみられる。ズワイガニは成熟するまでに最低7年間を要し，その間に漁獲等により死亡した個体は当然，再生産に寄与しない。稚ガニの加入を失うと，漁場のカニは減る。以降，漁獲量は減少を続け，1992年には過去最低となる1600トンにまで落ち込んだ。この間に，ズワイガニの漁業に関わる漁船の隻数も劇的に減少し，例えば日本海の沖合底びき網における最大勢力である兵庫県船は1965年当時の94隻から2021年現在の50隻以下にまで減少した。

　では現在，ズワイガニと漁業を取り巻く環境はどう変化したか。もちろん，ズワイガニは絶滅していない。また，ズワイガニを対象とする漁業も，厳しい環境の中，適応を見せている。劇的に減少した漁獲量はその後再び増加し，増減はあるものの，現在まで一定水準を保っている。資源状

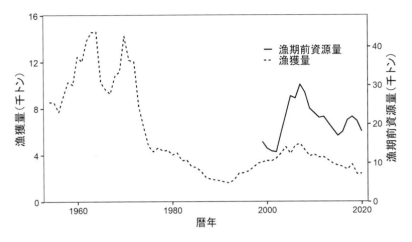

図3 日本海西部（島根県から富山県）におけるズワイガニの漁期前資源量（2021年11月1日時点，実線）と漁獲量（暦年の集計値，破線）の推移。

態は2000年代に回復して以降，変動を伴いながらも良好な水準が保たれている（図3）。漁獲量の減少傾向が濃厚になって以降，漁業者間の自主的取り決め等により，資源回復を目指す動きが活発化した。日本海西部のズワイガニ採捕に関する協定（全国底曳網連合会）では，年を経るごとに厳しい漁獲規制が自主的に追加されてきた。これに併せて，各地でズワイガニの選別基準が確立され，松葉ガニや越前ガニといった地域ブランド化が推し進められてきた。ズワイガニは2021年現在，11月6日から3月20日（雌は12月31日まで）という限られた漁期のなか，厳格な管理のもとに漁獲されている。漁獲の中心は市場価値の高い「カタガニ」に移り，市場価値が低い「ミズガニ」の漁獲は低く抑えられ（本書5-1参照），高付加価値化を目指す漁業が定着してきた。特に山陰地方では「冬の味覚の王者」として，いちベントス資源の枠を超え，地域の宿泊・観光，小売り・流通を全面的に支えている。私事で恐縮だが，2020年からズワイガニ日本海系群A海域（ズワイガニの主漁場である日本海西部）の資源評価を担当するな

かで，漁業者，流通関係者，研究者，その他，漁業に携わる多くの人々の，ズワイガニに懸ける熱意に圧倒されているところである。もちろん，関係者には様々な意見があり，方向性は多様で，資源管理の意識が必ずしも徹底されていない場合もある。しかし，現在日本海におけるズワイガニの漁獲量が回復し，資源水準が維持されている事実は，漁業に携わる人々の資源に対する意識の高さを反映しているように思える（佐久間ほか 2022 など）。

　日本海では，沿岸では河川流入，沖合では対馬暖流，それぞれの影響を受けながら，地域ごとに異なるベントス群集が形成されている。これらのベントスはときに劇的な環境の変動を経験しながらも，現在まで生き延びてきた。また，ベントスを糧として暮らす漁業者も，海洋環境や漁業の変遷によって変動する資源を相手に，その時々に応じて，地域に根差した漁業を続けてきた。日本海のベントス，およびベントスを対象とする漁業について，将来を不安視する意見も時として見られる。海洋環境は変動し，従来のベントスの分布には変化が見られる。また，多くの魚種について，漁獲量はピーク時より少ない。一方，本節で述べた通り，海洋環境の変動は歴史的に繰り返されてきた経緯があり，そのなかでもベントスは強かに生き延びてきた。また，一例として挙げたズワイガニ同様，我が国の水産資源は概ね，漁獲圧の高かった時代を経て，回復期にある（Ichinokawa et al. 2017）。昨今，漁業者の口から「資源保護」あるいは「獲り残し」といった言葉がごく自然に漏れるのを聞けば，そう悲観することもないかもしれない。ベントス・漁業者双方と付き合いのある筆者としては，研究を通じてベントスの生態・資源・漁業への理解を深めつつ，その営みが末永く続くことを期待したい。

COLUMN

里海
トピック
5

若狭湾はケハダウミヒモ類の宝庫

齋藤　寛
国立科学博物館

　ケハダウミヒモ類は貝やイカ・タコと同じ軟体動物で，現生軟体動物の8綱のうちの1綱，尾腔綱として分類される。多くの種が体長2 cm以下と小さく，沖合の泥中に生息するため，その生きた姿を見たことのある者は海洋生物を扱う研究者でも少ないかもしれない。体は細長く，貝殻を持たないが，その大部分が貝殻と同じ炭酸カルシウムでできた棘や鱗片で被われている。ケハダウミヒモという名称はこのような特徴に由来する。そのケハダウミヒモ類が若狭湾西部の冠島沖には実に豊富に生息していることが分かり，筆者は舞鶴水産実験所を利用して，この仲間の分類や発生の研究を行っている。ケハダウミヒモ類は世界中の海から約140種が知られているが，日本の沿岸からは6種しか知られていない。しかもそのうちの4種は2014年に本類研究の第一人者であったウィーン大学の故サルビニープラウエン博士と筆者が若狭湾西部で採集された標本を基に記載したもので，この6種という数字が本当の種多様性を反映したものではないことは明らかである。実際，その後に国立科学博物館が実施した黒潮域の生物相調査だけでも，未記載種を含め20種以上の尾腔類が採集されている。若狭湾西部から記載された4種のうち最も数多く採集される種に，採集で利用した実験所の教育研究船「緑洋丸」に因んでリョクヨウクワガタウミヒモ（*Falcidens ryokuyomaruae*）という名前をつけた。クワガタはこの属のもつ歯のかたちに由来する。同じ海域からは軟体動物の別綱で，やはり貝殻を持たず細長い体をしたカセミミズ類（溝腹綱）の未記載種も数種採集されており，その海底にはまだ多くの未知の種が生息していそうである。

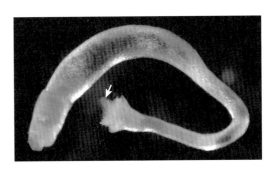

リョクヨウクワガタウミヒモ　体長5～7 mm。冠島沖水深約90 mで採集。左下が前端，後端部から1対の鰓（矢印）が突出している。

111

腹足類を中心とするベントスの生態
——遺伝子解析によるアプローチ

井口　亮・喜瀬浩輝

産業技術総合研究所海洋環境地質研究グループ

　日本海の沿岸域にはサザエやアワビ類，深海域にはバイ類やズワイガニ，ホッコクアカエビ（通称アマエビ）などの水産資源として重要なベントスが多く見られることが知られている。こうした有用な海産ベントスを水産資源として持続的に利用するには，漁獲等による人為的撹乱後に，集団の回復がどの程度見込めるかを科学的に評価することが重要となる。そのため，集団の復元力に直結する個体の加入パターンおよび集団の遺伝的多様性に着目した生物集団の形成・維持機構の解明は，海洋生物学においても重要な課題である。その中で，遺伝子解析によるアプローチは，ある集団の遺伝的多様性や，集団間の交流関係を反映している遺伝的連結性を定量化することで，生物加入におけるソース（生物の供給源）・シンク（生物の供給先）関係や人為的撹乱に対する復元力を評価できる。こうした情報は，海洋保護区の設置に向けた科学的知見として役立てることができる。近年では，従来の機器より大量の塩基配列情報が取得可能なハイスループットシーケンサー（次世代シーケンサー）を活用したゲノムレベルでの遺伝的変異に基づく遺伝子解析が，腹足類を含む海産ベントスを対象とした研究でも広がりつつある。本節では，これまで日本海において実施されてきた分子集団遺伝学的解析による研究事例を，水産有用種として知られる腹足類（サザエ，アワビなどの巻貝類）を中心に紹介する。また，研究が比較的遅れている深海域に関しても，他の海域での最新の遺伝子解析技術を用いた研究事例についても触れながら，今後の日本海の海産ベントスの研究の方向性について述べる。

1 日本海における遺伝子解析の研究事例

　海洋生物を対象とした種・集団レベルでの遺伝子解析で最もよく行われてきたのは，塩基配列の情報取得が容易なミトコンドリア DNA を対象とした研究である（Avise 2000）。ミトコンドリア DNA の中でも，cytochrome c oxidase subunit I（COI）領域は様々な生物種で PCR による部分塩基配列の増幅を可能にするユニバーサルプライマーの普及が比較的早い段階から進んだ（Folmer et al. 1994 ほか）。ミトコンドリア COI 領域では，遺伝子レベルで推定種（molecular operational taxonomic unit, MOTU）を特定する DNA バーコーディングや分子集団遺伝学的解析の事例も多く蓄積されている（BOX1, 3 参照）。日本海においても，遺伝子解析として比較的扱いやすいミトコンドリア DNA を用いた分子集団遺伝学的解析が実施されている。日本沿岸域に多く見られる腹足類の 1 種であるサザエを用いた研究では，ミトコンドリア COI 領域を対象とした分子集団遺伝学的研究が実施されており，その遺伝子型には，大きく 2 つのグループが存在すること，そしてそれぞれのグループが主に黒潮と対馬暖流に沿って分布していることが確認されている（Kojima et al. 1997）。遺伝的連結性の程度に最も影響を及ぼすと考えられるのは，対象とする生物種の分散能力である。干潟域に多く見られる腹足類ホソウミニナは，浮遊幼生期を持たない直達発生として知られている。本種は，親個体の移動能力も，遊泳能力を有する魚類等と比べて低いため，分散能力が最も低い部類に入る。ホソウミニナを対象としたミトコンドリア COI 領域による分子集団遺伝学的研究では，サザエと同じく黒潮と対馬暖流に沿った遺伝子型組成の異なる大きな 2 グループが存在することに加えて，各グループ内にも遺伝的に異なる地域集団の存在が示唆されている（Kojima et al. 2004）。このように，分散能力の差異が，遺伝的集団構造の形成にも大きく影響していると考えられる。これまで用いられてきたミトコンドリア DNA 領域での解析では，遺伝的に異なる個体間でも同じ配列を持っているなど，変異性に乏しい場合も多いため，よ

113

り変異性の高いマーカーを用いた解析も適用されている。アワビ類の1種，クロアワビは放卵放精型で受精に至るまでの段階でも海流による広域分散が引き起こされると想定される。本種について，ミトコンドリアCOI領域よりも変異性の高い核DNAのマイクロサテライトマーカーが開発された（Sekino and Hara 2001）。その結果，日本周辺のクロアワビは，日本海と太平洋側で大きく集団が分かれること，またそれぞれの大きな集団内にも小さな分集団が存在することが示されている（原2008）。

　日本海深海海域に多く見られるエゾバイ科エゾバイ属・エゾボラ属腹足類（バイ類）は，岩盤等の基質に卵塊を産みつけ，その卵塊から稚貝が孵出する直達発生型である。深海性バイ類の中で最も多く見られるツバイを対象とした，ミトコンドリアDNAを用いた分子集団遺伝学的解析においては，海底谷や急深の湾を境に遺伝的交流が制限され，遺伝的に異なる北海道・山形－富山・山陰・大和堆の4地域集団が存在していることが確認されている（Iguchi et al. 2004, 2007; 図1）。そのため，バイ類のような直達発生型腹足類を対象とした漁業では，このような地理的隔離を踏まえた資源管理を進めていくことが望ましい。その一方で，遊泳能力があり，バイ類より分散能力が高いと考えられる魚類ノロゲンゲや甲殻類クロザコエビ類においては，バイ類では遺伝的分化が見られた地域間でも高い遺伝的交流関係が確認されている（Kojima et al. 2001; Fujita et al. 2021）。そのため，資源管理の方針も，生物種の分散能力に応じて配慮していくことが必要である。

　遺伝的集団構造に影響する別の要因としては，長い歴史における環境変化が挙げられる。日本海は浅い海峡に囲まれた縁海であるため，海水面が大きく低下した氷期には周辺海域から隔離された。その際には深海域においても環境の悪化が生じ，深海生物の集団形成にも大きく影響したことが，分子集団遺伝学的解析からも示唆されている（本書3-1参照）。上述したツバイの大和堆における地域集団では，ミトコンドリアCOI領域で調べられた遺伝的多様性が，他の地域集団と比べて顕著に低いことが明らかとなっており（図1a），過去の環境の悪化によるボトルネックでの遺伝的多様性の減少の可能性が示唆された（Iguchi et al. 2007）。遺伝的多様性が低

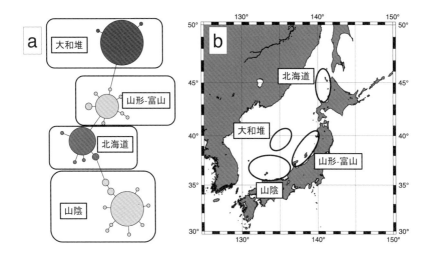

図1 (a) ツバイで報告されているミトコンドリア COI 配列を基にしたハプロタイプネットワーク。(b) ツバイで見られた地域集団の分布地図 (Iguchi et al. 2007 の図を改変)。

い集団では，撹乱に対する復元力が低いと考えられるため，保全策においても考慮していく必要がある。また，直達発生型の2種であるツバイとチヂミエゾボラの遺伝的集団構造の比較解析においては，同じ海域間でも遺伝的分化の程度が顕著に異なっており，各種の日本海への移入の歴史の違いが反映されている可能性が指摘されている (Iguchi et al. 2007)。このように，遺伝子解析で検出される連結性パターンは，生物種の分散能力や集団の移入の歴史によっても大きく異なるため，日本海深海域においても，様々な分類群にわたる生物種間の比較解析を進めていくことが望ましい。

　また，日本に近い海域での分子集団遺伝学的研究は蓄積が進んでいるが，大陸側の集団を用いた研究事例は非常に限られている。沿岸性生物では研究事例がいくつかあり，魚類イトヨの集団を対象とした，酵素タンパク質のアロザイム多型解析による分子集団遺伝学的解析では，朝鮮半島の

集団が日本沿岸の集団とも遺伝的に近いことが示されている (Higuchi and Goto 1996)。さらに，キタムラサキウニの集団を用いたマイクロサテライトおよびミトコンドリア DNA による分子集団遺伝学的解析においても，同様に朝鮮半島と日本海沿岸の集団で明瞭な遺伝的構造が見られないことが報告されている (南ほか 2014)。しかし深海生物における大陸側のサンプルを含めた研究事例としては，朝鮮半島近海のズワイガニを対象にした，ミトコンドリア COI 領域とマイクロサテライトマーカーによる解析結果が報告されているが (Kang et al. 2013)，日本近海集団との比較はない。上述したツバイの分子集団遺伝学的解析では，北海道・山形－富山・山陰・大和堆の 4 地域集団の存在が確認されているが，興味深いことに，山陰集団は他の 3 集団とは遺伝的により顕著に異なる傾向が確認されている (Iguchi et al. 2007)。これは，氷期における海水面低下時に対馬海峡周辺の環境が悪化し，大陸側に存在していた山陰集団と他の集団との隔離が進み，環境回復後に山陰地域まで分布を広げた可能性が考えられる。ノロゲンゲにおいても，氷期の環境悪化で分断化された集団が，環境回復後に二次接触して複雑な遺伝的集団構造を形成していることが示唆されている (Kojima et al. 2001)。今後大陸側の集団を含めた解析を進めることで，氷期の環境悪化時における避難場所の存在と，環境回復後にどのように二次接触が進んで，現在見られるような遺伝的集団構造が形成されているのかが詳細に解明されるものと期待される。

2 他の海域での最新の遺伝子解析技術を用いた研究事例

2005 年頃から台頭してきたハイスループットシーケンサーの普及により，遺伝的連結性解析の高度化も急速に進んだ。特に比較的安価に変異性の高い一塩基多型 (single nucleotide polymorphisms, SNPs) 情報をゲノム全体から取得できる restriction-site associated DNA sequencing (RAD-seq) は，

深海生物を含む様々な生物種で適用が進んでいる (Iguchi et al. 2020)。日本周辺のアワビ類では，トヨタ自動車株式会社によって開発された GRAS-Di による SNPs 情報をベースにした解析が実施され，遺伝子流動を伴いながら種分化が進んできた実態が明らかとなっている (Hirase et al. 2021)。ハイスループットシーケンサーは，変異性の高いマイクロサテライトマーカー開発にも威力を発揮しており，深海性腹足類の1種，キノミフネカサガイでも Illumina 社の MiSeq を用いたマイクロサテライトマーカー開発が報告されている (Nakajima et al. 2018)。また，ハイスループットシーケンサーによるキノミフネカサガイのミトコンドリアゲノム解析も実施されており (Nakajima et al. 2016)，COI より更に変異性の高い調節領域 (control region) 配列を対象とした分子集団遺伝解析なども以前よりも実施しやすい状況となっている。さらに，PCR を用いることで，DNA 濃度が低いサンプルからも効率良く SNPs 情報が取得可能な multiplexed ISSR genotyping by sequencing (MIG-seq; Suyama and Matsuki 2015) も，海洋生物の分子集団遺伝学的解析にも用いられてきており (Yorisue et al. 2020)，今後日本海における深海生物への適用も期待される。

　また，上記のシーケンサーの技術発展に伴う使用できる配列情報の増加だけでなく，ミトコンドリア DNA のような既存の DNA マーカーを用いた解析手法も発展してきた。深海域は沿岸域と比べて生物の分類学的研究も遅れていることから，対象とした集団に隠蔽種が含まれている可能性があり，種内を対象にしているつもりが複数種間で解析してしまう危険性がある。そのため，集団解析を実施する前に，理想的には種を特定しておくことが望ましい。しかし深海域でのサンプリングは，一般的に十分な個体数の確保が難しいため，ランダムに採取された生物種から遺伝子配列を網羅的に取得し，推定種を絞り込む方法も有効である。特にミトコンドリアの COI 遺伝子領域を用いた DNA バーコーディング解析は多くの分類群で蓄積があり，推定種の絞り込みに多く使われている。最近発表された手法 assemble species by automatic partitioning (ASAP) では，大量の配列を高速で処理して推定種を絞り込むことが可能となっている (Puillandre et al.

2021)。また，ミトコンドリア DNA におけるハプロタイプ組成情報は，遺伝子型と地点の行列情報として扱えるため，群集と同じくグループ間の多様性の差異を反映したベータ多様性の入れ子成分とターンオーバー成分を分離して評価することが可能である。すなわち，遺伝的ベータ多様性では，入れ子成分として集団内の分散制限，ターンオーバー成分として突然変異・遺伝的浮動を反映させていると想定して解釈することができる (Liggins et al. 2015)。遺伝的ベータ多様性解析を行うことで，これまで用いられてきたハプロタイプ多様度や塩基多様度では検出が難しかった，南北の緯度の環境変化に沿った遺伝的多様性の変化が浮き彫りとなっている (Liggins et al. 2015)。ツバイ・チヂミエゾボラのミトコンドリア COI 領域の配列を用いた，海域間での遺伝子型組成に着目した遺伝的ベータ多様性解析では，ターンオーバー成分が顕著に高いことが確認されている（井口ほか 未発表）。深海生物においては，深度による環境変化が遺伝的多様性の変化にどう影響しているのかは，その適応進化パターンの解明においても興味深いテーマであり，今後遺伝的ベータ多様性解析を評価することで，その一端を明らかにできることが期待される。

　海水サンプルから生物種情報を取得できる環境 DNA 解析 (environmental DNA：eDNA) でも，主にミトコンドリア DNA 情報が活用されており，深海域においても，その実施例が増えつつある (BOX3 参照)。深海サンゴ類を対象とした環境 DNA 解析に関しては，Everett and Park (2018) による報告があり，海水サンプルからの宝石サンゴの在・不在情報の取得に成功している。また，多くの海水を濾過するカイメン類が，環境 DNA 解析にも活用可能なことが分かっており (Mariani et al. 2019)，まとまった採水が難しい深海域での新しい環境 DNA 用サンプルとして注目を集めている。後述するメタンハイドレート関連プロジェクトでの調査においては，日本海深海域でも多くのカイメン類が確認されており，これまであまり注目されなかった新しい側面からのカイメン類の遺伝子解析への新規的活用が期待される。環境 DNA 解析に関しては，海水サンプルから特定種の集団内の遺伝子型を特定して集団遺伝解析を実施する手法開発も進んでおり (Tsuji et al. 2020)，今後日本海の深海域での環境 DNA ベースの分子集団遺伝学的解析の適用も期待される。古環境復元の観点からは，ボーリングコアの堆積物サンプルを用いた環境 DNA 解析（sedimentary DNA：sedDNA）も注目を集めており，別府湾で実施された研究では，sedDNA による過去の魚類の個体数変動の把握も試みられている（Kuwae et al. 2020）。日本海においてもボーリングコアサンプルの遺伝子解析による生物群集・集団データと年代測定などのデータをあわせることで，日本海での環境変化が深海生物にどのように影響を及ぼしたのかをより直接的に解析できることも期待される。

3 日本海におけるベントス遺伝子解析の展開

　日本周辺海域には，メタンハイドレートと呼ばれるメタンが氷状に固まっている物質が賦存しており，新たなエネルギー資源として注目されている。日本海側においては，海底の表面や比較的浅い層に形成される「表層型メタンハイドレート」が発達していることが知られている。現在，筆者らが所属する産業技術総合研究所では，経済産業省「国内石油天然ガスに係る地質調査・メタンハイドレートの研究開発等事業（メタンハイドレートの研究開発）」の一環として，酒田沖（最上トラフ），上越沖（富山トラフ），丹後半島北方（隠岐トラフ）に賦存する表層型メタンハイドレート開発の可能性を探るための環境ベースライン調査・環境影響評価プロジェクトを進めている。将来の海洋産出試験が海洋環境に及ぼす潜在的な影響を事前に予測するべく，多角的な環境調査を実施し，表層型メタンハイドレート賦存海域の生物学的特性（特異性・多様性・連結性）や物質循環特性（物理的・化学的・生態的）に関する知見とデータを集積しているところである。先に述べたように，日本海の深海生物群集の地域間での連結性の全容を把握するためには，様々な生物種を対象に遺伝的連結性情報の蓄積を進めていくことが必要である。日本海周辺では魚類や腹足類などの限られた

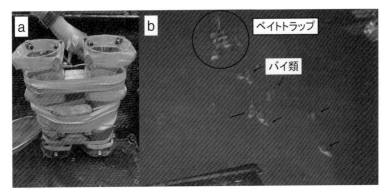

図2　(a) 山形県酒田沖に設置されたベイトトラップ。(b) ベイトトラップに誘引されるバイ類の様子。

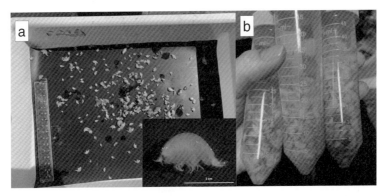

図3　(a) ベイトトラップを用いて採取された端脚類。(b) 50 ml チューブ内でエタノール固定された端脚類。

分類群でのみ連結性情報が取得されている状況である。そこで本プロジェクトでは，周辺の生物を餌で誘引して捕獲するベイトトラップによる深海生物の採取を行い，遺伝子マーカーによる連結性解析を進めることを現在検討している。山形県酒田沖に設置されたベイトトラップには，バイ類が集まっているのが目視でも観察された（図2）。そしてベイトトラップでは多くの深海性端脚類が採取された（図3）。深海性端脚類は，図3のように

ベイトトラップ等で比較的多くの個体数の確保が見込めることから，より信頼性の高い遺伝的連結性解析の実施が可能であり，太平洋域では知見の蓄積が進みつつある（Ritchie et al. 2016）。また，種間での体サイズの変異も著しいため（Ritchie et al. 2017），体サイズに応じた様々な分散能力の程度を想定して多種間での連結性の度合いを比較することも容易である。今後，深海性端脚類の遺伝子解析を進めることで，日本海の広範囲にわたる海域間の連結性パターンを把握し，様々な人為的撹乱を想定した深海生物集団の復元力評価に向けた科学的知見として役立てることを目指していきたい[1]。

---

[1]　本研究の成果の一部は，経済産業省のメタンハイドレート研究開発事業の一部として実施し，国立研究開発法人産業技術総合研究所・環境調和型産業技術研究ラボ（E-code）の支援を受けた。

DNAから分かること
——最新の分析手法とフィールド研究への応用

甲斐嘉晃

京都大学フィールド科学教育研究センター舞鶴水産実験所

　1977年にサンガーシーケンスによる塩基配列決定法が開発されてから，DNA分析の手法は目まぐるしい発展を遂げてきた。特に2005年あたりから複数の企業が次世代シーケンサー（Next Generation Sequencer：NGS，あるいはハイスループットシーケンサー）を発売したことで，我々が利用できるデータ量は飛躍的に大きくなった。

　サンガーシーケンスでは，主にキャピラリーを用いた電気泳動により，1サンプルずつDNAフラグメントの塩基配列決定を行う。例えば4本のキャピラリーがあるシーケンサーだと1日あたり約6万塩基対を決定できる。一方，NGSでは1回のランで何百万〜何千万ものDNAフラグメントを同時に塩基配列決定でき，1日で約45億塩基対のデータを手に入れることができる（佐藤・木下2020）。しかし，NGSでは少数のサンプルを分析するにはコスト効率が悪く，また分析系（パイプライン）は使いやすいとは言い難い。今では，様々な企業がDNA分析の外注サービスを行っていることもあり，サンプルさえあれば，高価な機器類を揃えなくてもDNAのデータを得ることも可能である。

　フィールド研究において，よく使われるのはDNAバーコーディングによる種同定や種内変異・種間変異の検出であろう。魚類やベントスにおいては，ミトコンドリアDNA（mtDNA）のCOI（cytochrome c oxidase subunit I）遺伝子領域のうち約600塩基対が使われることが多い。また魚類の環境DNAでは，mtDNAの12S rRNA遺伝子領域も使われる（BOX3参照）。これらはBOLDシステム（Barcode of Life Data System：http://www.boldsystems.org）やDDBJ（DNA Data Bank of Japan：https://www.ddbj.nig.ac.jp/index.html）などに大量のデータが保管されており，これらと自らが決定した塩基配列を簡単に比較できる。

　得られた塩基配列を用いた系統解析もフィールド研究ではよく使われる。例えば，表現型の種間差を適応進化の観点から考える際，対象とする種間の系統関係は無視できない。系統関係の近さによって生じる形質の類似性を考慮しなければならないためである。得られた配列を種間で整列させた後，塩基ごとの置換のしやすさなどを考慮した分子進化モデルを用いて，最尤法，ベイズ法などで系統樹を推定す

る（松井 2021）。分子進化モデルの選択や系統樹の推定には，ウェブ上で様々なプログラムが公開されている（例えば MEGA：https://www.megasoftware.net；IQ-TREE：http://www.iqtree.org）。また，種内の遺伝子型の頻度とその変異の程度から過去の集団サイズの変遷が推定できたり（ミスマッチ分析，Bayesian Skyline Plot など），集団間の分化の程度の推定（AMOVA）やその地理的分布パターンの検出（SAMOVA）も可能である（津田 2012, 2021）。

　また NGS を用いて一塩基多型（Single Nucleotide Polymorphism, SNP）を検出するジェノタイピングシーケンス解析による研究も増えてきた。RAD-seq，MIG-seq および GRAS-Di などで，ゲノムワイドな変異を検出する方法として魚類を対象とした研究でも良好な結果が得られている（Hirase 2022）。基本的なメカニズムはどの方法も大きく変わらないが，得られる多型の数や用いる DNA の質の制限が異なり，目的に応じた方法を選ぶことが重要である。例えば RAD-seq では高品質の DNA が必要だが，得られる SNP 数は多いため，集団構造解析だけでなく，家系推定や遺伝子地図の作成にも使える。一方，MIG-seq は得られる SNP 数は少ないが，低品質の DNA でも分析が可能で，かかる費用も安い。SNP のデータは系統解析だけでなく，集団構造解析にも適している。例えば，ベイズ法を用いてそれぞれの個体がある集団に帰属する確率を求め，それを可視化する STRUCTURE 解析（Pritchard et al. 2000）のほか，個体ごとの関係性をプロットする主成分分析（PCA）や多次元尺度構成法（MDS）がその代表的な分析方法である。

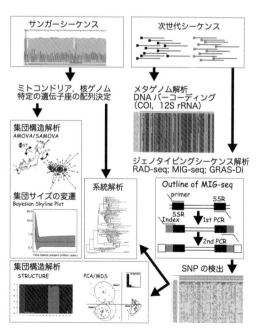

フィールド研究における DNA 分析例

重要水産資源マナマコ——持続的な利用に向けて

南　憲吏

北海道大学北方生物圏フィールド科学センター

　マナマコは，北海道から九州まで日本列島沿岸の浅海域に広く分布し（崔 1963），身を隠すことのできる岩礁域などに隣接する砂泥底に多く生息する（五嶋 2012）。日本では酢の物などとして食されるが，中国では高級な健康食材として利用されることから，マナマコは年間の輸出総額が 200 億円を超える商業価値の高い水産資源である（渋谷ほか 2018）。本節では，京都府舞鶴湾を里海のモデルフィールドとして，マナマコ資源の増殖と管理に向けた生態研究の成果を紹介したい。

1　生活史

　マナマコの産卵期は，九州周辺海域では 3 〜 4 月，北海道では 8 〜 9 月であり，京都府沿岸では 4 〜 6 月と考えられている。生活史初期は 2 〜 3 週間浮遊幼生として植物プランクトンを食べながら過ごす（図 1）。孵化後オーリクラリア幼生，ドリオラリア幼生，およびペンタクチュラ幼生の 3 段階の幼生期を経る。ドリオラリア・ペンタクチュラ期に着底・底生生活となり稚ナマコに変態する（荒川 1990）。稚ナマコは，岩礁，カキ礁，藻場などの浅海域を成育場とし，成長するとともに深場へ移動する（Minami et al. 2018）。

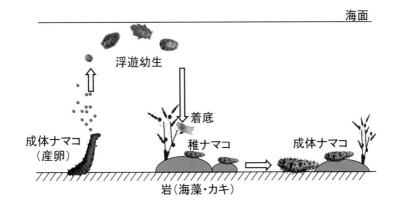

図1 マナマコの生活史。

マナマコが海底に無防備にじっとしている様子がしばしば観察されるが，ナマコ類はサポニンという溶血性の毒を持っており，特に魚類に対して強い毒性を示すことから，天敵は少ないと考えられている。

2 舞鶴湾のナマコ漁業

京都府舞鶴湾においてもマナマコは，地元の経済を支える重要な漁業対象種の一つである。しかし，その重要性ゆえに舞鶴地区の年間漁獲量は1970年に289トンのピークを迎えたのち減少傾向となり，2000年代には80トン程度にまで減少した（水産庁 http://www.market.jafic.or.jp/【参照2022.02.01】）。特に近年のマナマコの資源状態には，中国における需要の大幅な拡大に伴う漁獲圧の増加が関係している（Purcell et al. 2010）。2000年以降，マナマコの商品価値は全国的に急激に上昇し，1 kgあたり2000円以上で取引されている地域もある（水産庁 http://www.market.jafic.or.jp/【参

照 2022.02.01】)。このようなナマコ需要の高まりは，舞鶴湾の漁業にとっては良い状況にも受け取れるが，長期的な視点で見れば資源状態の悪化につながる要因も含んでいる。漁獲しやすい浅海域に多く分布し定着性が強いマナマコは，獲り過ぎによる資源枯渇に陥りやすいためである。これらの背景から，需要拡大に対応するために舞鶴湾においても種苗放流やマナマコの資源状態に基づいた適切な資源管理が求められる。

　そこで，2010 年から 2013 年にかけて，舞鶴湾における「資源調査の適期」，「天然採苗手法の開発」，「成体の分布と天然採苗への影響」について検討するために，マナマコの着底期幼生および成体の出現・分布生態について研究を行った。

3　資源調査の適期

　マナマコ成体は水温の変化に応じて，毎年決まった生活パターンを繰り返している（荒川 1990）。この生活パターンは大きく分けて，活動期，夏眠前期，夏眠期，回復期の 4 期に区分される（崔 1963）。活動期は，成体が最も食欲旺盛で活発に運動する期間で，冬季から梅雨にかけて見られる。梅雨から初夏にかけて水温が上昇すると，成体は不活発になり食欲が減退し，岩の下やカキ礁の隙間などに身を隠す個体が増え始める。これを夏眠前期と呼ぶ。さらに夏季にかけて水温が上昇すると，ほとんどの個体が姿を隠し，高水温の影響を緩和するために断食状態になり全く動かなくなる。この時期を夏眠期といい，海底に成体を確認することはできなくなる。そして，秋季になり水温が低下し始めると徐々に活動をはじめ，隠れていた成体が姿を現し再び冬季の活動期にはいる。このように海底の個体数が季節変化するため，マナマコの資源状態を把握することは難しい。潜水観察や桁網採集による単位面積あたりの成体の計数により資源状態を把握しようとしても，海底に現れている個体数が時期によって異なるためで

ある。従って，成体の個体数をモニタリングし資源状態を把握するためには，その評価のタイミングが非常に重要となる。

　そこで，海底に現れるマナマコの個体数（多くは成体と考えられる）の変化と水温との関係を明らかにするために潜水調査を行った（Minami et al. 2019）。調査は，京都大学舞鶴水産実験所の沿岸に縦150 m，横2 mの調査定線300 m^{2}を設け，2010年2月から2013年9月の間，約2週間ごとに潜水観察により海底の成体の個体数および水温を記録した。なお，調査定線は，水深が2〜3 mで砂泥底の場所に設定した。また，調査定線から水平方向に1〜5 mほど離れた場所には，マナマコの隠れ場となるカキ礁が調査定線に沿うように形成されている。

　海底の成体の個体数と水温を図2に示す。調査を実施したどの年も成体の個体数の変化は水温の変化と一致しており，水温が低下すると海底の成体の個体数が増加し，水温が上昇すると個体数は減少した。成体が海底に見られなくなった水温は平均24.7℃で，マナマコが夏眠にはいるとされる水温24.5℃から25.5℃と一致していた（崔 1963; Yang et al. 2005）。その後，秋になり水温が低下し，平均15.0℃以下になるとカキ礁や岩の割れ目などに隠れていた成体が海底で再び観察された。それ以降も水温の低下に伴い海底の成体の個体数は増加し，一年で最も水温が低くなる時期にどの年も個体数が最も多くなる傾向を示した（図2）。このことから，舞鶴湾におけるマナマコの資源状態の評価は，一年で最も水温が低くなったタイミングでの実施が望ましいと考えられる。また，海底の成体の個体数は，水温の変化に対応して短期間に大幅に変化することも確認された。例えば，2011年3月の最低水温を記録した調査からわずか2週間後には，その個体数は65個体/100 m^{2}から27個体/100 m^{2}に半減していた。2012年の最低水温となる直前の個体数と最低水温時の個体数はわずか2週間で19個体/100 m^{2}から41個体/100 m^{2}に倍増していた。こうした急激な変化を伴うため，海底の成体の個体数から資源状態を評価する際は，調査のタイミングによって過小評価されるリスクについて注意が必要である。マナマコの資源状態のモニタリング評価は最低水温となるタイミングを選択する必要

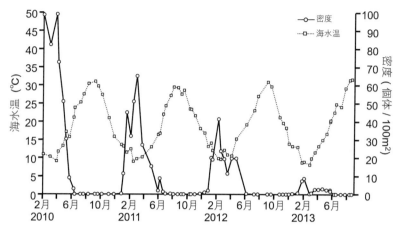

図2　海底上のマナマコの密度（実線）と海水温（点線）の変化。(Minami et al. 2019
を改変)

がある。

　なお，2010 年から 2013 年の最低水温の時期における海底の成体の密度
は，2010 年が 99.0 個体 /100 m²，2011 年が 65.0 個体 /100 m²，2012 年が
41.3 個体 /100 m²，2013 年が 8.7 個体 /100 m² であった（図 2）。この調査で
は，2010 年からわずか 4 年で約 10% にまで成体が減少したことになる。こ
の密度の低下に加えて，舞鶴湾ではサイズの小さな成体の割合も減少して
いた。2010 年から 2012 年の最低水温時に潜水調査でランダムにピック
アップした成体の標準体長を求めたところ，体長 10 ～ 15 cm の小型の成
体が全体に占める割合は，44.4%, 21.7%, 13.3% と 2010 年から 2012 年に
かけては年々減少していた。舞鶴湾では資源管理のための漁獲規制があ
り，100 g 以下のマナマコ（体長 18 cm 以下）の採捕が禁止されている。小
型個体が桁網などで誤って漁獲された際は，海に再び放流される。しか
し，そうした取り組みにもかかわらず小型の成体の個体数割合は年々減少
し，海底の成体の密度も低下していた。このことから，2010 年から 2013
年にかけて舞鶴湾では，マナマコの再生産力が著しく低下した乱獲の状態

であったことが考えられる。このことを裏付けるように，舞鶴湾の年間漁獲量は 2010 年（157 トン）から 2013 年（57 トン）にかけて約 3 分の 1 にまで減少している（水産庁 http://www.market.jafic.or.jp/【参照 2022.02.01】）。

4 天然採苗手法の開発

　減少したマナマコの資源を回復させる手法の一つとして，稚ナマコと呼ばれる全長 30 mm 程度のナマコ種苗の放流がある。種苗確保の方法には，孵化から種苗サイズに成長するまで陸上施設で育てる「人工種苗生産」，カキ殻などを入れたカゴの中に天然のナマコの幼生を着底させ育てる「天然採苗」などがある。近年，人工種苗生産技術が発達し陸上施設で大量の稚ナマコが安定的に生産されるようになり（酒井 2012），人工種苗を用いた放流事業が増えている。しかし，人工種苗生産の場合，莫大な設備投資に加えて人件費などを含めた維持費がかかるというコストの問題がある。そのため，人工種苗生産と比較して安価に実施することのできる天然採苗についても，依然としてマナマコの種苗確保の手段として注目されている。

　前述の通り，マナマコの幼生は孵化後 2 〜 3 週間のプランクトン（浮遊）生活を終えると，海域のカキや海藻が生育している岩場に着底して底生生活に入り稚ナマコへと成長する。天然採苗は，このようなマナマコの幼生の生態を利用して種苗を確保するものである。天然採苗の方法は，あらかじめ着底期の幼生が集まる海中にカキ殻などの付着基盤を入れたカゴ（以下，採苗器とする）を吊るしておき，底生生活に入ろうとする幼生を採苗器内の付着基盤に着底させる。着底したマナマコの幼生は稚ナマコとなりカキ殻表面に繁殖した付着珪藻などを餌とし，数か月後には種苗サイズにまで成長する。漁業者の間では，カキ養殖の筏から吊るしたカキ殻の間に稚ナマコが付着することが知られており，昔からカキ殻や廃棄網などを入れた採苗器による天然採苗が行われてきた。天然採苗の利点は，採苗器に

図3　垂下した採苗器の変化。10月には付着物で覆われた。

着底したマナマコは付着基盤の表面にある天然の餌を利用して成長するので，投餌などの人為的な管理が必要ないことにある。

　舞鶴湾における天然採苗の有効性を検討するために，舞鶴湾東湾に位置する京都大学舞鶴水産実験所の沿岸において，2010年に天然採苗調査を実施した。採苗器は，目合い10 mmで直径45 cmの丸カゴに付着基盤としてカキ殻（カキ養殖で出た廃棄用のカキ殻）を約5 kg入れたものとした。採苗器の設置深度はマナマコの幼生が表層に分布することから深度2 mとし，三つの採苗器を海面の筏から垂下した。垂下した期間は，舞鶴湾のマナマコの産卵期を考慮して5月18日から12月1日の約6か月間とした。なお，2010年5月9日の潜水観察により，採苗器の垂下地点の海底にはマナマコ成体が30個体/100 m^{2}の密度で分布していることが確認された。

　こうした条件のもと垂下された採苗器は，時間の経過とともに付着物が増加し，8月になるとシロボヤや藻類が付着しはじめ，10月になると採苗器の表面を大量のシロボヤが覆いつくしたような状態となった（図3）。12月に回収された採苗器の重さは，付着物を含めて約17 kgにもなり，設置時5 kgから3倍以上にまで増加していた。採苗器からカキ殻やシロボヤなどを取り出し一つずつ確認したところ，カキ殻の表面や凹んだ部分などの隙間，シロボヤの表面などに稚ナマコが確認された（図4）。採苗された稚

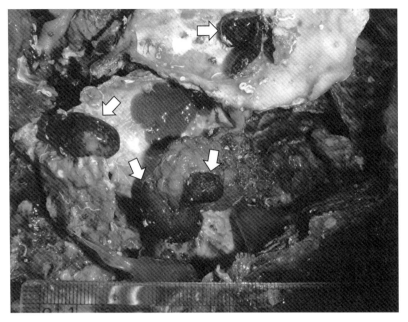

図4　採苗器内の稚ナマコ（矢印）。

ナマコは，採苗器1個あたり平均118個体であった。メンソールで麻酔した状態の標準体長は（畑中・谷村 1994），最小11 mm，最大74 mmで平均38 mmであった。平均30 mmを超える種苗サイズの稚ナマコが採苗器1個あたり100個体以上確認されたことから，舞鶴湾においても天然採苗による種苗の確保が可能であることが示された。本採苗試験で使用した採苗器は，カゴや垂下用のロープを合わせても1個あたり300円程度（2010年当時）で作製することができ，付着基盤は廃棄物であるカキ殻を使用している。採苗器の準備，設置や回収に人的労力を伴ったが，垂下中には労力は不要であった。種苗となる稚ナマコを1個体あたり数円で確保できたことや少ない人的労力を考慮すると，舞鶴湾においてもマナマコの種苗確保の手段として天然採苗は有効と言える。加えて，天然採苗は，マナマコの産卵期に採苗器を半年ほど垂下するだけであり，人工種苗生産のような専門

的な知識をほとんど必要としない。誰もが実施できる簡易な種苗確保の方法という側面においても利点がある。

5　成体の分布と天然採苗への影響

　効率的な天然採苗を行うためには，種苗の基となる幼生を供給するマナマコ成体の分布を把握する必要がある。そこで，2011 年のマナマコの産卵期に舞鶴湾全域を対象とした成体の分布調査を実施した（Minami et al. 2018）。調査は，浅い水深帯では潜水観察による計数，深い水深帯では桁網による採集により，合計 32 地点の成体の密度（個体 /100 m^2）を調べた。また，それら成体の分布と天然採苗効率の関係を調べるため 2011 年 5 月から約 6 か月間，湾内 14 地点に採苗器を設置し稚ナマコを採苗した。

　潜水観察および桁網採集により把握された成体の分布を図 5a に示す。成体は舞鶴湾の東湾に多く分布しており，湾全体では平均 9.8 個体 /100 m^{2}であった。最も多く分布していた地点は，東湾奥の北東部で 59.3 個体 /100 m^{2}であった。次に多い地点は，東湾の北部沿岸で 36.0 個体 /100 m^{2}であった。一方，採苗された稚ナマコも成体の分布と同様に東湾で多く，西湾で少ないという結果であった（図 5b）。採苗器を設置した 14 地点中 12 地点で稚ナマコが採苗され，採苗器 1 個あたり平均 45.3 個体が確認された。最も多く採苗された地点は舞鶴湾中央部で 105.3 個体，次に多かった地点は東湾奥の北東部で 80.0 個体であった。

　舞鶴湾では，成体の分布と天然採苗により得られた稚ナマコの個体数は，ともに西湾よりも東湾で多いという結果が得られた。また，成体が最も多かった東湾奥の北東部では，採苗された稚ナマコ数も多かった。この東湾奥の北東部は，ナマコ漁が禁止されているエリアに該当している（2011 年当時）。禁漁により多数の成体が生息し，種苗のもととなる幼生が多く供給されることで採苗効率が高かったと考えられる。しかし，成体の

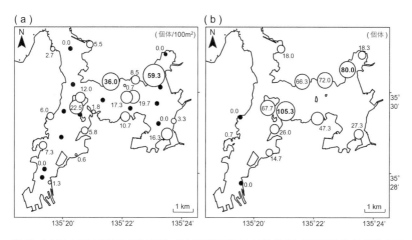

図5 (a) マナマコ成体の分布密度，(b) 天然採苗により得られた採苗器あたりの稚ナマコの個体数。黒丸は0個体であることを示す。(Minami et al. 2018 を改変)

分布が少ないからといって，その地点で必ずしも稚ナマコの採苗数が少ないわけではなかった。最も多く稚ナマコが採苗された湾中央部の海底に，成体はわずか1.8個体/100 m^2 しか分布していなかった。同地点の底質は砂礫であることが潜水観察で確認されたことから，周辺のナマコ成体から幼生は供給されるが，カキや海藻が生育している岩場に好んで着底する稚ナマコにとっては適した環境ではなく，その結果，海底の成体密度は低かったと考えられる。従って，同地点で採苗された稚ナマコは，本来であれば適した環境ではない場所に流れ着いた幼生であった可能性があり，それらが採苗器のカキ殻に着底して成長したと考えられた。

　本研究結果は，マナマコの資源状態が悪化した際は，禁漁区などを設けることで幼生の供給を確保することが，資源の再生産と天然採苗の両方に効果的なことを示している。また，幼生が岩場などの好適な着底環境に巡り合えず底生生活に移行することの難しい場所で採苗し，マナマコの生息に適した環境に放流することができれば，自然の再生産に加えてマナマコの資源状態の改善に貢献できると考えられる。

133

6　マナマコ資源の回復と管理

　本節では，マナマコの資源調査のタイミング，資源増殖のための天然採苗による放流用種苗の確保，幼生の供給源となる成体の生息場保護・保全の重要性について述べた。また，本研究が実施された 2010 年から 2013 年の間に，舞鶴湾のマナマコ資源が急激に減少していたことが明らかになった。一方，舞鶴市に隣接する宮津市宮津湾では，マナマコの資源管理が積極的に実施され，すでに多くの成果が報告されている（本書 5–1 で詳述，BOX2 も参照）。舞鶴湾においても，京都府海洋センターを中心にナマコの資源調査が本格的に始められており，ここで紹介した研究成果も参考に，マナマコ資源の持続的利用に向けた新たな資源管理の展開が期待される。

BOX 2

里海における研究者と漁業者の協働
──宮津湾のマナマコに学ぶ

澤田英樹
京都府漁業者育成校「海の民学舎」

　舞鶴水産実験所では，様々な形で漁業者との協働研究が行われてきた。本ボックスでは，水産実験所の研究者が漁業者と協働研究する意味を，次の流れで検証してみたい。

　　・大学の水産実験所とは？ ⇒水産学を行う大学の部門
　　・水産学とは？ ⇒水産業に役立てる学問で，実学（応用科学）の一つ

　だが，私自身も肝に銘じなければならないが，水産学から離れ興味のままに研究が進むことがある。将来的に水産業に役立つという詭弁とともに。応用への義務と反省が常に研究者自身に期待されることは，水産学・農学のような実学の宿命らしい（祖田 2000）。

　本題に入る。協働の具体例について，私自身が関わった宮津湾のマナマコの事例を紹介したい（本書 5-1 も参照されたい）。マナマコの生態調査は舞鶴湾で実施済だったが（Minami et al. 2018; 本書 3-3），舞鶴湾内にはカキ礁があまりに多く結果を一般化できないのではないかという指摘があった。新たに宮津湾等を調査対象にすることを検討している最中，宮津湾のとり貝養殖組合から水質調査の依頼を受けた。そこで，この調査と並行してマナマコ調査を実施したい旨を伝え，宮津湾において漁師さんと協働で調査を実施することになった。

　最終的には，1. 漁業者（宮津なまこ組合），2. 行政（宮津市，漁協等），3. 水産試験場（京都府立海洋センター），4. 高校（京都府立海洋高等学校），5. 大学（京都大学）が協働して資源管理に取り組んだ。成果の一部は2018年の水産海洋学会地域シンポジウム，「豊かな海」誌上の宮津マナマコ資源管理特集（www.yutakanaumi.jp/yutakanaumi）等として報告された。

　これら 5 機関の役割と目的をまとめる。

　1. 漁業者：資源を持続的に効率よく利用できる管理方法を協議・決定（なまこ組合を自主的に組織し，他地域の視察や勉強会，今回の調査等を通じて自治意識の向上と共に管理方法を決定）

2. 行政：漁業の維持発展の支援と管理（資源管理活動の広報，他海区や他魚種漁業との調整等）
3. 水産試験場：現場での実用化のうち，短期間で実現可能なものを提案（調査結果から資源量を推定し，効率よい漁獲制限を提言（篠原ほか 2020））
4. 高校：水産業や海に関する学習（調査に参加し，協働の重要性を学習）
5. 大学：近い将来の実用につながる，基礎的知見の収集と解析（調査結果からマナマコの好適環境を解析・提示し環境整備を提言（Sawada et al. 投稿中））

　このように各機関は別の方を向くが，お互いの不足を補いあう関係にある。各機関は調査後も結果の共有等で継続して情報交換を続け，その後資源は回復へ向かい，宮津なまこ組合は全国青年・女性漁業者交流大会農林水産大臣賞を受賞している。

　ではなぜ，今回の取り組みが評価されたのか？　里海と水産学という視点から以下に考察する。

　アジア圏では古来，漁業者自らが漁場の管理を行う自治が一般的だ。日本においても明治以前からの入合等の慣習が追認され，漁業法として整備された。これは国がトップダウンで漁場を管理する西洋圏とは異なり，またそれはどちらが正しいというものでもない（Hilborn and Ovando 2014）。里海には多様な定義があるものの，アジアにおいては漁師がいる海は里海であり，人の手が入っているものの資源が持続的で，つまり環境（生態系）と資源のバランスがとれた海だ。逆に持続的でなければ，漁師は定住をやめ移住する。このような流動性は，ナマコ漁を例として歴史を紐解くと分かりやすい（鶴見 1990; 赤嶺 2010）。一方，変化も見られつつあるが，里海に漁業者以外が介入することは難しい現状にある（山本 2011）。

　このような枠組みの中で，水産学は里海に対して何ができるのか？　漁業者の協力のもと，環境と資源のデータを収集・解析して漁業者へ提示し，里海をよりよくするための方策に貢献する今回の事例は，里海を取り巻く水産学との関係＝漁業者と水産学のあり方を評価されたもの，とも言えるのかもしれない。

　農学の界隈では，研究に困ればフィールドに帰れ，と学部生時代によく聞いた。フィールドはまた，漁場として漁業者が生活する場だ。そこは漁業者が日常で直面する問題や，研究者が得られない「漁師の勘」のような情報を含む。その一部を研究することで漁業者の直面する問題に役立てる。このような水産学の進展に重要な情報を漁業者から教えてもらうには，信頼関係が欠かせない。今回の事例は，人見知りの私が辛うじて辿り着いた報告に過ぎないが，里海や水産学に携わる者は，上記のような里海・水産学・漁業者の関係を心に留めておくとよいように思う。

3-4

エビ・カニ類の役割——里海を支える生き物たち

邉見由美

京都大学フィールド科学教育研究センター舞鶴水産実験所

　日本海のエビ・カニ類というと，ズワイガニやシラエビ，ホッコクアカエビ（通称甘エビ）といった水産対象種が思い浮かぶだろう。しかし，日本海の生態系を支えているのは一握りの水産対象種だけではなく，他の目立たない無数の種である。エビ・カニ類は多くの魚類の餌生物としてその生産力を支えているだけでなく，海の掃除屋として死骸や植物などの有機物を消費するなど，様々な役割を果たしている。さらにエビ類では，普段は目にする機会の少ない地中深くに巣穴を掘って生息している種もいる。こうした造巣性エビ類については，海底を撹拌する生態系エンジニアとしての役割もある。本節では，京都府の海域を中心に日本海で調査されたエビ・カニ類を紹介したい。

　日本全国の海岸線延長を比較すると，京都府の海岸線延長は約 315 km であり，海岸に面した都道府県の中では下から 8 番目である（環境省 2017）。しかし，リアス式を呈した複雑な海岸線が続き，舞鶴湾，栗田湾，宮津湾，久美浜湾と豊かな内湾も有する。なかでも，宮津湾内部の阿蘇海および久美浜湾は，砂州に囲まれた潟湖となっている。舞鶴湾内や京都府沖合には島が点在し，沖合の冠島はオオミズナギドリが繁殖する国指定の天然記念物である。また，京都府海域の底質は，由良川沖から久美浜に至るまでは概ね砂質であるが，由良川沖の水深 20 m 以深は砂泥質となる（南ほか 1977）。若狭湾内に豊かに湧き出る海底湧水は沿岸海域の生物生産に貢献しているが（杉本ほか 2017，里海トピック 2 参照），日本海側は太平洋側

と比較すると潮汐差が小さいことから，潮間帯生物相は単調・貧弱である（長沼 2000）。

1　日本海のカニ類・京都府のカニ類

　カニ類とは，十脚目抱卵亜目短尾下目に属する甲殻類を指し，甲殻類の中で最も精力的に研究されているグループである。カニ類は，標高 2000 m の山岳から水深 6000 m の海洋まで生息が確認されており，2008 年の時点で世界中から 6793 種が記載されている（Ng et al. 2008）。日本においても多様性の把握が進んでおり，日本産カニ類は 1976 年時点で 900 種が確認されている（酒井 1976）。日本海のカニ類相は，本尾（2003）によってまとめられ，北海道から山口県までの日本海側で計 266 種，各道府県で平均約 90 種（図 1：兵庫県の 35 種〜新潟県の 140 種）が確認されている。日本海以外の各地のカニ類相はいくつかの文献でまとめられており，例えば，伊豆大島周辺で 130 種（鈴木・倉田 1967），小笠原諸島で 123 種（武田・三宅 1976），瀬戸内海で 191 種（武田ほか 2000），沖縄県は中城湾だけで 97 種（武田ほか 2019）などと比較しても，意外と多くの種が日本海に分布しているようだ。

　京都府におけるカニ類の確認種数は 61 種だが（本尾 2003），その後の研究で，ミズヒキガニやムラサキゴカクガニなどが発見され，確かな標本に基づく記録としては計 75 種が出現している（本尾・豊田 2004; 2007 など）。一方京都府では，日本海側の他の道府県で出現しているカクレガニ科のカニ類が確認されていない。カクレガニ科の多くは貝類の外套膜や無脊椎動物の棲管内に住み込み共生するという特殊な生態を持つため，宿主の探索などに特化した調査方法が必要である。京都府をはさむ鳥取県や福井県でのカニ類の出現種数が多いことから，今後の調査により京都府での出現種数は大きく更新されるだろう。実際に，2011 年には鳥取県産カニ類の種数

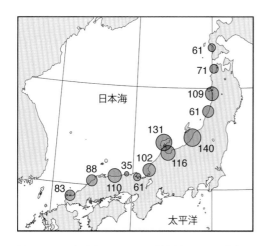

は 168 種となり（武田ほか 2011），既存の記録であった 110 種から大幅に増加した。

では，日本海側には，どのようなカニ類がいるのだろうか。ここでは日本海の沿岸生態系において特に注目すべきカニ類をいくつか紹介する（図2）。

図1　2003年時点における日本海側における道府県別カニ類の確認種数。本尾 (2003) のデータを使用。

浅海の捕食性カニ類（ワタリガニ科）

　ワタリガニ科は強力な鉗脚（いわゆるハサミ）を持ち，オール状の第4歩脚（遊泳脚）を使って水中を素早く泳ぐことが可能である。京都府では，ワタリガニ科のヒラツメガニ，タイワンガザミ，ジャノメガザミ，ガザミ，イボガザミ，イシガニ，ベニイシガニ，フタホシイシガニ，フタバベニツケガニ，メナガガザミの記録がある（本尾2003）。特にガザミやタイワンガザミなどは漁業対象種でもあり美味しくいただく機会もあるだろう。一般的にワタリガニ科は，素早く攻撃的であることから魚類や小型甲殻類の捕食者となっている。強大な鉗脚を用いることで，硬い殻を持つ貝類をも捕食でき，京都府ではトリガイやアサリの被害が報告されている。舞鶴水産実験所では，イシガニによるアサリの捕食対策に関する飼育実験が行われた。カワハギやクロダイなど13種の魚類とイシガニを対象としてアサリの捕食生物を検討したが，殻長 20 mm を超えるアサリを捕食したのはイシガニだけであった（高橋ほか 2016b）。そこで，水槽内に遮蔽物を設置したり，アサリの匂いがついたものを設置したりすることで，イシガニを撹乱させようとしたが，いずれもアサリの生残率に有意な差は見られな

139

かった（高橋ほか 2016a）。イシガニの高い捕食圧がうかがえる。

砂浜のカニ類（スナガニ科）

　スナガニ属のカニ類は砂浜の潮上帯から砂丘にかけて，漂着物や砂中の有機物などを採餌して生息しており，砂浜の掃除屋として機能している。よく目立つ大きな複眼によって，シギやチドリなどの捕食者の接近をいち早く感知し逃げ出すことができる。走り出したスナガニ類の動きは俊敏で，彼らを捉えるのは困難である。こうしたスナガニ類は砂浜海岸を代表する生物であり，人為的干渉が強いところではスナガニ科の生息数が減少するなど（Lucrezi et al. 2009），モニタリングの指標生物として着目されている。現在，京都府ではスナガニ属のスナガニのみが確認されている（本尾 2003）。近接する富山県や兵庫県では，熱帯・亜熱帯に多く生息する同属のミナミスナガニやツノメガニなども確認されており（本尾 2003; 和田・和田 2015），今後京都府でも発見される可能性がある。

後背湿地のカニ類（ベンケイガニ科）

　河口のヨシ原や水路，岸辺はベンケイガニ科の宝庫で，日本海側ではベンケイガニやカクベンケイガニが分布している。これらのカニ類は雑食性で，植物や動物の死骸などの大型有機物を消費するため，河口域の生態系における物質やエネルギー移動に貢献している。京都府では，アカテガニとクロベンケイガニがともに確認されており（本尾 2003），その名の通り，アカテガニの鉗脚は赤く，クロベンケイガニは全体に黒色を帯びる。アカテガニは，かつては河口域の集落付近で多くの個体が確認されていたが，近年急速に個体数を減らし，各地で絶滅が危惧されている。本種は夏季に繁殖期を迎え，太平洋側では大潮の満潮時刻に多数のアカテガニが集結し，幼生を放つ様子が観察されるが，潮汐差の小さい日本海の佐渡島ではそうした現象は見られない（北見・本間 1981）。一方で，同じく日本海の石川県九十九湾や金沢市犀川では潮汐リズムに合わせて放仔行動を行っていることが示唆されており（村山ほか 2019; Matsumoto et al. 2020），彼らの地理

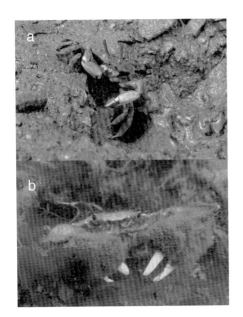

図2 日本海の沿岸生態系において注目すべき
カニ類。ヒメヤマトオサガニ (a)，モク
ズガニ (b)。

的変異や行動発現のメカニズムについて，さらなる調査が期待される。

内湾泥底のカニ類（オサガニ科）

干潟でじっとしていると，コメツキガニ科のチゴガニやオサガニ科のヒメヤマトオサガニ（図2a）たちが巣穴から現れ，鉗脚を振り上げてウェービングを始める。オサガニ類は極端に横長の甲羅をしており，長い眼柄が目立つ。彼らは，干潟の表面で珪藻やデトリタスなどの有機物を消費する堆積物食者である。また，自身が巣穴を構築

することで，巣穴深くまで酸化層が形成され，堆積物に沈積した有機物の分解を促進し，水質浄化にも一役買っている。こうしたオサガニ類が生息する干潟は森から里と海をつなぐ窓口になっており，物質循環において重要な機能を担っている。干潟が発達しにくい環境にある日本海側では，オサガニ科のカニ類の報告例は非常に少なく，京都府においても今日まで確認された記録はない。では，日本海側では何がオサガニ類に代わって有機物分解に貢献しているのだろうか。例えば，由良川下流で調査された安定同位体比の結果から（Antonio et al. 2012），ヤマトシジミやヨコエビ類が河川の粒子状有機物（Particulate organic matter, POM）を分解するのに貢献していると考えられる。また，福井県小浜湾では，湾内に流入する陸上由来の有機物が堆積物食性多毛類，そして肉食性多毛類を経由してスジハゼやヒラメへと利用される（富永・牧田 2008）。日本海側では太平洋側よりも沿岸

141

水が沖合へ流出しやすくなるとの見解もあることから（長沼2000），海底地形や河川水の流量，潮汐の役割，他のベントスの機能など日本海側における陸上有機物の分解過程について，さらなる研究が求められる。

転石地のカニ類（モクズガニ科）

　内湾の海岸の石を返せば，モクズガニ科のヒライソガニやケフサイソガニが見つかる。両者はよく似た形態をしているが，ヒライソガニは甲羅が平たく，ケフサイソガニは鉗脚の咬合面に毛が密生していることから区別できる。また，どちらも雑食性であるが，ヒライソガニは第3顎脚の毛が長く，濾過食を行うことも知られている。これらのカニ類は日本海側でも広く確認されているが，京都府ではケフサイソガニのみ記録があり（本尾・豊田2004），ヒライソガニはまだ確認されていない。両種とも東アジアに広く分布するが，ケフサイソガニはバラスト水を通じてヨーロッパやアメリカへ渡っており，移入先の生態系への影響が危惧されている。しかし，同様の環境に生息しているヒライソガニの移入の事例はこれまで知られていない。

　なお，同科のモクズガニ（図2b）は河川に生息する降下型の通し回遊種であり，成熟した個体は河川を下り，汽水や海水域で繁殖を行う（小林1999）。全国各地で食用として利用されるが，京都府では個体数の減少が懸念されており，京都府のレッドデータブックに要注目種として掲載されている（京都府環境部自然環境保全課2015）。

2　日本海のエビ類・京都府のエビ類

　林（1991）は日本海のエビ類相を取りまとめるにあたり，「エビ類」を，十脚目の根鰓亜目と，抱卵亜目のうちのオトヒメエビ下目，コエビ下目，ザリガニ下目，イセエビ下目として扱った。こうした定義による日本産エ

ビ類の合計は607種とされる（林1991）。水産重要種を含む根鰓亜目のクルマエビ科は，太平洋側では26属，日本海側では21属が出現し，「エビ類」の中で最も多くの種を内包するコエビ下目は，太平洋側では147属，日本海側では51属が出現することが示された（林1991）。太平洋側と比較すると，日本海では出現種数が乏しいこと，特に，深海に生息するコエビ下目イトアシエビ科やイガグリエビ科などが確認されていないことが特徴として挙げられる。日本海の最深部は水深約3800 mに達するが，日本海を囲む周辺海峡の水深は約50〜140 mと浅い。このようなエビ類相の違いは，日本海とその周辺海域との交流が制限されていることによる可能性が考えられる（本書4-1参照）。さらに，熱帯や亜熱帯性のエビ類も日本海側ではイセエビなどを除いてほとんど分布しないことも特徴の一つである。

　京都府産の「エビ類」は，2005年の時点で，56種が列挙されており，その他日本海側では，山口県で60種，石川県の七尾湾とその近傍で26種，佐渡で42種，山形県で48種の記録がある（本尾・豊田2005）。その後の調査で，ザラカイメンカクレエビとクボミテッポウエビが記録され，現在は京都府で58種のエビ類が確認されている（豊田・本尾2018; Aldea and Henmi 2021）。ここで，「エビ類」の定義については注意が必要である。系統分類学的研究が進み，現在ではエビ類は，カニ類（短尾下目）やヤドカリ類（ヤドカリ下目）以外の十脚目甲殻類を指すことが通例である。すなわち，前述の林（1991）のエビ類に加えて，抱卵亜目ムカシイセエビ下目，アナエビ下目，アナジャコ下目，センジュエビ下目が追加されている。いかに多様な分類群を一様にエビ類と称しているかが理解できるかと思う。後述するアナジャコ類やスナモグリ類を含めると，京都府での「エビ類」の種数はさらに増加するだろう。さらに，舞鶴水産実験所の教育研究船「緑洋丸」による調査では，未同定種や日本海から記録のない種が日常的に採集されており，日本海における甲殻類多様性研究の今後の進展が期待される。

3　生態系エンジニアとしての造巣性エビ類

甲殻類の巣穴による環境改変

　干潟や砂浜，沖合の潮下帯，深海まで，海底にはゴカイ類やユムシ類など多様なベントスによる巣穴が見られる（清家2020）。甲殻類もまた巣穴を構築する種を多く含むグループであるが，一口に甲殻類の巣穴といっても，その形態は様々である。例えば，スナガニ科のスナガニ属やシオマネキ属の巣穴の多くは深さ10 〜 40 cm 程度のシンプルなI, J, Y字型をしていることが多い（Seike and Nara 2008; Agust et al. 2021など）。一方，エビ類の巣穴は深さ 2 m に達するものもあり，Y 字型の比較的単純なものからひな壇構造になっている複雑なものなどを含む（Griffis and Suchanek 1991など）。

　甲殻類の巣穴は生息場としてだけではなく，捕食回避や脱皮，繁殖，摂餌の場となるなど，多様な機能を持つ（Atkinson and Eastman 2015）。巣穴を構築する際に堆積物が移動・攪拌されるバイオターベーション（生物攪拌作用）は，堆積物の粒度組成や含水率，微生物活性などのほか，他のベントスにも影響を与える（菊池・向井 1994）。また，構造物に乏しい堆積物底では巣穴が他の生物の居住空間となり，巣穴共生を通して生物多様性を高める機能も有している。日本海にはどのような造巣性エビ類が生息し，そこではどのような住み込み共生が見られるのだろうか。

テッポウエビ科

　コエビ下目テッポウエビ科のテッポウエビ類は，種多様性の高いグループであり，巣穴を形成する種のほか，石やサンゴ礫の下で暮らす種，他の無脊椎動物と共生する種など，生態も多様である。テッポウエビ類が構築する巣穴は，浅いU字状の単純な構造から，多数の巣穴開口部を持つ複雑な構造をしたものまで，種間の変異が大きい。また，テッポウエビ類はその鉗脚を使って鉄砲のような破裂音を発出する。生物量も多いため，テッ

図 3 テッポウエビの巣穴鋳型。横から見た状態。矢印は巣穴開口部を示す。

ポウエビ類の発音計測による環境モニタリング手法も注目されている（渡部 2007）。

　京都府では，造巣性のテッポウエビやウニ類に共生するムラサキヤドリエビをはじめ，テッポウエビ科 8 種が確認されている（本尾・豊田 2005）。日本全域で広く生息が確認されているテッポウエビについて，太平洋の干潟域で巣穴鋳型を調査したところ，本種の巣穴は，複数の漏斗状の開口部を持ち，全長は約 140 cm と長いが，深さは約 14 cm と浅い構造であることが明らかになっている（図 3 ; Henmi et al. 2017）。

　巣穴を形成するテッポウエビ類の住み込み共生者としては，相利共生関係にあるハゼ類が最も有名である。テッポウエビ類と共生するハゼ類の多くは絶対共生者（パートナーがいないと生存できない）であり，例えば，熱帯〜亜熱帯に生息するニシキテッポウエビとその巣穴に共生するダテハゼが知られている。ハゼ類はテッポウエビ類の巣穴に住ませてもらう代わりに，視力の弱いテッポウエビ類に外敵の存在を知らせることで，双方が利益を得る関係となっている。日本の研究者によりこれらの相利共生に関する生態研究が精力的に進められたため，その名を耳にしたこともあるかもしれない。一方で，しばしば日和見的に巣穴を使う条件共生（パートナーがいなくても生存できる）のハゼ類も見られる（Karplus 2014）。京都府舞鶴湾では，テッポウエビの巣穴に共生するスジハゼ類がそれにあたる（本書4-5 参照）。また，テッポウエビ類の巣穴には，ハゼ類以外にもカニダマ

シ類や小型テッポウエビ類などが共生することもある（Werding et al. 2016 など）。

スナモグリ科

　スナモグリ類はアナエビ下目スナモグリ科に属するエビ類の総称で，日本の本州沿岸域ではニホンスナモグリ，ハルマンスナモグリ，スナモグリがよく見られる。体色は全体的に白っぽく，片方の鉗脚が巨大化する。スナモグリ類は堆積物食者であり，複雑な巣穴を構築し，適宜不要な砂を地表に排出している。ハルマンスナモグリは，外洋に面した砂質干潟に深さ 40 cm ほどの巣穴を構築して生息するが（Tamaki and Ueno 1998），本種が排出する砂泥によって他のベントスが砂に埋もれて窒息死するなど，片害作用が報告されている（玉置 2006）。一方で，スナモグリ類の巣穴には，テッポウエビ類やカニ類，カイアシ類，二枚貝類，ハゼ類などが共生することも知られている（伊谷 2008）。ハゼ類による巣穴利用は隠れ家としてだけではなく産卵場としても活用されるなど（Henmi et al. 2018 など），沿岸生態系の再生産を支える基盤ともなる。

　京都府にはスナモグリ科のニホンスナモグリが生息している（図 4a）。本種は砂質干潟に生息するが，普段は巣穴の中に潜っているため，生体を確認する機会は少ない。ただし，その巣穴に特徴的な塚を発見することで，生息を確認することができる。久美浜湾のような潟湖ではニホンスナモグリが比較的多く見られ，その巣穴共生生物クボミテッポウエビも発見されている（Aldea and Henmi 2021）。舞鶴湾の潜水調査でも，スナモグリ類の巣穴に特徴的な塚が見られている。今後は，潮間帯だけではなく潮下帯に生息するスナモグリ類相の解明と同時に，日本海における共生生物の多様性も明らかにする必要がある。

アナジャコ科

　アナジャコ類はアナジャコ下目アナジャコ科に属するエビ類であり，日本の温帯干潟域ではアナジャコやヨコヤアナジャコ（以下，アナジャコ類）

図4　造巣性甲殻類。ニホンスナモグリ (a)，ヨコヤアナジャコ (b)。

を目にする機会が多い。アナジャコ類は茶色を帯び，スナモグリ類と違い
左右の鉗脚の大きさが変わらない。また，アナジャコ類は深いY字型の巣
穴を構築し，内部で海水を濾過している懸濁物食者であることも，堆積物
食者のスナモグリ類とは異なる。しばしば非常に高密度に分布するため，
砂浜海岸の潮下帯で行われた研究では，ナルトアナジャコが生息すること
で，その濾過作用により，底層のクロロフィル濃度が低くなることが示さ
れている (Seike et al. 2020)。このようにアナジャコ類は一次生産者を消費
する一方で，ニホンウナギに捕食されるなど（原田ほか 2018），高次捕食者
へとエネルギー転換を行う。また，干潟に生息するアナジャコ類の巣穴壁
面には，有機物が蓄積するとともに細菌の現存量や活性も高いことから，
巣穴自体が有機物を分解して物質循環の促進に貢献する機能もあると考え
られている (Kinoshita et al. 2003, 2008)。さらに，一般的に巣穴壁面は干潟
表面と同様に脱窒細菌のはたらきで，過剰な窒素を除去する役割を有する
（菊池・向井 1994）。アナジャコ類は沿岸域の物質循環においてこのように
多面的な機能を持つ一方，生物多様性の観点からは，その巣穴内に多様な
共生生物相を有することでも注目される（伊谷 2008）。

　日本海では干潟から潮下帯にも生息するアナジャコと転石海岸に分布するバルスアナジャコの分布が知られている。ヨコヤアナジャコ（図 4b）は，太平洋や瀬戸内海では河口干潟に生息する普通種であるが，日本海では好適な生息環境に乏しく，干潟の発達する陸奥湾と汽水環境である中海など限られた地点でしか確認されていなかった（大澤ほか 2014 など）。しかし，著者による内湾域を中心とした詳細な調査により，福井県から京都府沿岸域の複数地点で本種を発見することができた（邉見 2022）。日本海側は干潟環境が発達しないとされるが，内湾域でヨコヤアナジャコのような河口干潟を代表するベントスの生息が可能であることが明らかになった。今後は，生息場の詳細を調査し，潮汐の影響が小さい日本海における「干潟のベントス」が生息可能な環境条件を調査する必要がある。

4　日本海におけるエビ・カニ類研究のこれから

　本節では，日本海，特に京都府におけるエビ・カニ類の多様性を概観した。一口にエビ・カニといっても，水産重要種以外にも興味深い種が多数含まれている。特に日本海側では，こうしたエビ・カニ類の多様性について，まだまだ把握されておらず，どのような環境にどのような種が生息しているのか分布状況の集積も依然として重要である。今後は，これらのエビ・カニ類が，日本海の特殊な環境下でどのような生態を有するのかを詳細に調査し，研究例の豊富な太平洋側との比較ができると面白いだろう。さらに，干潟の発達する太平洋側と発達しない日本海側で，沿岸生態系の物質循環がどのように異なるのか，甲殻類と他のベントスも含めた総合的な検討も必要である。

歴代の教育研究船「緑洋丸」

鈴木啓太

京都大学フィールド科学教育研究センター舞鶴水産実験所

　舞鶴水産実験所の教育研究船は代々「緑洋丸」と呼ばれてきた。ここでは，先々代と先代の往事を振り返り，当代の特徴を紹介したい（口絵5）。

　先々代「緑洋丸」は1970年3月竣工，木製，長さ12.2 m，総トン数8.4トン，50馬力のエンジン1基を搭載し，最高速度8ノット（約15 km/h）であった。後甲板に機械式ウインチが備えられていたものの，操作が難しかったため，調査機器の揚げ降ろしは手作業に頼ることが多く，5〜6人が力を合わせる必要があった。当時を知る元教員によると，移動時間は長かったが，寝心地は良かったという。

　先代「緑洋丸」は1990年3月竣工，繊維強化プラスチック（FRP）製，長さ16.5 m，総トン数18トン，定員30名であった。後甲板の油圧式ウインチは小型底びき網や大型プランクトンネットによる生物採集に，舷側の電動式ウインチは採水器や水質計による環境観測に使用された。左舷側と右舷側に370馬力のエンジンと推進装置を1組ずつ備え，最高速度は21ノット（約39 km/h）と速かった。また，左右の推進装置を逆方向に作動させ，船首をその場で転回させることもできた。さらに，一方の推進装置に不具合があっても，低速航行可能であり，調査中に水中を漂うロープが片方の推進装置に巻き付いてしまったときも，自力で帰港することができた。

　当代「緑洋丸」は2015年12月竣工，FRP製，長さ17.7 m，総トン数14トン，定員26名，734馬力のエンジン1基を搭載し，最高速度19ノット（約35 km/h）である。船首をその場で転回させるためのサイドスラスター（横向きの推進装置）も備える。油圧式ウインチと電動式ウインチに加え，後甲板には漁業クレーンも設置されており，採泥器を吊り下げたり，重量物を吊り上げたりする際に活用されている。また，カーナビと同様の機能を持つGPSプロッター，視界不良時に周囲の状況を把握するためのレーダー，魚群や海底地形をリアルタイムに表示できる魚群探知機など，便利な航海機器も各種搭載されている。さらに，エアコンが各部屋に完備されており，室内は季節によらず快適である。大学生や高校生を対象とした実習，大学や研究機関による調査のため，年間70回ほど出航している。

　舞鶴水産実験所の特色の一つとして，「緑洋丸」を活用した教育研究活動を今後も推進してゆきたいと考えている。

エビ類の生活史戦略と遺伝的多様性
——川から深海まで

藤田純太

京都府立福知山高等学校

　森から海のつながりを科学する森里海連環学は，その黎明期より川と海を回遊する通し回遊性生物にスポットを当ててきた（例えば，田中克2013）。「回遊性」と聞くと，サケやウナギ，アユのような食用となる魚類をイメージするが，川に生息するエビ・カニ類や貝類などの無脊椎動物もまた，生活史の中で一度海に降る生物種が数多く知られている。サケやウナギは産卵のために回遊するが，アユや多くの無脊椎動物は繁殖を目的とせずに川と海の間を行き来する両側回遊を行う。本節では，まず両側回遊性エビ類の生活史と種内の遺伝的多様性について論を展開していくことにする。次に，その上流部に棲み分けている非回遊性種について，京都府北部地域を舞台とした生物地理学的研究を紹介する。最後に，フィールドを日本海の深層部に移し，深海エビ類の生活史戦略を紹介するとともに，その遺伝的多様性との関係について考察する。全体としては，エビ類の生息環境を陸水域から深海域まで鉛直方向に捉え，生活史戦略の視点で捉えたエビ類の遺伝的多様性創出機構と生物多様性保全について考察していく。

1　両側回遊性エビ類の海洋幼生分散と遺伝的多様性

淡水エビ類の生活史戦略

　エビ類は，水産資源上有用な無脊椎動物であり，分類学上は，節足動物門・甲殻亜門・軟甲綱・十脚目に位置し，陸水生態系から深海生態系まであらゆる水圏環境に生息している。淡水エビ類は，主として大型肉食性のテナガエビ科と，小型草食性のヌマエビ科に大別される。このうちヌマエビ科は，熱帯から温帯の淡水域に広く分布し，頭胸甲長 (エビ類は，腹部が曲がるため，頭胸甲の長さで体長を測定) が最大でも 10 mm ほどの小型エビ類である。「ヌマ」といっても沼に生息しているわけではなく，どちらかというと清流の流れの緩やかな川岸に集団で生活している。ヌマエビ類は，淡水魚類とともに，卵サイズ変異を伴う生活史戦略の研究材料として取り上げられてきた (Closs et al. 2013)。餌が豊かではない陸水環境では，飢餓耐性を高めるために，より発生の進んだ段階で稚エビを産出する大型の卵が適応上有利となり，河川の上流部に生息することで稚仔の流下を最小限にする非回遊性の生活史が進化した (K 戦略)。それに対して，両側回遊性種は，より体サイズの小さな幼生期に孵化し，川の流れに乗って河口域まで流下して，成長に必要な餌生物を生物生産力の高い河口域で摂取できるように適応しており，より確実に幼生を河口域に届けるべく成体は河川下流域に生息することが多い (r 戦略)。海洋環境は，遊泳能力の乏しい稚仔にとっては厳しく不安定であるため，卵数を増やすことは，高い初期死亡率への対抗措置になると考えられる。メスが 1 回の産卵に投資する生殖物質の量をほぼ一定と仮定すると，卵サイズが小さい場合は卵数を多く (小卵多産型)，大きい卵の場合には数を少なく産む (大卵少産型) というトレードオフの関係が認められる。

淡水エビ類の移動分散性——両側回遊性 vs. 非回遊性

　ヌマエビ科ヒメヌマエビ属に属するミゾレヌマエビは，南西諸島を含む

西日本の河川に広く分布する両側回遊性の淡水エビである。ミゾレヌマエビは，春から夏にかけて抱卵し，初夏から河川下流域でゾエア幼生の流下が観察される（Yatsuya et al. 2012; 2013）。その後，秋口から稚エビの遡上が観察され，次の世代に移行する。京都府北部に位置する舞鶴湾において，大型のプランクトンネットによりミゾレヌマエビの幼生分布を調査したところ，河川内で大量に採集できる流下幼生は舞鶴湾内ではほとんど採集されず，幼生が実際に海洋環境で生活しているのかについて疑問が残った（Yatsuya et al. 2013）。中原ほか（2005）は，ミゾレヌマエビのゾエア第 I 期を淡水から海水までの塩分条件で飼育し，幼生から稚エビまでの変態率を調べた。その結果，ミゾレヌマエビ幼生の変態率は汽水下で最大値をとり，海水下で著しく下がることが明らかとなった。これらの生態学的知見より，「ミゾレヌマエビの幼生は沖合まで流されずに河口域付近に生息し，河川間の移動分散性は抑えられている」と推測して，ミゾレヌマエビの海洋幼生分散を調査した。

　生物の移動分散性は，標識再捕法による直接的手法で評価が可能であるが，甲殻類は脱皮をするためタグ付けが難しく，遺伝学的手法により調べることが一般的である（Hughes 2007）。分子マーカーを用いた生物分散の評価は，他の近縁な生物種との種間比較による相対評価でなければ意味をなさない。ゆえに，進化速度が種間で異なるマイクロサテライト多型などの分子マーカーでは，分散性の種間比較を厳密に行うには適切ではないと判断し，本研究ではミトコンドリア DNA（以下「mtDNA」）の塩基配列多型分析を遺伝学的手法として用いた。mtDNA はこれまでに多くの研究成果が蓄積されており，核 DNA よりも進化速度が安定していて，分子マーカーによる進化速度の違いが反映されにくいメリットがある。このように，本節では分子生態学的なコンセプトによりエビ類の移動分散性を捉えることにする。

　南西諸島を除く西日本では，両側回遊性種ミゾレヌマエビが下流域に生息し，その上流域にはヌマエビ科カワリヌマエビ属に属するミナミヌマエビが棲み分けている（図 1a, b; 図 2）。ミナミヌマエビは大卵少産型を示し，

稚エビを産出（直達発生）す
る一般的な非回遊性の生活史
を示す。両種は，ヌマエビ科
内でも比較的近縁な属関係に
あり（Page et al. 2008），地理
的分布域も重なっていること
から，同じ河川でサンプリン
グすることにより厳密な移動
分散性の比較が可能である。
本研究では，ミゾレヌマエビ
の幼生分散をミナミヌマエビ
との遺伝的比較により評価し
た。

　両種の分子系統樹を作成し
たところ，ミゾレヌマエビで
は河川ごとに系統のまとまり
が認められなかったのに対し
て，ミナミヌマエビでは，概
ね地域ごとにまとまった系統
が確認され，国内には少なく
とも四つの隠蔽系統が存在す
ることが明らかとなった（図
2；Fujita et al. 2011a）。この結

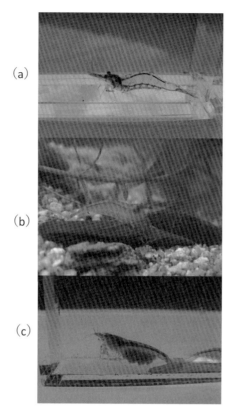

図1　(a) ミゾレヌマエビ，(b) ミナミヌマエ
ビ，(c) トゲナシヌマエビ。ミナミヌマ
エビ (b) は，色彩のバリエーションが豊
富であるため，種の同定時には注意を要
する。

果は，両種の生活史特性を色濃く反映しており，両側回遊性種ミゾレヌマ
エビは，河川を流下したゾエア幼生が海を介して河川間を分散し，それが
系統樹上にも反映されているのである。これは，両側回遊性という生活史
を考慮すれば当たり前の結果ではあるが，「ミゾレヌマエビの幼生は沖合
まで流されずに河口域付近で生活し，河川間の移動分散性は抑えられてい
る」とする当初の推察とは合致しない。そこで，比較対象を同じ両側回遊

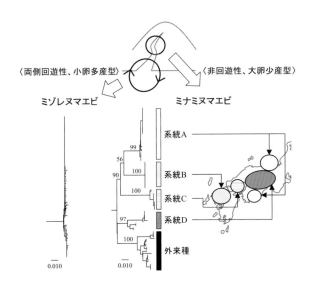

図 2　両側回遊性種ミゾレヌマエビと非回遊性種ミナミヌマエビにおける流程分布と遺
　　　伝的集団構造の比較 (mtDNA ND2+ND5, 744 bp)。系統樹は近隣結合法をも
　　　とに作成し，スケールバーは p-distance を，系統樹上の数値はブートストラッ
　　　プ確率を示している。

性種とし，調査地域を南西諸島にまで広げて調べてみることにした。

両側回遊性エビ類の生態と遺伝的多様性の関係

　諸喜田（1979）は，両側回遊性テナガエビ類の生態を比較し，幼生期の
短い種は幼生の発育に必要な塩分が低くて種の分布域が狭くなるのに対し
て，幼生期の長い種は発育に必要な塩分が高く，分布は広域に広がること
を指摘した。そこで本研究では，種の分布域の広がりは，海洋生活期にお
ける幼生分散の程度を表していると考え，これらの生態情報をまとめて，
「幼生期の長さ─発育に必要な塩分─幼生分散の程度─分布域の広がり」
に関係性があると推測し，この仮説（以下，「諸喜田（1979）」の仮説）をヌマ
エビ類で遺伝的側面から検証することを目的に研究を進めた。

　研究材料としては，前述のミゾレヌマエビに加えて，同属の両側回遊性種トゲナシヌマエビ（図1c）を比較対象とし，採集地点に西表島・沖縄本島・奄美大島を加えて研究を遂行した。ミゾレヌマエビは7期（水温25～27℃の飼育環境下で14日間）の幼生期を持ち，変態率は塩分17（汽水）で最大値をとる（中原ほか 2005; 2007）。それに対して，トゲナシヌマエビは9期とより長い幼生期（水温25～27℃の飼育環境下で30日間）を示し，幼生の変態率はより高塩分の25.5で最大となる（中原ほか 2005; 2007）。さらに，ミゾレヌマエビは内海に注ぐか外海に注ぐかを問わずに河川に分布しているのに対して，トゲナシヌマエビは外海に面した河川に多く分布する（Suzuki et al. 1993）。実際，ミゾレヌマエビは，台湾には分布せず，南西諸島から日本海側では新潟県，太平洋側では房総半島まで生息しているが，トゲナシヌマエビは太平洋側の黒潮流域下に分布し，南方はフィリピン，インドネシアにまで分布が広がる。以上の生態パラメータを諸喜田（1979）の仮説と照らし合わせると，ミゾレヌマエビは分散性が低いのに対して，トゲナシヌマエビは分散性が高いと推測される。

　ミゾレヌマエビとトゲナシヌマエビの分子系統樹を作成したところ，それぞれの種内で2系統に分かれることが明らかとなった（図3；Fujita et al. 2016）。そして，ミゾレヌマエビでは島嶼間で2系統の頻度が不均一なのに対し，トゲナシヌマエビは南西諸島から日本本土の各河川でほぼ均一な頻度を示した。この結果より，ミゾレヌマエビでは河川間の移動分散性が低いのに対し，トゲナシヌマエビでは分散性が高いことが明らかになった。さらに，この結果をこれまでの生態情報と対応させると，「ミゾレヌマエビは，幼生期が短く，幼生の発育に必要な塩分は汽水程度で，幼生期における河川間の分散性が低いため，種の分布はそれほど広がらない」という関係性を捉えることができる。一方で，「トゲナシヌマエビは幼生期が長く，幼生の発育には汽水よりも高塩分が適しており，河川間の幼生分散が高いため，種の分布域は広域に広がりやすい」と考えられる。したがって，ミゾレヌマエビとトゲナシヌマエビは，諸喜田（1979）の仮説と合致する結果となり，両側回遊性ヌマエビ類における幼生分散と生態パラ

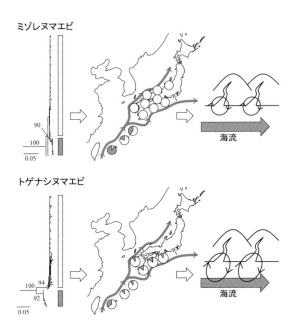

図 3　両側回遊性種ミゾレヌマエビとトゲナシヌマエビの遺伝的集団構造の比較
　　　 (mtDNA COI, 571 bp)。

メータ（幼生期の長さ，幼生の発育に必要な塩分，地理的分布）の関係性を示
すことができた。そして，ミゾレヌマエビは河口域付近に幼生が留まる傾
向が強いのに対して，トゲナシヌマエビの幼生は外海まで拡散することが
推察された。また，生物多様性保全という観点からは，両種とも河口域で
幼生が健全に生育できることが鍵となるため，河口域の水質環境保全が重
要と考えられる。

2 非回遊性種ミナミヌマエビの遺伝的多様性

由良川の河川争奪

　沿岸域の生態系を扱う本書の趣旨からは多少逸脱するが，京都府北部地域における陸水生物の多様性形成において，由良川の地史との関係については触れておかねばならない。一般に，河川の一部を別の河川が自らの流域に組み入れることを「河川争奪」と呼んでいる。由良川は，京都府の北部山間地域に端を発し，京都府綾部市を通って福知山市を西に流れた後，途中で北向きに方向を転じ，日本海に注ぐ。由良川の支流の一つ，竹田川の上流部に位置する石生は，日本列島の中央を背骨のように走る脊梁山脈の高度が最も低い場所（標高 95 m）で，暖温帯系生物の分布や人間の移動のための通路となっていることから「氷上回廊」と呼ばれている。8 〜 20 万年前の由良川中流から上流部は，この氷上回廊を通って現在の加古川水系と合流し，瀬戸内海に流れていたと考えられている（岡田・高橋 1969）。したがって，瀬戸内海側の淡水生物は，加古川，石生を通り，由良川中流から上流部に分布を北上させていた可能性が高い。

　由良川は，このような興味深い歴史的背景を有しているにもかかわらず，そこに棲む淡水生物については，由良川上流部の淡水魚類相（水野 1977）の調査に加え，由良川の一部を調査したメダカの遺伝的組成（酒泉 1987）が報告されている程度で，由良川流域全体を俯瞰した生物地理学的研究はほとんど行われていない。先に触れたように，ミナミヌマエビは日本海側と瀬戸内海側の系統（系統 A, D; 図 2）を分子系統解析により識別しており（以下，「日本海型」・「瀬戸内海型」），由良川にこの 2 系統が混在しているかどうかを調べることが可能である。

　由良川支流とその周辺河川をほとんど網羅するようにミナミヌマエビを採集し，分子系統樹を作成して 2 系統を地図にマッピングしたところ，由良川の下流と他の日本海に注ぐ近隣河川から得たミナミヌマエビは日本海型を示したのに対し，由良川の中流から上流にかけては，瀬戸内海型の遺

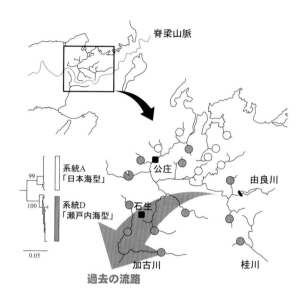

図 4　京都府北部地域における非回遊性種ミナミヌマエビの系統地理構造。系統樹上の
　　　系統 A と系統 D は，図 1 のミナミヌマエビ種内系統と対応している。

伝的組成を持ったミナミヌマエビが分布していることが明らかとなった
（図4；Fujita et al. 2011b）。日本海型と瀬戸内海型の境界線は，河川争奪以前
の分水界であった福知山市公庄地区（岡田・高橋1969）と概ね対応してお
り，由良川上流部が日本海に方向を転じて 8 〜 20 万年もの間，ミナミヌ
マエビは支流間をほとんど分散していない可能性が示唆された。したがっ
て，本種の移動分散性は河川内においても制限されていることが明らかと
なった。

ミナミヌマエビの分類学的問題

　ミナミヌマエビは，いつでも誰にでも採集可能な淡水生物として親しま
れてきた。近年，中国や韓国から外来カワリヌマエビ属エビ類が日本に輸
入され，定着していることが明らかとなってきた（丹羽2010）。最近の詳細

な分類学的研究により，日本に定着しているカワリヌマエビ属エビ類は，シナヌマエビであることが強く示唆された（三次ほか 2021）が，他の海外種とも形態が類似するとの情報もあり，ミナミヌマエビの在来系統と外来種の識別は今なお混乱していると言える（福家ほか 2021）。国内のミナミヌマエビ在来系統は，九州，四国，中国地方，近畿圏では京都府北部地域に分布している（Fujita et al. 2011a; 2011b）。また，琵琶湖や和歌山県に在来系統が自然分布していたかは議論のあるところであるため，近畿地方が本種の分布東限と考えられる。先述のように，ミナミヌマエビは，他の淡水生物よりも河川内での移動分散性が極端に低く，もともと在来系統間でも適応的あるいは自然選択において中立的に形態が変化していた可能性が高い。さらに，在来系統と外来種は交配可能で雑種が形成している可能性もあることから，純粋な在来系統を形態で識別し，緊急に保全管理していく必要がある。今後の研究の進展を心より祈念する。

3　深海エビの生活史戦略——クロザコエビ類をモデルとして

　深海性エビ類では，陸水性種と同じような卵サイズ・卵数の変化を伴う生活史戦略が存在すると考えられてきた。太平洋に生息する深海性のコエビ下目エビ類の繁殖生態を比較したところ，より深海に分布するエビ類ほど，卵が大きく一腹産子数が少ない大卵少産化の傾向が観察された（King and Butler 1985）。同様の現象は，南極沖合深層部に生息するイバラガニ類（Morley et al. 2006）や本邦北海道近海に分布するタラバエビ類（水島 2008）においても認められ，浅い海域に生息する種は小卵多産型で，より深海部に生息する種ほど大卵少産型が多いことが分かる。King and Butler（1985）は，水深が深くなるほど魚類の個体数が少なくなることに着目し，捕食者である魚類が少ない深海部に甲殻類が生息することの利点を推察した。また，深海では水温が低く幼生の変態に時間がかかり，幼生の餌生物も少な

いため大卵化が有利であろうと考えられている。このように，エビ類は生産者と高次消費者とをつなぐ生態的地位に位置しており，それゆえ分類群固有の繁殖戦略を有しているのかもしれない。

　エビジャコ科クロザコエビ属エビ類（以下「クロザコエビ類」）は，日本海沿岸地域において重要な漁業対象種であり，1990 年代前半を中心に資源価値が見直され，生態学的特性が詳しく研究されてきた（石川県水産試験場 1993 など）。「ザコ（雑魚）」エビと，これまた印象の悪い和名が付いているが，日本海では甘エビ（ホッコクアカエビ）よりも甘味が強く，隠れファンの多いエビ類である。クロザコエビ類は，ヌマエビ類同様によく獲れるエビ類で，日本海の深層生態系を支える重要種と考えられている。

　日本海の深層部では，ヒメクロザコエビ（水深 150 〜 200 m），クロザコエビ（200 〜 250 m），トゲザコエビ（250 〜 1250 m）が水深帯を分かつように棲み分けており，体サイズが同程度であるにもかかわらず，卵サイズや卵数（ヒメクロザコエビ：平均 1.3×1.0 mm・754 個，クロザコエビ：1.5×1.2 mm・1575 個，トゲザコエビ：2.2×2.0 mm・124 個），抱卵期間（ヒメクロザコエビ：約 6 か月，クロザコエビ：13 か月，トゲザコエビ：20 か月）に差異が認められている（図 5；沢田 1994; 氏 1994）。したがって，より浅い海域に生息するヒメクロザコエビとクロザコエビは小卵多産型で，トゲザコエビはより深い海域に生息して大卵少産型を示している（図 6）。これまでの研究では，小卵多産型のクロザコエビは 2 期の幼生期を示し，水温 5℃では 15 〜 20 日の幼生期間を有することが認められている（中野 1993）。トゲザコエビについては，クロザコエビより大卵であるため，発生がより進んだ直達発生に近いステージで産出されることが推察される。このように，興味深い生態特性が知られているにもかかわらず，両種の分散性の差異や遺伝的多様性はこれまで調べられていない。ヒメクロザコエビは日本海において希少種であるため，本研究ではクロザコエビとトゲザコエビの遺伝的集団構造を比較して両種の移動分散性を評価し，深海環境における生活史戦略と遺伝的多様性について考察した。

　中層に分布する小卵多産種クロザコエビと深層に分布する大卵少産種ト

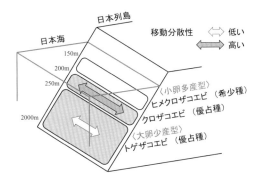

図5　日本海深層に棲み分けるクロザコエビ属エビ類。より浅い分布水深帯に生息する
　　　ヒメクロザコエビとクロザコエビは小卵多産型を示し，深海に生息するトゲザコ
　　　エビは大卵少産型を示す。

図6　(a) クロザコエビ (左) とトゲ
　　　ザコエビ (右)，(b) 2 種は卵
　　　サイズと色彩が異なる (口絵
　　　11 参照)。

161

ゲザコエビを日本海で網羅的に採集して遺伝的分化を調べたところ，前者は遺伝的分化が認められずに（固定指数 Φ_{ST} = 0.0016［P = 0.45］）移動分散性が高いのに対し，後者は統計的に有意な遺伝的分化が認められたため（固定指数 Φ_{ST} = 0.0743［P < 0.01］），予想通り移動分散性が低いと推測される（図5; Fujita et al. 2021）。

　海洋生物では，稚仔にとって餌生物の少ない厳しい環境に生息する種ほど，卵サイズは大きくなる傾向がある。例えば，巻貝や多毛類などの海産底生無脊椎動物では，大卵直達発生種の割合が，一次生産量の低い高緯度地域ほど高い傾向を示す（Thorson 1950）。同様の傾向は同一種内の地域間変異パターンでも認められており，河川に生息するテナガエビは，餌資源の少ない閉鎖された湖沼に生息する個体群の方が，餌の豊富な河口域に生息する個体群に比べて卵サイズが大きい（Mashiko 1982）。トゲザコエビは，低温で太陽光が全く届かないために一次生産量がほとんど無く，沈降有機物に依存する深海性の底生無脊椎動物である。深海環境では餌生物が極端に少ないため，トゲザコエビは卵サイズを大型にすることで飢餓耐性を高める繁殖戦略をとっていることが考えられる。そして，その繁殖戦略のもとで，移動分散性が制限され，地域集団間の遺伝的分化が進んでいると推察される。

4　エビ類の生活史進化と多様性創出機構

　mtDNA 全長配列を比較した分子系統樹によると，エビ類は，海洋生活を起源として，テナガエビ科やヌマエビ科のグループが淡水環境に進出したことが分かる（Ivey and Santos 2007）。さらに，テナガエビ類（Wowor et al. 2009）やヌマエビ類（Page et al. 2008）では，小卵型の両側回遊性種から大卵型の純淡水性種への進化が，系統ごとに複数回起こったことを示している。一方，海産のクルマエビ科エビ類では，沿岸性種の中から深海に適応

した種が分化したことが明らかになった (Yang et al. 2014)。このように，エビ類の進化の方向は，沿岸性で小卵多産型の種が起源となり，河川上流部や深海環境に進出して，各生活圏の環境に適応するべく大卵化が進み，遺伝的分化が促進されたと考えられる。

　近年，陸水生物や海産生物の種内遺伝的多様性に関する知見が蓄積されつつあるが，固着性の強い底生無脊椎動物を扱った研究例は依然として少ない。Hughes (2007) は，分子マーカーを使って，河川内の分散性を分類群ごとに調べ，甲殻類は，低地で隆起の少ない地形であっても魚類より地域集団間における遺伝的分化の程度が大きいことを示した。この結果は，分類群によって，種多様性の創出速度が異なることを示しており，非回遊性の淡水産甲殻類は集団が分化しやすく，それゆえ多様な種が生まれやすいことを示している。水圏生物の多様性研究は，魚類が主導する傾向にあるが，特定の分類群に的を絞った保全策では，生態系全体を保全するという観点からは不十分である。今後は，底生無脊椎動物も含めた包括的な水圏生物の遺伝的多様性研究の進展が期待される。

淡水性エビ類の研究を通じて学んだ川の見方

八谷三和

水産研究・教育機構水産資源研究所

　学生時代に私は，週末になると京都府由良川の源流域の芦生地域に通い，地域の方々に炭焼きや栃餅づくりなどの山の仕事を教えていただいた。一方で夏休みには大学の臨海実習に参加し，海の無脊椎動物の面白さも知った。森にも海にも興味があったので，陸域と海のつながりを見られるような研究ができればと漠然と思った。そこでまずは芦生から由良川の下流までを川沿いに数日かけて原付バイクで走ってみるところから始めた。その後，当時の指導教員であった上野正博先生や舞鶴水産実験所の学生達と一緒に舞鶴市内の川に入ってみた。川岸でガサガサとタモ網をすくってみると，テナガエビ科やヌマエビ科のエビ類がたくさん捕れた。これらは，一次消費者あるいは二次消費者として河川の物質循環を支える（Covich et al. 1999）。瀬戸臨海実験所（当時）の大和茂之先生に見ていただいたところ，両側回遊種と陸封種が含まれることが分かった。川の上流側と，下流の河口付近とでは生息するエビ類の種組成が異なった。全長 146 km の由良川と，17 km の伊佐津川とでも分布状況は少し違った。こうしたことに面白さを感じて研究テーマを選び，最終的に由良川と伊佐津川におけるエビ類の分布特性（Yatsuya et al. 2012）と両側回遊種ミゾレヌマエビ（本書 3-5 図 1a）の生活史を記載した（Yatsuya et al. 2013）。

　私が手探りで研究を進める中で考えの助けになったのは，河川地形の空間スケールの概念であった。萱場（2013）によれば，「飛行機から川を俯瞰する」のと，「河岸に立って川を眺め」るのとでは，「とらえられる川の地形」や環境要因が異なる。河川の地形は，規模の大きい方から順に，水系＞セグメント（河道区間）＞リーチ（蛇行区間）＞瀬・淵＞微生息場といった階層構造に分類することができ，それぞれの空間スケールによって地形形成に影響する物理過程が異なる（萱場 2013）。この概念は，ほとんど予備知識のない状態から川の調査を始めた私にとっては，河川環境をとらえるための心強いガイド役となった。野外で得られる情報から何を選びとってエビ類の生態や生息場所の特性として表現するか。悩みながら決めていく過程は，今思えばフィールドワークの醍醐味だったと思う。エビ類の調査を通じて川の見方を学んだ経験は，私が現在携わる，さけます類の調査にも役立っていると感じる。

3-6
アカガイ資源の保全と増殖に向けて
——七尾湾を例に

仙北屋　圭

石川県水産総合センター

　本書では，里海のモデルフィールドとして主に京都府丹後海を取り上げている。七尾湾は丹後海からそれほど遠くない日本海中央部に位置し，舞鶴市や宮津市が隣接する丹後海と比較して，あるいは日本の他地域と比べても良好な自然環境に恵まれた水域と考えられる。しかし，そのような自然豊かな水域においても，環境問題が深刻化し水産生物に被害がおよぶ実態のあることを，七尾湾のアカガイを例に見ていきたい。

1　七尾湾

　七尾湾は能登半島の東側に位置する日本海側最大の閉鎖性内湾であり，能登島を中心に北湾，西湾，南湾の三つの湾からなる静穏な海域である。古く日本書紀では「鹿嶋津」と呼ばれ，万葉集にも詠まれている。「香島より熊来をさして漕ぐ船の楫取る間なく都し思ほゆ（大伴家持 巻十七 4027）」（中西 1983）

　七尾湾では，マナマコ，カレイ，ヨシエビ，アカガイなどを対象とした小型機船底びき網漁や，トリガイ漁，さよりびき網漁，このしろまき網漁，モズクなど海藻類の採取など，様々な種類が漁獲されている。また七尾西湾や北湾ではマガキやトリガイの養殖も営まれる，漁業が盛んな海域

である。2011 年には国際連合食糧農業機関 (FAO) より、「能登の里山里
海」として「世界農業遺産」にも認定され、七尾湾の生態系の保全は水産
業のみならず、文化や伝統を維持する上でも極めて重要である。

　一方、七尾港は重要港湾として 1972 年に港湾計画に基づいて整備が進
んできた。1990 年代に七尾大田火力発電所 2 基の稼働、2005 年には LPG
国家備蓄基地が完成し、能登半島と能登島を結ぶ 2 本の橋が架橋された。
七尾湾の沿岸の人工護岸の割合は 2009 年には約 80% であり（池森 2010）、
七尾湾を取り巻く環境は大きく変化してきた。

2　七尾湾のアカガイ

　アカガイは極東ロシア、朝鮮半島ならびに中国の沿岸域に分布し
(Lutaenko 1993)、日本では北海道南部から九州の泥底に生息する（奥谷
2000)、産業的価値の高い重要な養殖対象種でもある (Sugiura et al. 2014)。
七尾湾のアカガイは 1930 年代から生息が報告され（石川県 1937)、ナマコ
桁網などに混獲されていたが漁獲対象にはなっていなかった。元七尾漁協
参事の故楠靖治氏は、「子供の頃、松百の海で泳ぐと足先で貝が掘れた。
アマモ場の中にはトリガイがいて、アマモ場の切れ目にはアカガイがい
た。」と語っていた。

　七尾湾のアカガイ漁は 1977 年から 1978 年にかけて、159 トン、2 億円以
上を水揚げしたことに始まった。アカガイを漁獲する貝桁網は、長辺 1.3
m の長方形の鉄枠を網口に固定した袋網で、枠の両端には花崗岩の重しが
固定されている（図 1)。泥の中のアカガイを獲るため、枠の下部には熊手
のような爪が何本も並び、これを船の左右に張り出した孟宗竹からロープ
で海底に降ろし、ゆっくりひく。極太の竹のしなりで桁網が海底を跳躍し
て海底に突き刺さり、しなりで再び跳躍して泥をえぐる。こうして曳網す
ることでアカガイを含む底生生物が漁獲される。時おり竹は折れるため、

図1 貝桁網。曳網後に水面を曳航して，袋網に溜まった泥を洗い流している様子。

予備の竹も必要である。

1981年からは石川県産のアカガイの種苗生産と放流が開始された（図2）。1990年代までは放流アカガイの回収率は非常に高く，放流種苗の最大3割が漁獲されたと見積もられた年もあり（石川県水産総合センター2000），栽培漁業の成功例と見なされていた。大量に獲れた時代，アカガイは七尾市中心部を流れる御祓川の河口にも分布していたため，漁船は河口を遡り，強烈な硫化水素臭のする黒い泥とともにアカガイを漁獲していた。ところが，2000年代には漁獲量が減少し，6月の放流後，夏の高水温でアカガイが死んでいると言われるようになった。放流漁場は七尾南湾の水深10m以浅の浅い海であり，高水温の影響を直接に受けると思われた。

アカガイは水管を持たず（奥谷2000），海底表面の微細藻類や有機物を海底直上水とともに吸い込み，ろ過，摂食する。そのため，海底直上の水質や底質環境はアカガイの生育に大きな影響を及ぼすと考えられる。一般的にフネガイ科の二枚貝は血液中にヘモグロビンを有し，貧酸素環境に比較的強い（Brooks et al. 1991; de Zwaan et al. 1991; Thillart et al. 1992）。一方，有

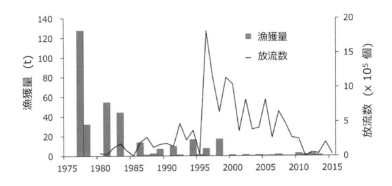

図 2　七尾湾におけるアカガイ漁獲量と種苗放流数。

明海や中海において，アカガイと近縁のサルボウが貧酸素で斃死するなど（岡村ほか 2010; 鈴木ほか 2011），貧酸素化の進行と底質環境の悪化は致命的と考えられる。七尾湾においても水温の上昇だけではなく，底層水の貧酸素化によって放流したアカガイが斃死している可能性がある。

　そこで七尾湾浅海域の海底において，溶存酸素濃度（DO）環境とアカガイの斃死過程を明らかにした研究を紹介する（仙北屋 2019; Senbokuya et al. 2019）。はじめに七尾湾の水温の長期変化を調べ，続いて七尾湾南湾の海底環境とアカガイの減少過程とその対策について検討した。次に DO の日周変化を再現した水槽実験でアカガイの生残と生理状態を調べ，七尾湾浅海域の海底におけるアカガイの斃死機構について解明を試みた。

3　七尾湾の水温の長期変化

　七尾湾の水質は 1970 年から，石川県水産総合センターで「七尾湾観測」として実施している。ほぼ毎月 1 回，50 年以上に及ぶ観測で，長期的な環

境変化の分析に耐えうるデータが蓄積されてきた。七尾湾の環境は，日本海における1990年代のレジームシフト（為石ほか2005）や，長期的な海面水温の上昇傾向（気象庁 https://www.data.jma.go.jp/gmd/kaiyou/data/shindan/a_1/japan_warm/japan_warm.html【参照 2022.02.22】）などに，大きな影響を受けていると考えられる。そこで七尾湾の水温について，経年的・季節的な変化について検討した（仙北屋 2019）。

　七尾湾の水温は1970年から1989年は観測期間中の平均値をほぼ下回っていたが，1989年〜1990年と1997年〜1998年に2回，水温が上昇した。その後2010年にかけて三度上昇し，このような変化は日本海はじめ日本周辺海域の状況と一致している（例えば加藤ほか2006）。水温は長期的にみると七尾湾の三つの湾すべてで有意に上昇しており，1970年から2010年までの年間上昇率は南湾，西湾，ならびに北湾において，それぞれ0.027℃/年，0.024℃/年，ならびに0.016℃/年であった。七尾南湾の水温と七尾市の気温には正の相関があり，長期的な傾向も比較的一致していた。

　月ごとの長期変化傾向を見ると，9月の水温下降期から2月の低水温期にかけての水温が有意に上昇していた。特に低水温期の高温化は日本各地で報告されており（例えばSenjyu and Watanabe 2004），全国的な傾向と一致する。八木ほか（2004）は冷却期に水温低下が遅れる理由に，外海水からの熱供給の増加を示唆しており，七尾湾でも同様の現象が起こっている可能性がある。

4　アカガイの斃死と浅海域の海底環境

　先述のとおり，七尾南湾の水深10m以浅の浅海域はアカガイの放流漁場として利用されてきた。夏から秋にかけて放流アカガイの減少が認識されるにつれ，高水温の影響が言われるようになったが，科学的な真偽は明

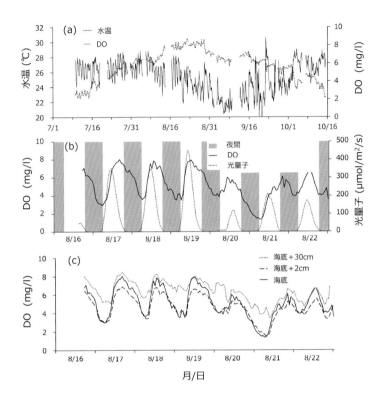

図 3　2013 年に七尾南湾水深 4 m 地点で実施した環境観測結果。(a) 海底から 2 cm 上の水温と DO，(b) 海底から 2 cm 上の DO と光量子量，(c) 海底直上，2 cm 上，30 cm 上の DO。

らかではなかった。そこでこの海域で DO の連続観測を行い，海底付近の DO をはじめとする生息環境を調べた。同時に，海底に生息するアカガイの様子を観察できる試験区を設け，生残率の変化を追跡した。

　アカガイが生息する直近の海水 DO を調べるため，七尾南湾の水深 4 m の地点で，海底表面から 0 cm，2 cm，30 cm の 3 層に DO ロガーを設置した。観測を開始した 7 月上旬には，DO に明瞭な日周変化が認められた

（図 3a）。DO は南中時刻前後に最大になり，日没から夜間にかけて減少して，夜明けから午前 10 時ごろに最低値となった後に再び増加し，光量子量すなわち日照と強く関係していた（図 3b）。沿岸・浅海域における DO の日周変化は，日中の植物による光合成と夜間の呼吸および海底の有機物分解のための酸素消費によるものと考えられ，海草（Moore 2004），大型海藻（Reyes and Merino 1991），底生微細藻類（金谷・菊地 2011）で報告されている。調査海域の海底には泥が堆積し，海底表面には数 mm 程度の浮泥が存在したが，浮泥中のクロロフィル a 濃度は干潟に匹敵する値であり，7 月は 290 µg/l，9 月は 705 µg/l だった。この浮泥には浮遊珪藻が大量に含まれており，珪藻の光合成と呼吸によって DO の日周変化が生じたと考えられる。DO は高濃度の珪藻の光合成によって日中は飽和濃度まで増加する。夜間は一転，呼吸による酸素消費で減少し，堆積物中の有機物分解による酸素消費とあいまって，日没後から夜明けにかけて急激に減少すると考えられた。

　2013 年と 2015 年に，水深 4 m の海底でアカガイの生残率を追跡した。通常の生活スタイルのように泥に潜ることのできる試験区（埋在区）と，泥に潜れないよう海底から持上げた試験区（底上げ区）を設定し生残率を調べた（図 4a, b）。海底の同じ場所でアカガイを観察するため，プラスチックカゴ（縦 46 cm，横 30.5 cm，深さ 18 cm）を用意した。側面と底面にはスーパーの買い物カゴのようにメッシュ状の穴が開き，常に海水が出入りする形である。埋在区は，海底に穴を掘って深さ約 10 cm までカゴを埋め，周囲の海底と同じ高さになるよう内部に泥を戻し，アカガイを入れた（図 4a）。底上げ区ではカゴの底面から 15 cm の高さに仕切りを取りつけ，カゴが流されないよう海底に固定して，仕切りの上段にアカガイを収容した（図 4b）。どの試験区も 1 カゴあたり 20 から 30 個体ずつアカガイを収容した。

　2013 年の調査では，7 月から 11 月下旬までスクーバ潜水で定期的に観察すると，実験開始からおよそ 5 か月後の生残率は，底泥に潜らない底上げ区（83.9%）の方が埋在区（48.9%）より高かった（図 5a）。海底上 0 cm と 2

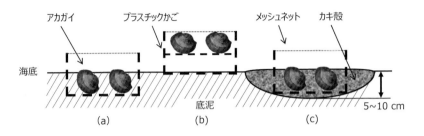

図 4　七尾南湾水深 4 m 地点で行ったアカガイの生残実験の設定。(a) 埋在区，(b) 底上げ区，(c) カキ殻区。

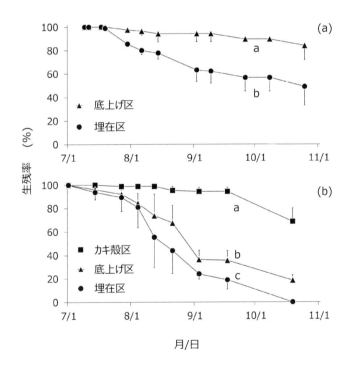

図 5　七尾南湾水深 4 m 地点で行ったアカガイの生残実験の結果。(a) は 2013 年 (b) は 2015 年の結果，縦線は SD，異なるアルファベットは有意差 (p < 0.05 log-rank test) を示す。

cm の DO は常に 30 cm の DO よりも低く，海底近傍では夏季に DO が夜間から午前にかけて極端に低下することが明らかになった（図3）。これは，二枚貝の DO 環境を調べるためには，海底の DO を観測すべきことを示している。堆積物中の間隙水の DO は，堆積物表面から数ミリの深さの範囲で急激に減少する（Jovanovic et al. 2014）。七尾湾の水深 4 m の海底においても，泥中の間隙水の DO は観測期間を通じて 0 mg/l であり，底泥の強熱減量は 10% 前後と高く（仙北屋 2019），蓄積された大量の有機物の分解によって，常時酸素が消費され，嫌気状態にあったと考えられる。アカガイは水管を持たず，外套膜で二つの孔を形作り海底の表面すれすれの海水を利用するため，底泥の酸素消費の影響を受けやすい。夏季の高水温期に夜間繰返し貧酸素にさらされたことで，生残率が減少したと考えられた。

　劣化した海底に砂や砂利などの新しい基質を投入して，二枚貝の生育に適した環境に改善する覆砂が各地で実施されている。2015 年に，七尾湾でも貧酸素化の原因になる泥を覆い，海底環境改善の効果を調べるために，生残率調査の試験区に隣接する海底の 4 m 四方をカキ殻で覆いカキ殻区を追加した（図4c）。カキ殻は七尾西湾の養殖カキ由来で，3 年程度陸上で保管し，80 〜 100℃の熱風乾燥後に粒径 2 〜 3 cm に砕いたものである。

　カキ殻区の生残率は 68.5% であり，埋在区（同 0%）や底上げ区（同 18.6%）より高い生残率であった（図5b）。カキ殻区の DO は，海底下 2 cm では埋在区より高く，カキ殻の表面（海底）から 2 cm まで断続的に高い DO が観測された。海底直上の海水からカキ殻中の間隙水に，酸素が供給されている様子が窺われた。

　カキ殻を用いた覆砂については，熱処理したカキ殻の硫化水素吸着作用によって底質環境が改善され，底生生物の生息密度が上昇したことが報告されている（Yamamoto et al. 2012; 吉永 2015）。本調査でもコアサンプルを採取して硫化水素濃度を分析したところ，カキ殻区のカキ殻層では特異的に硫化水素濃度が高く，最大 16.7 mg/l であった。圦本（2009）は，有明海の堆積物中の高い硫化水素濃度（16.3 〜 24.0 mg/l）はアカガイと近縁のサルボウにとって致死的な濃度であり，飼育実験では 10 〜 13 日程度で全滅する

濃度（中村ほか 1997）とされている。本実験のカキ殻区のアカガイは，致死濃度レベルの硫化水素中に身を置いていたにもかかわらず生残率は高かった。硫化水素は海水に十分な酸素があると速やかに酸化される。実際，海底直上 2 cm の硫化水素濃度はほぼゼロに近かった。アカガイは海底直上の海水を利用していると考えられ，カキ殻中の硫化水素は本種の生残に影響しなかったのであろう。一方，埋在区においてはやはり貧酸素の影響を強く受け，生残率が低下したものと推察される。

5　水槽実験による斃死の再現

DO の日周変化によって生残率が減少することを確認するために，アカガイを入れた水槽で DO の変化を再現した。常に窒素を通気する貧酸素区，16 時間空気 /8 時間窒素通気を毎日繰り返す 8 時間貧酸素区，常に空気を通気する対照区の 3 試験区を設定し，水温は 29℃と 30℃の 2 段階とし，40 日間生死を観察した。

貧酸素区では開始直後から生残率が低下し，半数致死日数（以下，LT50）を probit 法により統計的に推定すると，29℃で 10 日，30℃で 9.4 日であった。8 時間貧酸素区の LT50 は，29℃では 101 日，30℃では 38.3 日であった（図 6）。対照区はどちらの水温も実験終了まですべて生存していた。アカガイは DO が十分あれば，30℃程度の高水温が 1 か月以上継続しても斃死することはなく，逆に DO が 1.0 mg/l 以下の貧酸素区では短期間で斃死してしまう。貧酸素が繰り返されると徐々に生残率が低下し，水温が高いほど LT50 は短くなることが分かった。

二枚貝類は酸素が少なくなると嫌気代謝し（Hochachka 1980），多くの海産・淡水産二枚貝類において酸素欠乏下での嫌気代謝が調べられている（例えば圦本 2009）。貧酸素状態に陥った二枚貝は TCA 回路を一部逆行して，嫌気代謝の初期にはコハク酸を，さらに貧酸素状態が継続するとプロ

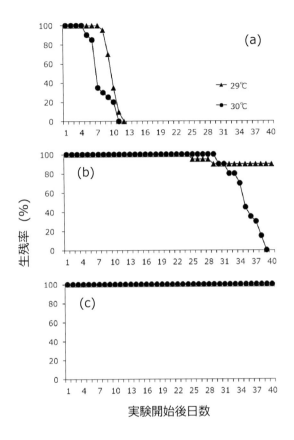

図6　飼育実験下における DO とアカガイの生残率との関係。(a) 24 時間貧酸素区，(b) 8 時間貧酸素区，(c) DO 飽和区。

ピオン酸や酢酸を代謝する（Hochachka 1980）。嫌気代謝の初期に貧酸素状態が解消されると，速やかに好気代謝を再開しコハク酸濃度は減少する（Thillart et al. 1992）。

　貧酸素区のアカガイでは，試験水温の上昇に伴い有機酸濃度が増し，特

175

に 30℃では急激に上昇した。アサリは 3 μM 前後のプロピオン酸濃度が生存限界とされ（日比野・品川 2009），サルボウでは高濃度に蓄積されたプロピオン酸が生存に悪影響を及ぼしたと報告されている（本田ほか 2010）。貧酸素区のアカガイのプロピオン酸は最大 66 μM とアサリの 20 倍以上で，酢酸も高濃度であり，生存に危機的な状態であったと考えられる。

　8 時間貧酸素区では断続的にコハク酸が認められ，野外試験のアカガイでも生残率が徐々に低下している状況で断続的にコハク酸濃度が上昇していた（仙北屋 未発表データ）ことから，嫌気代謝の初期にあったと考えられる。短期間の貧酸素には，アカガイは余裕を持って耐えることができても，長期間繰り返されると次第に消耗し，死に至るのであろう。

　野外試験区で生残率が低下し始めるのは 7 月中旬の水温 25℃付近であり，水槽試験の 30℃よりかなり低い。野外試験区の海底では 6 月から DO の日周変化が見られ，7 月中旬にはすでに 1 か月間，貧酸素の繰り返しにさらされている。貧酸素耐性はすでに低下し，さらに自然環境下の水温変化とあいまって，25℃程度から生残率が低下したのだろう。

6　アカガイ資源の保全と増殖

　七尾湾の海底は，筆者らの調査によると経年的に富栄養化が進み，底生動物相の種数や多様性が低下している様子が窺われる。また七尾西湾でも貧酸素水塊が発生している（仙北屋 2019）。底質環境の悪化がアカガイにとどまらず，トリガイなどの他の底生生物にも大きな影響を及ぼしていても不思議ではない。七尾湾の過去 40 年間の年間水温上昇率は最大 0.027℃ / 年であり，気温の上昇に伴い水温も上昇している。海水交換の少ない南湾や西湾のような半閉鎖的な浅海域ほど年間の水温上昇率は高く，気温上昇の影響をより受けやすいだろう。海底の富栄養化と高水温化により，浅海域の海底環境の悪化はさらに進行することが考えられる。

　これからの七尾湾の水産業の持続可能性を考える上で，海底環境をいかに健全に保つかは非常に重要な問題であり，アカガイの復活もそれにかかっている。七尾湾全体の漁業生産額は減少傾向にあるが，依然としてカキ養殖は盛んであり，漁船漁業においてもマナマコやカレイ，エビ類の貴重な漁場となっている。七尾湾の保全はアカガイだけの問題ではない。底生二枚貝類はこれら漁業対象種とともに底生生態系を構成する基盤的な重要種である。浅海域における底質環境の改善は急務であり，本項で示したようなカキ殻を用いた覆砂も一つの策であろう。一方でそのような対策の実施には地元の利害関係者との調整が必要であり，自治体の施策として実現する必要がある。特に七尾南湾は先に述べた港湾開発に伴う浚渫によって，アカガイの中心的な漁場となっていた海域は跡形なく消滅している（石川県 https://www.pref.ishikawa.lg.jp/nanaokouwan/documents/r3-2_nanaokou_zenkei.jpg【参照 2022.03.16】）。開発と環境保全の適切なバランスの先に持続可能な水産業があり，アカガイの将来もかかっている。

より深く学びたい人のための参考図書

Clark, M.R., Althaus, F., Schlacher, T.A., Williams, A., Bowden, D.A. and Rowden, A. A.（2016）The impacts of deep-sea fisheries on benthic communities: a review. ICES Journal of Marine Science, 73: i51–i69.

Itaki T（2016）Transitional changes in microfossil assemblages in the Japan Sea from the Late Pliocene to Early Pleistocene related to global climatic and local tectonic events. Progress in Earth and Planetary Science, 3: 11.

川崎唯史・中田和義 編集（2011）『エビ・カニ・ザリガニ——淡水甲殻類の保全と生物学』生物研究社，東京．

川那部浩哉・水野信彦 監修，中村太士 編（2013）『河川生態学』講談社，東京．

長沼光亮（2000）生物の生息環境としての日本海．日本海区水産研究所報告，50: 1-42.

日本ベントス学会 編集（2003）『海洋ベントスの生態学』東海大学出版会，神奈川．

日本ベントス学会 編集（2020）『海岸動物の生態学入門——ベントスの多様性に学ぶ』海文堂出版，東京．

諸喜田茂充（2019）『淡水産エビ類の生活史——エビの川のぼり』諸喜田茂充出版記念会．

平朝彦（1990）『日本列島の誕生』岩波書店，東京．

引用文献

Agusto, L. E., Fratini, S., Jimenez, P. J., Quadros, A. and Cannicci, S.（2021）Structural characteristics of crab burrows in Hong Kong mangrove forests and their role in ecosystem engineering. Estuarine, Coastal and Shelf Science, 248: 106973.

赤嶺淳（2010）『ナマコを歩く』新泉社，東京．

Aldea, K. Q. and Henmi, Y.（2021）New record of the symbiotic alpheid shrimp *Stenalpheops anacanthus* Miya, 1997 from the middle of the Sea of Japan. Kuroshio Science, 15: 10-13.

Antonio, E. S., Kasai, A., Ueno, M., Ishihi, Y., Yokoyama, H. and Yamashita, Y.（2012）Spatial-temporal feeding dynamics of benthic communities in an estuary-marine gradient. Estuarine, Coastal and Shelf Science, 112: 86-97.

荒川好満（1990）『ナマコ読本』緑書房，東京．

Atkinson, R. J. A. and Eastman, L. B.（2015）Burrow dwelling in crustacea. In Thiel, M. and Watling. L. (eds.), The Natural History of the Crustacea, vol. 2: Lifestyles and Feeding Biology. pp. 78-117. Oxford University Press, New York, USA.

Avise, J.C.（2000）Phylogeography: The History and Formation of Species. Harvard University Press, Cambridge, USA.

Brooks, S.P.J., de Zwaan, A., Thillart, G. van den, Cattani, O., Cortesi, P. and Storey, K. B.（1991）Differential survival of *Venus gallina* and *Scapharca inaequivalvis* during anoxic stress: Covalent modification of phosphofructokinase and glycogen phosphorylase during anoxia. Journal of Comparative Physiology B, 161: 207-212.

Clark, M.R., Althaus, F., Schlacher, T.A., Williams, A., Bowden, D.A. and Rowden, A. A.（2016）The impacts of deep-sea fisheries on benthic communities: a review. ICES

Journal of Marine Science, 73: i51–i69.

Closs, G. P., Hicks, A. S. and Jellyman, P. G.（2013）Life histories of closely related amphidromous and non-migratory fish species: a trade-off between egg size and fecundity. Freshwater Biology, 58: 1162−1177.

Covich, A.P., Palmer, M.A. and Crowl, T.A.（1999）The role of benthic invertebrate species in freshwater ecosystems. BioScience, 49: 119–127.

de Zwaan, A., Cortesi, P., Thillart, G. van den, Roos, J. and Storey, K.B.（1991）Differential sensitivities to hypoxia by two anoxia-tolerant marine molluscs: a biochemical analysis. Marine Biology, 111: 343–351.

Everett, M.V. and Park, L.K.（2018）Exploring deep-water coral communities using environmental DNA. Deep Sea Research Part II: Topical Studies in Oceanography, 150: 229–241.

Folmer, O., Black. M., Hoeh, W., Lutz, R. and Vrijenhoek, R.（1994）DNA primers for amplification of mitochondrial cytochrome c oxidase subunit I from diverse metazoan invertebrates. Molecular Marine Biology and Biotechnology, 3: 294–299.

Fujita, J., Nakayama, K., Kai, Y., Ueno, M. and Yamashita, Y.（2011a）Comparison of genetic population structures between the landlocked shrimp, *Neocaridina denticulata denticulata*, and the amphidromous shrimp, *Caridina leucosticta* (Decapoda: Atyidae) as inferred from Mitochondrial DNA sequences. In Asakura, A. (ed), New Frontiers in Crustacean Biology, pp 183−196. Brill, Leiden, The Netherlands.

Fujita, J., Nakayama, K., Kai, Y., Ueno, M. and Yamashita. Y.（2011b）Geographical distribution of mitochondrial DNA lineages reflect ancient direction of river flow: a case study of freshwater shrimp *Neocaridina denticulata denticulata* (Decapoda: Atyidae). Zoological Science, 28: 712−718.

Fujita, J., Zenimoto, K., Iguchi, A., Kai, Y., Ueno, M. and Yamashita, Y.（2016）Comparative phylogeography to test for predictions of marine larval dispersal in three amphidromous shrimps. Marine Ecology Progress Series, 560: 105−120.

Fujita, J., Drumm, D. T., Iguchi, A., Tominaga, O., Kai, Y. and Yamashita, Y.（2021）Small vs. large eggs: comparative population connectivity and demographic history along a depth gradient in deep-sea crangonid *Argis* shrimps. Biological Journal of the Linnean Society, 134: 650−666.

福家悠介・岩﨑朝生・笹塚諒・山本佑（2021）五島列島福江島におけるミナミヌマエビの初記録．Cancer, 30: 63−71.

五嶋聖治（2012）生態．『ナマコ学──生産・産業・文化』（高橋明義・奥村誠一 編）pp.19−34．成山堂書店，東京．

Griffis, R. B. and Suchanek, T. H. (1991) A model of burrow architecture and trophic modes in thalassinidean shrimp (Decapoda: Thalassinidea). Marine Ecology Progress Series, 79: 171–183.

原田真実・久米学・望岡典隆・田村勇司・神崎東子・橋口峻也・山下洋（2018）大分県国東半島・宇佐地域の伊呂波川と桂川に設置したウナギ石倉かごにより採集されたニホンウナギと水生動物群集．日本水産学会誌，84: 45–53.

原素之（2008）アワビ野生集団の遺伝的管理．動物遺伝育種研究，36: 105–115.

畑中宏之・谷村健一（1994）稚ナマコの体長測定用麻酔剤としての menthol の利用について．水産増殖，42: 221–225.

林勇夫（1986）若狭湾海域内湾部のマクロベントス相の特徴．沿岸海洋研究ノート，23: 173-184.

林勇夫・北野裕（1988）若狭湾主湾部のマクロベントス群集．日本海区水産研究所報告，38: 159-169.

林健一（1991）日本海のエビ類相とその特徴．日本海ブロック試験研究収録，22: 1-9.

Henmi, Y., Fujiwara, C., Kirihara, S., Okada, Y. and Itani, G.（2017）Burrow morphology of alpheid shrimps: case study of *Alpheus brevicristatus* and a review of the genus. Zoological Science, 34: 498-504.

Henmi, Y., Eguchi, K., Inui, R., Nakajima, J., Onikura, N. and Itani, G.（2018）Field survey and resin casting of *Gymnogobius macrognathos* spawning nests in the Tatara River, Fukuoka Prefecture, Japan. Ichthyological Research, 65: 168-171.

邉見由美（2022）福井県と京都府からのヨコヤアナジャコの記録．Cancer，31: e1-e6.

日比野純也・品川明（2009）6章 アサリの生理代謝からみた貧酸素の影響とその対策．『アサリと流域圏環境——伊勢湾・三河湾での事例を中心として』（生田和正・日比野純也・桑原久実・辻本哲郎 編）pp. 87-97．恒星社厚生閣，東京．

Higuchi, M. and Goto, A.（1996）Genetic evidence supporting the existence of two distinct species in the genus *Gasterosteus* around Japan. Environmental Biology of Fishes, 47: 1-16.

Hilborn, R. and Ovando, D.（2014）Reflections on the success of traditional fisheries management. ICES Journal of Marine Science, 71: 1040-1046.

Hirase, S. (2022) Comparative phylogeography of coastal gobies in the Japanese Archipelago: future perspectives for the study of adaptive divergence and speciation. Ichthyological Research, 69: 1-16.

Hirase, S., Yamasaki, Y.Y., Sekino, M., Nishisako, M., Ikeda, M., Hara, M., Merila, J. and Kikuchi, K.（2021）Genomic evidence for speciation with gene flow in broadcast spawning marine invertebrates. Molecular Biology and Evolution, 38: 4683-4699.

Hochachka, P. W.（1980）Living without Oxygenoxygen: closed and open systems in hypoxic tolerance. Harvard University Press. London.

本田匡人・郡司掛博司・松井繁明（2010）サルボウガイ（*Scapharca kagoshimensis*）の呼吸代謝に及ぼす低酸素の影響．九州大学大学院農学研究院学芸雑誌，65: 31-37.

Hughes, J. M.（2007）Constraints on recovery: using molecular methods to study connectivity of aquatic biota in rivers and streams. Freshwater Biology, 52: 616–631.

Ichinokawa, M., Okamura, H. and Kurota, H.（2017）The status of Japanese fisheries relative to fisheries around the world. ICES Journal of Marine Science, 74: 1277-1287.

Iguchi, A., Ueno, M., Maeda, T., Minami, T. and Hayashi, I.（2004）Genetic population structure of the deep-sea whelk *Buccinum tsubai* in the Japan Sea. Fisheries Science, 70: 569-572.

Iguchi, A., Takai, S., Ueno, M., Maeda, T., Minami, T. and Hayashi, I.（2007）Comparative analysis on the genetic population structures of the deep-sea whelks *Buccinum tsubai* and *Neptunea constricta* in the Sea of Japan. Marine Biology, 151: 31-39.

Iguchi, A., Nishijima, M., Yoshioka, Y., Miyagi, A., Miwa, R., Tanaka, Y., Kago S., Matsui, T., Igarashi, Y., Okamoto, N. and Suzuki, A.（2020）Deep-sea amphipods around cobalt-rich ferromanganese crusts: Taxonomic diversity and selection of candidate species for connectivity analysis. PLoS ONE, 15: e0228483.

池森貴彦（2010）七尾湾における海岸の人工化と動植物の現状は？. 能登の海中林, 32: 2-3.

石川県（1937）『石川県天然紀念物調査報告 第十輯』石川県.

石川県水産試験場（1993）平成 4 年水産生物生態調査報告書 *Argis* 属（クロザコエビ属）等深海性エビ類の漁業生物学的調査. 石川水試資料, 187, 1-42.

石川県水産総合センター（2000）平成 12 年度事業報告書, 195-209.

Itaki, T.（2016）Transitional changes in microfossil assemblages in the Japan Sea from the Late Pliocene to Early Pleistocene related to global climatic and local tectonic events. Progress in Earth and Planetary Science, 3: 11.

伊谷行（2008）干潟の巣穴をめぐる様々な共生.『寄生と共生』（石橋信義・名和行文 編）pp. 217-237. 東海大学出版会, 神奈川.

Ivey, J. L. and Santos, S. R.（2007）The complete mitochondrial genome of the Hawaiian anchialine shrimp *Halocaridina rubra* Holthuis, 1963 (Crustacea: Decapoda: Atyidae). Gene, 394: 35-44.

Jovanovic, Z., Larsen, M., Organo, Quintana, C., Kristensen, E. and Glud, R.N.（2014）Oxygen dynamics and porewater transport in sediments inhabited by the invasive polychaete *Marenzelleria viridis*. Marine Ecology Progress Series, 504: 181-192.

金谷弦・菊地永祐（2011）富栄養化が汽水域の底生生態系に及ぼす影響について. 地球環境, 16: 33-44.

Kang, J.H., Park, J.Y., Kim, E.M. and Ko, H.S.（2013）Population genetic analysis and origin discrimination of snow crab (*Chionoecetes opilio*) using microsatellite markers. Molecular Biology Reports, 40: 5563-5571.

環境省（2017）3.24 都道府県別海岸延長. 平成 29 年版環境統計集. 118.

Karplus, I.（2014）The associations between fishes and crustaceans. In Karplus, I. (ed.), Symbiosis in Fishes. pp. 276-370.Wiley Blackwell, West Sussex, UK.

加藤修・中川倫寿・松井繁明・山田東也・渡邊達郎（2006）沿岸・沖合定線観測データから示される日本海及び対馬海峡における水温の長期変動. 沿岸海洋研究, 44: 19-24.

萱場祐一（2013）河川地形の特徴とその分類.『河川生態学』（川那部浩哉・水野信彦監修, 中村太士編）pp.13-33. 講談社, 東京.

菊地永祐・向井宏（1994）生物攪拌──ベントスによる環境改変（総説）. 日本ベントス学会誌, 46: 59-79.

King, M. G. and Butler, A. J.（1985）Relationship of life-history patterns to depth in deep-water caridean shrimps (Crustacea: Natantia). Marine Biology, 86: 129-138.

Kinoshita, K., Wada, M., Kogure, K. and Furota, T. (2003) Mud shrimp burrows as dynamic traps and processors of tidal-flat materials. Marine Ecology Progress Series, 247: 159-164.

Kinoshita, K., Wada, M., Kogure, K. and Furota, T. (2008) Microbial activity and accumulation of organic matter in the burrow of the mud shrimp, *Upogebia major* (Crustacea: Thalassinidea). Marine Biology, 153: 277-283.

北見健彦・本間義治（1981）佐渡島（日本海）におけるアカテガニの習性. 甲殻類の研究, 11: 113-123.

小林哲（1999）モクズガニ *Eriocheir japonica* (de Haan) の繁殖生態. 日本ベントス学会誌, 54: 24-35.

小泉格（2006）『日本海と環日本海地域——その成立と自然環境の変遷』角川学芸出版，
　東京.

Kojima, S., Segawa, R. and Hayashi, I.（1997）Genetic differentiation among populations of
　the Japanese turban shell *Turbo* (*Batillus*) *cornutus* corresponding to warm currents.
　Marine Ecology Progress Series, 150: 149-155.

Kojima, S., Segawa, R., Hayashi, I. and Okiyama, M.（2001）Phylogeography of a deep-sea
　demersal fish, *Bothrocara hollandi*, in the Japan Sea. Marine Ecology Progress Series,
　217: 135-143.

Kojima, S., Hayashi, I., Kim, D., Iijima, A. and Furota, T.（2004）Phylogeography of an
　intertidal direct-developing gastropod *Batillaria cumingi* around the Japanese Islands.
　Marine Ecology Progress Series, 276: 161-172.

Kuwae, M., Tamai, H., Doi, H., Sakata, M. K., Minamoto, T. and Suzuki, Y.（2020）
　Sedimentary DNA tracks decadal-centennial changes in fish abundance.
　Communications Biology, 3: 1-12.

京都府環境部自然環境保全課（2015）『京都府レッドデータブック【普及版】2015』サ
　ンライズ出版，彦根.

Liggins, L., Booth, D.J., Figueira, W.F., Treml, E.A., Tonk, L., Ridgway, T., Harris, D.A. and
　Riginos, C.（2015）Latitude‐wide genetic patterns reveal historical effects and
　contrasting patterns of turnover and nestedness at the range peripheries of a tropical
　marine fish. Ecography, 38: 1212-1224.

Lucrezi, S., Schlacher, T. A. and Walker, S.（2009）Monitoring human impacts on sandy
　shore ecosystems: a test of ghost crabs (*Ocypode* spp.) as biological indicators on an
　urban beach. Environmental Monitoring and Assessment, 152: 413-424.

Lutaenko, K.（1993）Subfamily Anadarinae (Bivalia: Arcidae) of the Russian Far East coast.
　Korean Journal of Malacology, 9: 27-32.

Mariani, S., Baillie, C., Colosimo, G. and Riesgo, A.（2019）Sponges as natural
　environmental DNA samplers. Current Biology, 29: R401-R402.

Mashiko, K.（1982）Differences in both the egg size and the clutch size of freshwater prawn
　Palaemon paucidens De Haan in the Sagami River. Japanese Journal of Ecology, 32:
　445-451.

松井求（2021）分子系統解析の最前線．JSBi Bioinformatics Review, 2: 30-57.

Matsumoto, T., Arakawa, H., Murakami, T. and Yanai, S.（2020）Settlement patterns of two
　sesarmid megalopae in the Sai River Estuary, Ishikawa Prefecture, Japan. Plankton and
　Benthos Research, 15: 306-316.

Minami, K., Sawada, H., Masuda, R., Takahashi, K., Shirakawa, H. and Yamashita, Y.
　（2018）Stage-specific distribution of Japanese sea cucumber *Apostichopu japonicus* in
　Maizuru Bay, Sea of Japan, in relation to environmental factors. Fisheries Science, 84:
　251-256.

Minami, K., Masuda, R., Takahashi, K., Sawada, H., Shirakawa, H. and Yamashita, Y.
　（2019）Seasonal and interannual variation in the density of visible *Apostichopus
　japonicus* (Japanese sea cucumber) in relation to sea water temperature. Estuarine,
　Coastal and Shelf Science, 229: 106384.

南卓志・中坊徹次・魚住雄二・清野精次（1977）若狭湾由良川沖の底生魚類相．昭和50
　年度京都府水産試験場報告，74-100.

水野信彦（1977）兵庫県氷上郡の魚類調査報告．ひかみ，9: 87-104.

水島敏博（2008）北海道近海におけるタラバエビ類の繁殖生態の特性（総説）．北海道立水産試験場研究報告，73: 1-8.

三次充和・久本洋子・鈴木廣志（2021）千葉県房総半島より確認された外来カワリヌマエビ属の一種の外部形態，遺伝子情報および生活史．Cancer, 30: 1-39.

Moore, K.A.（2004）Influence of seagrasses on water quality in shallow regions of the Lower Chesapeake Bay. Journal of Coastal Research, 45: 162-178.

Morley, S. A., Belchier, M., Dickson, J. and Mulvey, T.（2006）Reproductive strategies of sub-Antarctic lithodid crabs vary with habitat depth. Polar Biology, 29: 581-584.

本尾洋（2003）日本海産カニ類─I．既知種．のと海洋ふれあいセンター研究報告，9: 55-68.

本尾洋・豊田幸詩（2004）京都府沿岸のカニ類─II．新たに採集された10種．のと海洋ふれあいセンター研究報告，10: 31-34.

本尾洋・豊田幸詩（2005）京都府沿岸のエビ類．のと海洋ふれあいセンター研究報告，11: 31-42.

本尾洋・豊田幸詩（2007）京都府沿岸のカニ類─III．小型の3稀少種．ホシザキグリーン財団研究報告，10: 19-23.

村山寛記・小木曽正造・岡村隆行・柳井清治・関本愛香・丸山雄介・服部淳彦・鈴木信雄（2019）能登半島九十九湾に生息するアカテガニの生態学的研究．のと海洋ふれあいセンター研究報告，25: 19-28.

長沼光亮（2000）生物の生息環境としての日本海．日本海区水産研究所報告，50: 1-42.

Nakajima, Y., Shinzato, C., Khalturina, M., Nakamura, M., Watanabe, H., Satoh, N. and Mitarai, S.（2016）The mitochondrial genome sequence of a deep-sea, hydrothermal vent limpet, *Lepetodrilus nux*, presents a novel vetigastropod gene arrangement. Marine Genomics, 28: 121-126.

Nakajima, Y., Shinzato, C., Khalturina, M., Nakamura, M., Watanabe, H. K., Nakagawa, S., Satoh, N. and Mitarai, S（2018）Isolation and characterization of novel polymorphic microsatellite loci for the deep-sea hydrothermal vent limpet, *Lepetodrilus nux*, and the vent-associated squat lobster, *Shinkaia crosnieri*. Marine Biodiversity, 48: 677-684.

中原泰彦・荻原篤志・三矢泰彦・平山和次（2005）ヌマエビ科両側回遊性エビ類3種の幼生飼育に対する飼育餌料および塩分の影響．水産増殖，53: 305-310.

中原泰彦・荻原篤志・三矢泰彦・平山和次（2007）両側回遊性ヒメヌマエビ属3種のゾエア期幼生の発達．長崎大学水産学部研究報告，88: 43-59.

中村幹雄・品川明・戸田顕史・中尾繁（1997）宍道湖および中海産二枚貝4種の環境耐性．水産増殖，45: 179-185.

中西進（1983）『万葉集 全訳注原文付（四）』講談社，東京．

中野昌次（1993）クロザコエビの抱卵親エビの養成とふ出，飼育結果について．日本海ブロック試験研究集録，29: 77-91.

南阮植・菅野愛美・渡邉雅人・池田実・木島明博（2014）日本および韓国沿岸におけるキタムラサキウニの遺伝的集団構造とその形成過程．日本水産学会誌，80: 726-740.

Ng, P.K.L., Guinot, D. and Davie, P.J.F.（2008）Systema Brachyurorum: part I. An annotated checklist of extant brachyuran crabs of the world. The Raffles Bulletin of Zoology, 17: 1-286.

日本ベントス学会編（2003）『海洋ベントスの生態学』東海大学出版会，神奈川．

西村三郎（1974）『日本海の成立——生物地理学からのアプローチ』築地書館，東京．

丹羽信彰（2010）外来輸入エビ，カワリヌマエビ属エビ（*Neocaridina* spp.）および Palaemonidae spp. の輸入実態と国内の流通ルート．Cancer, 19: 75-80.

岡田篤正・高橋健一（1969）由良川の大規模な流路変更．地学雑誌，78: 19-37.

岡村和麿・田中勝久・木元克則・藤田孝康・森勇一郎・清本容子（2010）有明海北西部における貧酸素水塊と底質がサルボウの大量斃死に与える影響．水産海洋研究，74: 197-207.

奥谷喬司（2000）『日本近海産貝類図鑑』（奥谷喬司編）pp.845-855．東海大学出版会，神奈川．

大澤正幸・桑原友春・倉田健悟（2014）島根県沿岸のスナモグリ類およびアナジャコ類．ホシザキグリーン財団研究報告，17: 197-206.

Page, T. J., Cook, B. D., von Rintelen, T., von Rintelen, K. and Hughes, J. M.（2008）Evolutionary relationships of atyid shrimps imply both ancient Caribbean radiations and common marine dispersals. Journal of the North American Benthological Society, 27: 68-83.

Pritchard, J.K., Stephens, M. and Donnelly, P. (2000) Inference of population structure using multilocus genotype data. Genetics, 155: 945-959.

Puillandre, N., Brouillet, S. and Achaz, G.（2021）ASAP: assemble species by automatic partitioning. Molecular Ecology Resources, 21: 609-620.

Purcell, S.W. Lovatelli, A., Vasconcellos, M. and Ye, Y.（2010）Managing sea cucumber fisheries with an ecosystem approach. pp. 1-157. In Lovatelli, A., Vasconcellos, M. and Ye, Y.(eds.), FAO Fisheries and Aquaculture Technical Paper. FAO of the United Nations, Rome, Italy.

Rex, M., Etter, R., Morris, J., McClain, C., Johnson, N., Stuart, C., Deming, J., Thies, R. and Avery, R.（2006）Global bathymetric patterns of standing stock and body size in the deep-sea benthos. Marine Ecology Progress Series, 317: 1-8.

Reyes, E. and Merino, M.（1991）Diel dissolved oxygen dynamics and eutrophication in a shallow, well-mixed tropical lagoon (Cancun, Mexico). Estuaries, 14: 372-381.

Ritchie, H., Jamieson, A.J. and Piertney, S.B.（2016）Isolation and characterization of microsatellite DNA markers in the deep-sea amphipod *Paralicella tenuipes* by Illumina MiSeq sequencing. Journal of Heredity, 107: 367-371.

Ritchie, H., Jamieson, A.J. and Piertney, S.B.（2017）Genome size variation in deep-sea amphipods. Royal Society Open Science, 4: 170862.

崔相（1963）『なまこの研究——マナマコの形態・生態・増殖』海文堂，東京．

酒井恒（1976）『日本産蟹類』講談社，東京．

酒井勇一（2012）種苗生産と栽培漁業．『ナマコ学——生産・産業・文化』（高橋明義・奥村誠一 編）pp.101-114. 成山堂書店，東京．

酒泉満（1987）メダカの分子生物地理学．『日本の淡水魚類——その分布，変異，種分化をめぐって』（水野信彦・後藤晃 編）pp. 81-90．東海大学出版会，神奈川．

Sakuma, K.（2022）Deep-sea Fishes. In Kai, Y., Motomura, H. and Matsuura, K. (eds.), Fish Diversity of Japan. pp. 161-176. Springer, Berlin, Germany.

佐久間啓・藤原邦浩・八木佑太・吉川茜・白川北斗・内藤大河・飯田真也・山本岳男（2022）令和3（2021）年度ズワイガニ日本海系群A海域の資源評価．水産庁・水

産研究・教育機構，1-59.

佐藤淳・木下豪太（2020）次世代シークエンスにおける哺乳類学──初学者への誘い．哺乳類科学，60: 307-319.

沢田浩二（1994）石川県沖合海域に生息するクロザコエビ属の生態について．日本海ブロック試験研究集録，31: 57-67.

Sekino, M. and Hara, M. (2001) Microsatellite DNA loci in Pacific abalone *Haliotis discus discus* (Mollusca, Gastropoda, Haliotidae). Molecular Ecology Notes, 1: 8-10.

仙北屋圭（2019）七尾湾浅海域の海底環境とアカガイのへい死に関する研究．博士論文．京都大学大学院農学研究科，京都．

Senbokuya, K., Kobayashi, S., Ookei, N. and Yamashita, Y.（2019）Impact of nighttime hypoxia on ark shell *Scapharca broughtonii* mortality on a semi-enclosed embayment seabed. Fisheries Science, 85: 369-377.

Senjyu, T. and Watanabe, T.（2004）Decadal signal in the sea surface temperatures off the San'in Coast in the Southwestern Japan Sea. Reports of Research Institute for Applied Mechanics. Kyushu University, 127: 49-53.

Seike, K. and Nara, M.（2008）Burrow morphologies of the ghost crabs *Ocypode ceratophthalma* and *O. sinensis* in foreshore, backshore, and dune subenvironments of a sandy beach in Japan. Journal of the Geological Society of Japan, 114: 591-596.

Seike, K., Banno, M., Watanabe, K., Kuwae, T., Arai, M. and Sato, H.（2020）Benthic filtering reduces the abundance of primary producers in the bottom water of an open sandy beach system (Kashimanada Coast, Japan). Geophysical Research Letters, 47: e2019GL085338.

清家弘治（2020）『海底の支配者底生生物』中央公論新社，東京．

渋谷長生・吉田渉・吉仲怜（2018）日本産ナマコ輸出に伴う諸問題と今後の方向．弘前大学農学生命科学部学術報告，20: 35-49.

篠原義昭・澤田英樹・鈴木啓太（2020）宮津湾におけるマナマコの資源評価と資源管理．京都府農林水産技術センター海洋センター研究報告，42: 1-8.

諸喜田茂充（1979）琉球列島の陸水エビ類の分布と種分化について─Ⅱ．琉球大学理工学部紀要（理学篇），28: 193-278.

祖田修（2000）『農学原論』岩波書店，東京．

杉本亮・小路淳・富永修（2017）地下水流入が沿岸海域の生物生産・水産資源に及ぼす影響．日本水産学会誌，83: 1013.

Sugiura, D., Kayayama, S., Sasa, S. and Sasaki, K. (2014) Age and growth of the ark shell *S. broughtonii* (Bivalvia, Aricidae) in Japanese waters. Journal of Shellfish Research 33:315-324.

Suyama, Y. and Matsuki, Y.（2015） MIG-seq: an effective PCR-based method for genome-wide single-nucleotide polymorphism genotyping using the next-generation sequencing platform. Scientific Reports, 5: 1-12.

Suzuki, H., Tanigawa, M., Nagatomo, T. and Tsuda, E.（1993）Distribution of freshwater caridean shrimps and prawns (Atyidae and Palaemonidae) from Southern Kyushu and adjacent islands, Kagoshima Prefecture, Japan. Crustacean Research, 22: 55-64.

鈴木秀幸・山口啓子・瀬戸浩二（2011）閉鎖性の高い中海で垂下養殖されたサルボウガイの成長と生残．水産増殖，59: 89-99.

鈴木克美・倉田洋二（1967）伊豆大島及びその付近海域のカニについて．甲殻類の研

究，3: 86-104.

平朝彦（1990）『日本列島の誕生』岩波書店，東京．

Takada, Y., Kajihara, N., Iseki, T., Yagi, Y. and Abe, S. (2016) Zonation of macrofaunal assemblages on microtidal sandy beaches along the Japan Sea coast of Honshu. Plankton and Benthos Research, 11: 17-28.

高橋宏司・澤田英樹・益田玲爾（2016a）イシガニによるアサリ捕食のメカニズムとその対策．日本水産学会誌，82: 706-711.

高橋宏司・澤田英樹・益田玲爾（2016b）日本海の舞鶴湾におけるアサリ資源の再生産および減耗要因の検討．日本水産学会誌，82: 699-705.

武田正倫・三宅貞祥（1976）小笠原諸島のカニ類，1．既知種の目録．甲殻類の研究，7: 101-115.

武田正倫・酒井勝司・篠宮幸子・那須秀夫（2000）瀬戸内海産カニ類．国立科博専報，33: 135-144.

武田正倫・古田晋平・宮永貴幸・田村昭夫・和田年史（2011）日本海南西部鳥取県沿岸およびその周辺に生息するカニ類．鳥取県立博物館研究報告，48: 29-94.

武田正倫・小松浩典・鹿谷法一・前之園唯史・成瀬貫（2019）沖縄島中城湾産浅海性カニ類（鹿谷コレクション）の目録．Fauna Ryukyuana, 50: 1-69.

Tamaki, A. and Ueno, H. (1998) Burrow morphology of two callianassid shrimps, *Callianassa japonica* Ortmann, 1891 and *Callianassa* sp. (=*C. japonica*: de Man, 1982) (Decapoda: Thalassinidea). Crustacean Research, 27: 28-39.

玉置昭夫（2006）砂質干潟のベントス群集．『天草の渚——浅海性ベントスの生態学』（菊池泰二編）pp. 2-32．東海大学出版会，神奈川．

為石日出生・藤井誠二・前林篤（2005）日本海水温のレジームシフトと海況（サワラ・ブリ）との関係．沿岸海洋研究，42: 125-131.

Thillart, G. van den, Lieshout, G. van, Storey, K., Cortesi, P. and de Zwaan, A. (1992) Influence of long-term hypoxia on the energy metabolism of the haemoglobin-containing bivalve *Scapharca inaequivulvis*: critical O2 levels for metabolic depression. Journal of Comparative Physiology B, 162: 297-304.

Thorson, G. (1950) Reproduction and larval ecology of marine bottom invertebrates. Biological Reviews, 25: 1-45.

富永修・牧田智弥（2008）沿岸域の底生生物生産への陸上有機物の貢献．『森川海のつながりと河口・沿岸域の生物生産』（山下洋・田中克編）pp. 46-58．厚生社恒星閣，東京．

豊田幸詩・本尾洋（2018）京都府沖の冠島周辺で得られたザラカイメンカクレエビ．ホシザキグリーン財団研究報告，21: 251-253.

津田吉晃（2012）遺伝構造データ解析．『森の分子生態学2』（津村義彦・陶山佳久編）pp. 345-387 文一総合出版，東京．

津田吉晃（2021）森林遺伝育種のデータ解析方法（実践編5）デモグラフィー推定．森林遺伝育種，10: 142-149.

Tsuji, S., Maruyama, A., Miya, M., Ushio, M., Sato, H., Minamoto, T. and Yamanaka, H. (2020) Environmental DNA analysis shows high potential as a tool for estimating intraspecific genetic diversity in a wild fish population. Molecular Ecology Resources, 20: 1248-1258.

鶴見良行（1990）『ナマコの眼』筑摩書房，東京．

氏良介（1994）山陰沖のクロザコエビ属の分布と生態について．日本海ブロック試験研究集録，31: 75-79.

和田年史・和田恵次（2015）ナンヨウスナガニ（スナガニ科）の日本海沿岸からの初記録．Cancer, 24: 15-19.

渡部守義（2007）沿岸域環境モニタリングのためのテッポウエビ類の発音数分布観測調査および水域類型との相関関係．海洋音響学会誌，34: 32-39.

Werding, B., Christensen, B. and Hiller, A.（2016）Three way symbiosis between a goby, a shrimp, and a crab. Marine Biodiversity, 46: 897-900.

Wowor, D., Muthu, V., Meier, R., Balke, M., Cai, Y. and Ng, P. K. L.（2009）Evolution of life history traits in Asian freshwater prawns of the genus *Macrobrachium* (Crustacea: Decapoda: Palaemonidae) based on multilocus molecular phylogenetic analysis. Molecular Phylogenetics and Evolution, 52: 340-350.

八木宏・石田大暁・山口肇・木内豪・樋田史・石井光廣（2004）東京湾及び周辺水域の長期水温変動特性．海岸工学論文集，51: 1236-1240.

山本民次（2011）水産から見た「里海」のあり方．沿岸海洋研究，48: 125-130.

Yamamoto, T., Kondo, S., Kim, K.H., Asaoka, S., Yamamoto, H., Tokuoka, M. and Hibino, T.（2012）Remediation of muddy tidal flat sediments using hot air-dried crushed oyster shells. Marine Pollution Bulletin, 64: 2428-2434.

Yang, H., Yuan, X., Zhou, Y., Mao, Y., Zhang, T. and Liu, Y.（2005）Effect of body size and water temperature on food consumption and growth in the sea cucumber *Apostichopus japonicus* (Selenka) with special reference to aestivation. Aquaculture Research, 36: 1085-1092.

Yang, C. H., Sha, Z., Chan, T. Y. and Liu, R.（2014）Molecular phylogeny of the deep-sea penaeid shrimp genus *Parapenaeus* (Crustacea: Decapoda: Dendrobranchiata). Zoologica Scripta, 44: 312-323.

Yatsuya, M., Ueno, M. and Yamashita, Y.（2012）Occurrence and distribution of freshwater shrimp in the Isazu and Yura Rivers, Kyoto, western Japan. Plankton and Benthos Research, 7: 175-187.

Yatsuya, M., Ueno, M. and Yamashita, Y.（2013）Life history of the amphidromous shrimp *Caridina Leucosticta* (Decapoda: Caridea: Atyidae) in the Isazu River, Japan. Journal of Crustacean Biology, 33: 488-502.

Yorisue, T., Iguchi, A., Yasuda, N., Mizuyama, M., Yoshioka, Y., Miyagi, A. and Fujita, Y.（2020）Extensive gene flow among populations of the cavernicolous shrimp at the northernmost distribution margin in the Ryukyu Islands, Japan. Royal Society Open Science, 7: 191731.

吉永郁生（2015）環境微生物の視点から見た貝殻敷設の有用性．月刊海洋，47: 80-88.

圦本達也（2009）有明海における水産重要二枚貝リシケタイラギおよびサルボウの環境生理学的研究．博士論文．長崎大学大学院生産科学研究科，長崎.

冠島のスズキ

第4章

魚類の生態と里海の利用

　魚類は我々の食生活には欠かせない存在であるとともに，里海における食物網の上位消費者として位置づけられる。里海で見られる多様な魚類は，その下位にあるベントス，動物・植物プランクトンなどの豊かさによって支えられており，生態系全体から見るとある意味で最も弱い立場にあるとも言える。本章では，日本海の里海で暮らす様々な魚類を対象として，その生態を短期的・長期的視点から解説する。特に，里海の重要な構成種であるハゼ類や海と川をつなぐスズキに注目して近年の研究成果を紹介する。さらに魚の認知能力を理解することで栽培漁業の場としての里海の可能性について論じる。

4-1

日本海の魚類の分布——深海から浅海まで

甲斐嘉晃

京都大学フィールド科学教育研究センター舞鶴水産実験所

　日本列島は南北に長いことから，北は亜寒帯域，南は熱帯・亜熱帯域に属し，多様な環境に適応した多くの魚種を見ることができる場所である。太平洋岸には南から強大な暖流である黒潮が流れ，一部は日本海側に入り対馬暖流を形成する（口絵 12a）。北方からは寒流の親潮が流れ，東北地方太平洋沖で黒潮と混合することで，植物・動物プランクトンの豊富な豊かな漁場を作り出している。日本列島の東側には，日本海溝や千島海溝といった超深海域も知られ，ユニークな形態を持つ深海性魚類が分布する。淡水域に目を向けると，ユーラシア大陸東部に分布する種とよく似た日本固有種が多く見られ，かつて大陸と日本がつながっていた時代があったことを示唆している。日本列島に多くの魚種が見られるのは，単に環境の多様性によるものだけでなく，日本列島がたどってきた複雑な歴史によるところも大きい（Endo and Matsuura 2022; Kai and Motomura 2022）。

　日本からは 2022 年の段階で 4600 種以上の魚類が知られている（https://www.museum.kagoshima-u.ac.jp/staff/motomura/jaf.html【参照 2022.04.25】）。ちなみに，日本と陸域の面積がほぼ同様のニュージーランドで 1200 種あまり，日本よりはるかに広大な陸域を持つオーストラリアでほぼ 5000 種の魚類が知られており，日本が魚類の種多様性に恵まれた場所であることが分かる（Roberts et al. 2015; http://fishesofaustralia.net.au/【参照 2022.01.31】）。日本は陸域の面積は大きくないものの，その排他的経済水域は世界で 6 位の広さを持つことも大きな理由であろう（Fujikura et al. 2010）。

　世界で最も多様な魚類が見られると言われるフィリピン周辺から流れて
くる黒潮に乗り，日本の太平洋沿岸では色とりどりの熱帯性魚類を見るこ
とができる（Carpenter and Springer 2005）。一方の対馬暖流は，黒潮の分流
がその起源の一部と考えられているが，黒潮に比べるとはるかに弱く，日
本海沿岸で熱帯性魚類を見ることは少ない。日本海のユーラシア大陸側で
は寒流のリマン海流の影響で日本列島本州沿岸とは異なる魚類が見られ
る。日本海の200 mを超える深海には日本海固有水と呼ばれる冷たい水塊
が存在し，日本海の深海性魚類を特徴付けている（口絵12b）。ある地域に
生息する魚類の種組成のことを「魚類相」と呼ぶが，ここでは，日本海を
海流の影響が強い浅海域と日本海固有水の影響下にある深海域に分けて，
それぞれの魚類相の特徴とその歴史的な成立について概観する。

1　日本海の浅海性魚類相

　京都府の定置網で水揚げされる魚を年中見ていると（第4章クローズアッ
プ舞鶴6も参照），サワラやマアジ，カタクチイワシなどはほぼ一年中見か
けることができる（図1）。春にはメバル類やサヨリ，夏にはホソトビウオ
やシイラ，バショウカジキなどが多く，秋になるとカンパチやアカカマス
が，冬にはメジナやスズキ，大型のブリが多く獲れるようになる，といっ
たように四季を通じて様々な魚種を見ることができる。しかし，日本海沿
岸のどこでも同じような魚種が見られるわけではない。北海道の日本海沿
岸ではオホーツク海やベーリング海とも共通するカジカ科やカレイ科魚類
の種数が多く，一方の山口県日本海沿岸ではダルマガレイ科，アナゴ科，
ホウボウ科魚類など，東シナ海を特徴付ける魚種が多く見られる（河野ほ
か 2011; Kai 2022）。このような浅海域の魚類相の違いは，日本海では主に
海流で説明することができる。
　日本海には対馬海峡を通って対馬暖流が流れ込む。対馬暖流は，日本海

図1　日本海で多く見られる魚類。(a) サワラ，(b) メバル科魚類 (左はタヌキメバル，右はウスメバル)，(c) ホソトビウオ，(d) ブリ。

に流れ込む唯一の外洋水で，九州南方で黒潮本流から分離したと考えられる暖流と台湾海峡から長江由来の陸水を取り込みながら北上してくる台湾暖流に由来すると考えられている (Gamo et al. 2014) (口絵 12a)。対馬暖流は黒潮ほど強い海流ではないものの，枝分かれや渦を形成しながら日本列島を北上し，大部分は津軽海峡を通って東北太平洋沿岸を南下する。残りは北海道の日本海沿岸を北上し，宗谷海峡からオホーツク海へと入る。さらに一部は間宮海峡に近い日本海北部でアムール川起源の冷たい淡水が加わり，冷却された後にユーラシア大陸沿岸を流れる寒流のリマン海流へと変化する (長沼 2000; 蒲生 2016)。

　日本海の本州沿岸は対馬暖流の影響が強いため，温帯性の魚類が多く見られる。しかし，先述のように対馬暖流の一部は津軽海峡を経て太平洋側に抜けてしまうことから，北海道の日本海沿岸は本州の日本海沿岸とは異なった魚類相を形成している。北海道の日本海沿岸では，より寒帯性の魚類が多く見られ，リマン海流に支配されるユーラシア大陸沿岸のロシア沿

海地方から朝鮮半島沿岸の魚類相に近いと言われている（Kafanov 2000; Tashiro 2022）。ただし，このような魚類相の境界については，ほかにも様々な説があり，はっきりとした境界が引けるわけではない。日本列島の魚類相を初めて体系的に解説したと言われる田中茂穂は，日本海の魚類相は山陰地方西部を境に二分されるとしているが（Tanaka 1931），能登半島や山形県付近を境界とする説もある（Nishimura 1965; 三栖 1974）。これは，日本海において寒帯性の魚類と温帯性の魚類どちらも見られる範囲が広いことによる。例えば，カジカ科，トクビレ科，カレイ科など寒帯性魚類の南限は，山陰地方西部にあることが多く，タイ科，タチウオ科など温帯性の魚類の北限は津軽海峡付近にあることが多い（Nishimura 1965; 三栖 1974; 長沼 2000）。一方，太平洋側の黒潮流域では，房総半島付近および屋久島とトカラ列島の間で魚類相が明瞭に異なることが様々な研究から支持されている（例えば Senou et al. 2006）。また，クロダイとミナミクロダイ，クロサギとミナミクロサギのように黒潮で分断される南北に姉妹種が分布するというパターンが見られ，黒潮が種分化に関わりがあることも知られている（Kai and Motomura 2022）。

　近年，日本海では温帯性種が北海道の積丹半島付近まで分布を広げているケースが増えてきており，レジームシフトや温暖化の影響を注意深く見極める必要がある（Miyazaki et al. 2015; 田城ほか2017）。本来は熱帯や亜熱帯の魚類が少ない日本海沿岸であるが，近年の水温上昇と共に南方から運ばれてきたと考えられる種が増えているのは事実である。中には水産業上，「やっかいな」種も含まれる。例えば，2021年には京都府沿岸でアオブダイが定置網で獲れている（京都府水産事務所，https://www.pref.kyoto.jp/suiji/documents/aobudai.pdf/【参照 2022.06.10】）。アオブダイは，これまで本州の黒潮流域やトカラ列島から知られており，日本海側では山口県でわずかに記録があるだけであった。アオブダイはパリトキシンに似た毒（パリトキシン様毒）を持っている場合があることがあり，これを食べたことによる死亡例も多く知られている（谷山 2015）。このような魚種が分布域を広げていることには注意が必要である。

2　日本海を回遊する浅海性魚類

　浅海性魚類では，回遊しながら生活史の一部で日本海を利用している種も多い。例えばサワラは，東シナ海に産卵場があり，対馬暖流に乗って成長しながら日本海に回遊してくる（図1a）。0〜1歳の間は日本海で成長し，2歳になると日本海を南下し，東シナ海の産卵場に戻ると言われている。能登半島以西の日本海西部のサワラは，1998年まで年間数十トンから数百トンの漁獲量で推移していたが，2000年以降に急増し，年間3000トン前後の漁獲量で推移している。京都府沿岸では特に体重1 kg以下のいわゆる「さごし」の漁獲量が増えているが，これは東シナ海の産卵場が北方に移動した，あるいは拡大したことで回遊経路が変化した可能性が指摘されている（井上ほか2007）。さらに近年では秋に隠岐諸島から能登半島西岸で形成される暖水域がサワラ未成魚の分布に影響を与えている可能性があり，このような水温の変化で漁獲量が増えていると言われている（為石ほか2005）。

　また，厳寒期に定置網で獲れる「寒ブリ」で有名なブリも，東シナ海から日本海を利用している水産業上重要な種である（図1d）。ブリの産卵場は九州沿岸から山陰地方にあるが，その中心は東シナ海の大陸棚縁辺部にある。稚魚は流れ藻につくことが知られており，4〜5月に九州西岸で出現し始め，7月にはやや成長して富山湾周辺に達する。成長するにつれ，日本海を南北に回遊するようになり，2〜3歳になった成魚は秋に日本海を南下し始め，冬から春にかけて東シナ海の産卵場へと戻る（村山1991）。ブリと非常によく似た種にヒラマサがおり，ブリとは体高が高いことや上顎の形で区別できる。ブリとヒラマサは人工的には交雑させ，雑種を作ることが可能であるが，天然下では交雑は知られていなかった。ところが，近年，日本海西部を中心にブリとヒラマサの天然交雑個体が報告されるようになった。ヒラマサの産卵場の詳細については不明なことが多いが，こ

のような交雑個体が見られるようになった原因の一つとして，水温が上昇したことによるブリの産卵場の変化が考えられている（Takahashi 2022）。

　サワラやブリは日本海を生育の場として利用する魚種の代表的な例であるが，産卵で日本海を訪れるという逆のパターンも存在する。ゴールデンウィークの頃から夏にかけて京都の沿岸で多く漁獲されるトビウオ類（おもにホソトビウオとツクシトビウオ）は，6〜7月に能登半島以西の日本海沿岸を中心に産卵することが知られている（図1c）。ホソトビウオは水深50mまでの砂底や暗礁などで，ツクシトビウオは水深20mまでの藻場で産卵し，産卵が終わった個体は死んでしまうが，秋口になるとその年に生まれた未成魚が見られるようになる（今井1959; 河野2004）。しかし，10月以降は日本海で全く見られなくなり，九州北西沿岸で漁獲が増えることから，この時期になるとホソトビウオやツクシトビウオは日本海を南下して東シナ海へと回遊すると考えられている（河野2004）。

　水温が下がってくる秋から冬になると，日本海では越冬できない種が弱って北西季節風により海岸へ打ち上げられる現象が見られる。いわゆる死滅回遊（あるいは無効分散）する種で，ハリセンボンやアミモンガラ，ホシフグが日本海では多い（沖山1974）。例えば，ハリセンボンは本来全長で40cmほどになるが，日本海で見られるハリセンボンは10cmほどの幼魚である。ハリセンボンの産卵場は日本では八重山諸島周辺（あるいはもう少し北方の可能性もある）で，そこから黒潮を経て対馬暖流に乗り，日本海へ侵入してくるものと考えられている（坂本・鈴木1978; 西村1981）。多い年には定置網で漁業被害が出るほどであるが，冬期の低水温に耐えられず死に絶えてしまい，日本海では再生産には参加していない。

3　日本海の深海性魚類

　日本海は大陸と日本列島に囲まれた閉鎖的な環境であり，周辺の海域とは間宮海峡，宗谷海峡，津軽海峡，および対馬海峡という狭い海峡でつながっている。これらの海峡の最も深い部分は津軽海峡と対馬海峡の水深約130 m であり，日本海の平均水深である 1667 m よりもはるかに浅い。200 m 以深には日本海固有水と呼ばれる寒冷で溶存酸素に富んだ水塊が存在する（蒲生 2016）。

　太平洋側の深海性魚類では，体に発光器が並ぶワニトカゲギス科やハダカイワシ科，大きな頭部に細長い尾部を持つソコダラ科などの種多様性が高いが，日本海ではこれらの深海性魚類はほとんど見られない（Kai 2022）（図 2）。日本海の 200 m 以深の深海を調査していると，太平洋側の深海魚類相とは全く異なることに驚かされる。日本海の深海性魚類は，カジカ科，ウラナイカジカ科，クサウオ科，ゲンゲ科などの種によって代表され，太平洋側に比べると種多様性は著しく低い。発光器を持つ魚類はわずかにキュウリエソが見られるだけで，ヤマトコブシカジカ（ウラナイカジカ科），ザラビクニン（クサウオ科），コンペイトウ（ダンゴウオ科），ノロゲンゲ（ゲンゲ科）の生物量が多い（Okiyama 2004）（図 2a 〜 c）。ワニトカゲギス科，ハダカイワシ科，ソコダラ科など，より祖先的な分類群は，古くから深海に適応してきたと考えられ，しばしば一次的深海魚と呼ばれる（西村 1974）。これに対し，カジカ科，ウラナイカジカ科，クサウオ科，ゲンゲ科などは，それぞれの科に含まれるすべての種が深海性というわけではなく，比較的新しい時代に二次的に深海に適応したと考えられ，二次的深海魚と呼ばれる。日本海では基本的に後者しか見られないことには，日本海がたどってきた歴史と日本海の構造そのものが関係していると考えられている。

　日本海の歴史については本書3–1で詳しく説明されているが，氷期の海水準低下に伴う環境悪化により，日本海の深海生物は何度も衰退あるいは

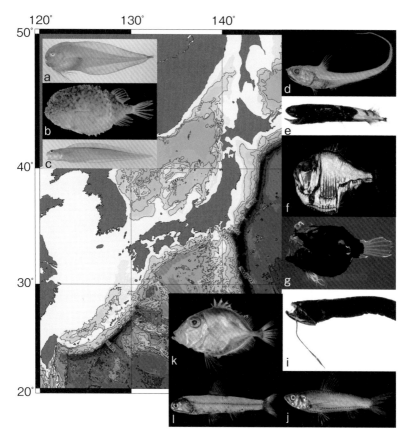

図2 日本海 (a～c) とその周辺海域 (d～l) で見られる深海性魚類。(a) ザラビクニン，(b) コンペイトウ，(c) ノロゲンゲ，これらは日本海を代表する深海性魚類。(d) カラフトソコダラ，(e) クレナイホシエソ，(f) トガリムネエソ，(g) オニアンコウ，(i) ミツマタヤリウオ，(j) サンゴイワシ，(k) カゴマトウダイ，(l) ハダカイワシ，これらは日本海に分布しない。

絶滅したものと考えられている。日本海は浅い海峡で周囲の海域とつながること，外部から流れ込む唯一の外洋水は対馬暖流だけであることから，日本海に侵入できる深海性魚類は主に東シナ海からの浮遊仔稚魚である。しかし，日本海の深海には東シナ海の深海よりも冷たい日本海固有水が存

在するため，生息に適した環境とは言えない。このため，東シナ海では豊
富に見られるハダカイワシ科魚類やソコダラ科魚類を代表とする深海性魚
類が日本海には見られないと推定されている（沖山 1974; Nakayama 2022）。
日本海の深海性の魚類相は，東シナ海や太平洋ではなく，むしろオホーツ
ク海やベーリング海の魚類相に近い（Watling et al. 2013）。実際，カジカ科
魚類，ウラナイカジカ科，クサウオ科魚類，ゲンゲ科魚類は，オホーツク
海，ベーリング海に種数が多い。これらの分類群は寒帯性の魚類であるた
め，冷たい日本海固有水にも適応できていると考えられる。興味深いこと
に，日本海に見られる深海性魚類には，オホーツク海やベーリング海に姉
妹種（最も近縁な別種）が見られることが多い（西村 1974）（口絵 13）。例え
ば，カジカ科では日本海にトミカジカが分布し，その姉妹種と考えられる
ウケクチオリカジカがオホーツク海に分布する（Fukuzawa et al. 2022）。
同様にウラナイカジカ科ではヤマトコブシカジカが日本海に，コブシカジ
カがオホーツク海などの日本海周辺海域に分布し，ゲンゲ科ではクロゲン
ゲとアゴゲンゲが日本海に，それぞれの姉妹種と考えられるキタノクロゲ
ンゲとハナゲンゲがオホーツク海に分布する，（Kai 2022）。さらに，ゲン
ゲ科のノロゲンゲなど，同種とされているものに関しても，日本海の集団
とオホーツク海など周辺海域の集団で明瞭な遺伝的差異が認められるケー
スが多く知られている（Kodama et al. 2008）。このような種分化や遺伝的分
化の要因として，日本海が氷期の海水準低下で孤立したことや，現在は深
海性魚類が超えにくい浅い海峡で周囲の海域とつながっていることが挙げ
られる。

4　遺伝子から見た日本海の魚類

　ここまで日本海の魚類相の特徴を述べてきたが，その成立要因を考える
上で遺伝子の情報は有力なツールとなる。種内の遺伝的変異パターンか

ら，どのような地質学的イベントで分布域が形成されたのか，あるいは過去の環境変動で集団サイズがどのように変化したのか，ということも明らかにすることができる。

浅海性の魚類では，海流の影響を受けた遺伝的変異パターンが見られることがある。例えば，ハゼ科魚類のアゴハゼ，ドロメ，キヌバリ，チャガラ，シロウオでは，日本海の集団と太平洋の集団の間に明瞭な遺伝的差異が認められる（Hirase 2022）。先述のように，日本海は氷期—間氷期サイクルで何度か太平洋から孤立したことがあり，これに伴って2集団が分化したと考えられている。ところが，これらのハゼ科魚類に共通して，東北太平洋沿岸では太平洋集団ではなく，日本海集団の遺伝子型が見られる。さらに，アゴハゼとシロウオでは瀬戸内海と東北地方の太平洋側で対馬暖流域の集団と黒潮流域の集団の交雑個体が確認されている。キヌバリでは，太平洋集団と日本海集団で体にある黒色帯の数が異なるが，瀬戸内海と東北地方の太平洋側では両者の中間的な特徴を持つ個体が見られる。東北地方太平洋側は対馬暖流が津軽海峡を抜けて南下している場所であること，瀬戸内海は対馬暖流と黒潮の間にあることから，このような2集団の分布パターンは海流による影響を受けて形成されたことが分かる。

興味深いことに，これらのハゼ科魚類では日本海集団は太平洋集団よりも遺伝的多様度が共通して低いことが知られている（Hirase 2022）。これも，日本海のたどってきた歴史で説明可能である。つまり，氷期の海水準低下時には，対馬暖流が日本海に流れ込まなくなり，温帯性のハゼ科魚類にとっては厳しい環境となったと言われている。これに伴い，それぞれの種の集団サイズも減少した可能性が高く，遺伝的浮動により遺伝的多様度は低下した。氷期が終わって対馬暖流が再び日本海に流れ込むようになると，遺伝的多様度が十分蓄積されないまま日本海の集団サイズは急速に拡大したものと考えられている。さらに，日本海の過去の環境変動は，日本海集団の表現型にも少なからず影響を及ぼしてきたことが知られている（Kokita 2022）。例えば，シロウオの日本海集団は太平洋集団に比べると，体サイズが大きい。一般的には大きな体サイズは飢餓耐性が高いと考えら

れている。また，日本海集団は，太平洋集団に比べると大きな卵を産出
し，孵化する仔魚も大きいこと，さらに太平洋集団より速く成長すること
が知られている。日本海集団は，太平洋集団に比べると限られた成長期間
で体サイズを大型化するのに適しており，日本海集団のこのような特徴
は，氷期の厳しい環境が選択圧となって進化した可能性が指摘されてい
る。

　遺伝的多様度の低さは，日本海の深海性魚類にも見られる。例えば，多
くのゲンゲ科魚類では太平洋やオホーツク海集団（あるいは種）に比べると
日本海集団（あるいは種）の遺伝的多様度が低い。これは，先述のような氷
期に起きた低層の環境悪化で集団サイズが減少したことを示唆しており，
氷期が終わってから日本海の集団サイズは急激に拡大したと考えられてい
る（Sakuma 2022）。日本海の底魚を代表する漁業資源であるハタハタも，
日本海の集団は遺伝的多様度が低いことが知られている。ハタハタの成魚
は，水深 250 m 前後で水温 1℃くらいの場所に生息しているが，冬になっ
て沿岸の水温が 13℃より下がると，ホンダワラの藻場に押し寄せてきて
産卵を行う（杉山 2013）。日本海には秋田県を中心とする日本海北部と朝鮮
半島東岸に大きな産卵場があると言われている。日本海北部で生まれたハ
タハタは新潟県付近まで南下しながら成長し，一部は隠岐西方まで南下す
ると推定されている（Shirai et al. 2006）。一方，能登半島以西の日本海西部
のハタハタは，朝鮮半島東岸生まれの群と日本海北部生まれのハタハタが
混じり合っており，その割合は年変動すると考えられている（沖山 1970）。
ハタハタは北海道太平洋沿岸にも分布するが，日本海の集団とは遺伝的に
も形態的にも異なり，別の集団（系群）を形成するものと考えられている。
日本海のハタハタは 2 か所の産卵場からなる集団を含んでいるにもかかわ
らず，北海道の集団に比べると遺伝的多様度が低く，特に日本海北部の集
団でその傾向が顕著である。これはやはり氷期の環境悪化が影響している
ものと考えられている。近年，ハタハタの資源量は著しく減少している
が，今のところ，そのような資源量の減少が遺伝的多様度に影響を与えて
いる可能性は少ないと考えられている（Shirai et al. 2006）。

　一方，ハタハタと同じく日本海の重要な底魚資源であるマダラでは，やや異なった歴史を持っている。日本海のマダラは東経135度付近を境に遺伝的に異なる2集団が存在する（Suda et al. 2017; Sakuma et al. 2019）。このラインよりも東側の集団は，ハタハタのように急速な集団サイズの変化を経験しているが，対馬海峡に近い大陸斜面を中心に生息する西側の集団では，そのサイズは安定していたと推定されている。最終氷期の対馬海峡付近は，わずかに外海水が流れ込んでいたために無酸素状態にはならず，比較的良好な環境が残された避難場所（レフュージア）があったことが知られている（Gorbarenko and Southon 2000）。西側の集団は，このような逃避地を利用していたこと，さらに最終氷期が終わると，対馬暖流が日本海に流入し始めたため，寒帯性のマダラは分布を広げられずに大陸斜面の狭い範囲を生息場所としていることから，集団サイズは小さいながらもほぼ一定に保たれていたのではないかと推定されている（Sakuma et al. 2019）。なお，明瞭な地理的障壁がないにもかかわらず，遺伝的に異なる2集団が日本海内に存在している理由として，水温が高い海域に生息する西側集団では何らかの温度耐性に関する適応的形質を獲得している可能性が考えられている（Sakuma 2022）。

　本節では日本海の魚類相とその歴史的成立について概観してきたが，日本海における現在の地理的な構造や海流だけでなく，過去の環境変動が様々にその成立に影響を与えてきたことが分かっていただけたと思う。太平洋側に比べると，日本海では色とりどりの魚はみることはできず，地味なイメージを持たれがちであるが，生物の分布と歴史的要因を考える生物地理学の分野では，その複雑さから浅海域・深海域ともに注目されてきた海域である（Hirase 2022; Sakuma 2022）。遺伝子レベルの研究からこのような歴史を紐解いていくことは，単なる生物地理学的関心だけではなく，水産資源としての管理単位や保全方策を考える上でも役立つことが期待される。

COLUMN

クローズアップ
舞鶴
5

標本館——世界に先立つ40万点の魚類標本

甲斐嘉晃

京都大学フィールド科学教育研究センター舞鶴水産実験所

　我々の衣食住は，生物多様性から得られる恵みによって支えられている。生物多様性の一部をそのまま後世に保管していく役目を果たすのが博物館である。京都大学の舞鶴水産実験所には博物館相当施設である「水産生物標本館」と呼ばれる建物があり，およそ40万点もの魚類標本が保管されている。ちなみに日本で最も多く，の魚類標本数を有するのは国立科学博物館で，京都大学は日本で2番目に大きい。これらは，1947年に農学部水産学科が設立された頃から集められ，日本のみならず，世界中の3000種あまりの魚類を標本館でみることができる。標本には，FAKU（Faculty of Agriculture, Kyoto University）の標本番号が付けられ，採集データと共に保管されており，魚類の多様性を記載する分類学やその歴史を調べる系統学に貢献してきた。科学論文の検索エンジンであるGoogle Scholarで「FAKU Fish」を検索すると，10年でおよそ400論文がヒットし，1年で40報前後の論文出版に貢献していることが分かる。

　標本は，それが採集された日時，場所に生息していたという証拠であり，標本を使用した分類学や系統学研究の担保となる。しかし，標本から得られる情報はそれだけではない。例えば，ある種の採集場所の変化を時系列で追うことで，分布の変化をパターン化し，将来の絶滅可能性さえ推定できる。標本から得られた遺伝子を調べることで，形態研究だけでは分からない新たな種を発見できることもある。著しい進歩を遂げているCTスキャンの技術でこれまで知られていなかった骨や筋肉の役割も発見されてきている。個体発生時の水温は鰭条数などに影響を及ぼすことが知られており，古い標本から新しい標本まで調べることで温暖化などの環境変化

水産生物標本館の標本室。

を追うことができるかもしれない。科学技術の発展とともに標本の役割は無限に広がりうる。「博物館」というと展示ばかりが強調される傾向があるが，バックヤードにある標本の維持管理とそれを使った研究も重要な博物館の基盤であり，これを学生に教育していくことも舞鶴水産実験所の大きな役割の一つである。

魚市場調査
――多様性を見つめ水産業のリアルを聞く

田城文人
北海道大学総合博物館水産科学館

　「ギョレン（漁連）」こと京都府漁業協同組合・舞鶴地方卸売市場（西舞鶴）では，毎朝京都府およびその近郊で漁獲された水産物の競りが行われている。市場いっぱいに，アジ・サバ類，ブリ，クロマグロ，サワラ，アカアマダイ，アカムツ，ズワイガニ，ナマコ類，トリガイなどの京の海を代表する魚介類が並び，せり人と仲買人の活気ある声が響き渡る。そんなギョレンには，美味しそうな魚には目もくれず，ごっちゃりと様々な魚種が詰め込まれた"トロ箱"や"大型コンテナ"（口絵 15b, c）ばかりを見てまわる，明らかに不審な人物も現れる。それが私と甲斐嘉晃助教（当時）であった。

　我々は魚類の種多様性理解をライフワークとしているが，とりわけ実験所が立地する日本海をメインフィールドにし，ありとあらゆる手法で魚を集め，実験所の標本として登録してきた。最も効率的な収集方法が市場調査で，これが定期的にギョレンを訪れていた理由である。しかし，私の場合は少々常軌を逸しており，もはや市場調査が生活の一部に組み込まれてしまっていた。ある日の行動を挙げると，[6時 30 分：起床→7 時 30 分：ギョレンに出勤→（市場調査）→ 13 時過ぎ：実験所に出勤→（標本登録）→夕方～：本務→ 25 時：帰宅]となる。珍魚がたくさん水揚げされる初冬にはこれがほぼ連日になる。本務の都合とはいえ数日姿を見せないと市場のおじさんたちから"サボり"認定されるので，とにかく行ける日はギョレンに赴いた。実験所は当然午前中から動いているので，私の行方を尋ねる電話や至急要返信のメールが次々に届いていたが，だんだんとそれも減っていく。もはや，実験所とギョレンのどちらが勤務先なのかが分からない。いつの頃か，「またギョレン」という諦めの言葉も生まれたが，よくこのような活動を認めてくれたものだと，当時の実験所教職員の皆様には感謝の言葉しかない。

　市場調査で得た知見はその後（現在も）たくさんの研究ネタにつながったが，水産業のリアルを学べたことが最大の糧となったのは言うまでもない。生産者である漁業従事者，そして，漁獲物を一般家庭へと導く市場関係者から聞いた話は現在の教育・研究活動の礎にもなっている。就職に伴い実験所（とギョレン）を退職して 4年が過ぎるが，今でも時折夢の中でギョレンに赴いては，第三の関係者として楽しそうに歩き回っている。ポスドクという先の見えない不安な日々の中，ギョレンでのひと時は私にとって幸せな時間だったのである。

潜水調査でみた魚の生態
──魚類相の季節変化と長期変動

益田玲爾

京都大学フィールド科学教育研究センター舞鶴水産実験所

1 舞鶴湾の魚類相の季節変化と長期変動

　旬の素材へのこだわりは，和食の特徴である。和食では，季節ごとに入手しやすい，あるいは味の良くなる魚介類や野菜を中心に，献立が考えられてきたためであろう。短い夏と長い冬しかないように思われる北ヨーロッパや常夏のハワイなどに比べると，本邦の春夏秋冬の季節変化は際立っている。日々の生活で当たり前に感じている季節の移ろいは，海の中ではどうなっているのだろうか？　そんな素朴な疑問から，舞鶴水産実験所の前に広がる舞鶴湾長浜での潜水目視調査を始めた。

　沿岸に生息する魚類や大型無脊椎動物の群集を記録する上で，潜水目視調査は広く用いられてきた手法である。調査の可能な範囲や時間に制約はあるものの，比較的小型から大型の生物まで幅広く記録できることに加えて，対象生物を傷つける必要がないのが大きな利点である。ただし，隠れている魚や，観察者を見て逃げてしまう魚については記録できない。

　潜水目視観察の精度を検証した例として，サンゴ礁で目視により魚類を記録した後，その範囲を網で囲って魚を毒殺して調べてみると，調査範囲にいた魚のうち 17.7% しか目視では記録できていなかった，という色々な意味で興醒めな報告がある（Ackerman and Bellwood 2000）。最近では，海水を採取してそこに漂う魚類の DNA を増幅し，含まれていた魚種を精査する，といった環境 DNA メタバーコーディングの研究もあり，生息してい

る可能性のある魚種を網羅的に調べるにはこうした手法は確かに目視より
も効率的である（Yamamoto et al. 2017，BOX3 も参照）。とはいえ潜水目視観
察は，同じ技量の調査者が一貫した方法で調査すれば，季節による違いや
長期にわたる変動を記録する上では実用に足りる。

　舞鶴湾の調査では，200 m の調査測線を 3 本設けてその両側 1 m ずつ（す
なわち各 400 m^2 の範囲）に出現する魚の種類，体長および個体数を記録し
ている（Masuda 2008）。2002 年の 1 月 1 日に調査を開始し，欠測なく続け
ているので，すでに 20 年分を超えるデータがある。

　潜水中に記録された水温は，海表面では 5.2 〜 32.5℃，海底で 8.2 〜
29.6℃の範囲で，明瞭な季節変化を示す（図 1a）。これにあわせて，魚の個
体数も種類数も，夏に多く冬に少ない（図 1b, c）。しかし，魚の種類ごと
に見ると，毎年概ね一定数が出現するマアジのような魚がいる一方で（口
絵 14a），年ごとに個体数の変動が著しいシロメバルなどの魚もいる。マア
ジは通常 6 月頃に幼魚の群れが現れ，12 月にはほぼ見られなくなる。沖合
に産卵場のある本種は，幼魚期に各地からやってくるため，ある海域の親
マアジが減っても別の海域に由来するマアジが加入できる。一方，シロメ
バルは稚魚から成魚までが舞鶴湾内で見られる。本種の移動範囲が狭いこ
とを考慮し（Mitamura et al. 2009），湾内の親に由来する稚魚で当地の個体
群が維持されていると考えるなら，親魚が乱獲で減れば次の世代の個体数
は減るであろう。魚種ごとに加入の仕方や年変動は異なるが，群集の大ま
かな構造は過去 20 年間，比較的安定していると言える。

　種数や個体数で見る限りそこそこに安定した変化を繰り返している魚類
相ではあるが，詳細に解析すると変化も認められる。このデータを解析す
るにあたって，以下の仮説を立てた。

1. 環境の劣化により多様性は低下している。
2. 乱獲により低下するとされる生態系での魚類の栄養段階は低下傾向
   にある。
3. 温暖化に伴い暖水性の魚種が増えている。

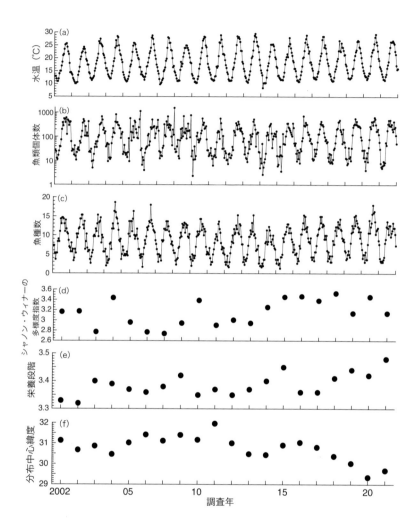

図 1　京都府舞鶴湾長浜で 2002 年からの 20 年間に見られた魚類相の長期変化。(a)
海底水温，(b) 魚の個体数 (3 測線の平均で 400 m² あたり)，(c) 魚の種類数 (同
左)，年ごとに見られた全魚種についての (d) シャノン・ウィナーの多様度指数，
(e) 栄養段階，(f) 分布中心緯度の平均値。

生物の多様性を表す指標として，最もシンプルなのが種数の比較である。魚種数のグラフを眺める限り，特に魚種が増えた，あるいは減った様子は読み取れない（図1c）。種数の比較では一般に，1尾しか記録されない希少な種の影響を反映しやすい。これに対し，各種がより均一に生息することに重点を置いたのが，シンプソンやシャノン・ウィナーの多様度指数である（大垣2008）。

シンプソンの指数は以下で表される。

シンプソンの多様度指数 $=1-\sum (\mathrm{P}i)^2$

ここでPiとは，出現した生物群集のうちiという種類の生物が占める割合である。例えば，あるエリア内でマダイ，クロダイ，マアジ，ヒラメ，カワハギの5魚種を1尾ずつ記録したとする（口絵14b〜dも参照）。それぞれの魚の割合は1/5ずつなので，

$1-\{(1/5)^2 \times 5\} = 0.8$

となる。しかし，マダイ96尾，他の魚種1尾ずつに遭遇したのであれば，

$1-\{(96/100)^2 + (1/100)^2 \times 4\} = 0.078$

となり，多様度は5魚種が均一にいた場合の1/10以下となる。シンプソンの指数で測られる数値は，「ある生物を見たときに次に見るのが別の種類の生物である確率」に相当する。直観的で便利な指数に思えるが，魚類に用いるには一つ問題がある。多くの魚は群れを形成するため，個体数の多い種によるバイアスが大きくなってしまう。この問題を幾分軽減したのがシャノン・ウィナーの指数で，以下で表される。

シャノン・ウィナーの指数 $= -\sum \mathrm{P}i \, \mathrm{Log}_2 \mathrm{P}i$

この指数の意味としては，「遭遇した生物が持つ情報量（$\mathrm{Log}_2\mathrm{P}i$）の種ごとの平均」ということだそうだ。先の5魚種均一の例では2.32，マダイ96

尾と他の 4 魚種 1 尾ずつの例では 0.32 といった数値が算出される。

　過去 20 年間に見られた魚類について，年ごとの魚種別個体数から上記の指数を計算したところ，シンプソンの指数は 0.68 〜 0.87，シャノン・ウィナーは 2.74 〜 3.53 の範囲で推移し，一定した傾向は認められなかった（図 1d）。当海域で最も数多く記録されている魚はマアジ，次がカタクチイワシで，両魚種を合わせると出現個体数の半数ほどを占め，しかも出現量は年によって異なる。群れを形成する魚の多い浅海の魚類の多様性指標として，シンプソンもシャノン・ウィナーも，あまり適さない一面がある。あるいは，当海域においてはそこそこに多様な魚類群集が維持されているとも言えるのかもしれない。

　FishBase（https://www.fishbase.se/search.php）というデータベースには，たいていの魚種の栄養段階が掲載されている（Froese and Pauly 2019）。海藻や植物プランクトンの栄養段階は 1 と定義され，アイゴ（口絵 14e）はほぼ海藻のみを食べるため栄養段階 2.0，カタクチイワシは動物プランクトン食で 3.1，カンパチは魚食性で 4.5 となっている。人類の漁業活動により漁獲物の栄養段階が世界各地で減少していることが知られており，「このままでは海にはクラゲしか食べるものがなくなる」との警告もある（Pauly and Maclean 2003）。過去 20 年間で舞鶴湾においてそれほど強い漁獲圧があったとも思えず，栄養段階はあまり変わっていないことを予測していたところ，むしろ増加していた（図 1e）。これを資源管理の成果と単純に喜ぶわけにはいかない。一般に暖水性の生物では，冷水性に比べてエネルギーの転換効率が低く，生態系の上位にまで栄養が運ばれるためにより多くの栄養段階を経る必要がある（du Pontavice et al. 2020）。このため，似たような上位捕食者でも，暖水性の種の方が栄養段階は高くなる。栄養段階の上昇は，次に述べる温暖化の影響を反映しているだけかもしれない。

　暖水性魚種の増加を分析する上で便利なのが，北半球における分布中心緯度の算出である。日本産魚類検索（中坊 2013a）には，日本に生息するおよそすべての魚種について，出版時点までに採集記録のある国内外の地域名が明記されている。その北限および南限の緯度の平均をとれば，暖水性

の種ほど低い値が得られる。例えばサラサカジカ（口絵14f）は北海道南西部から和歌山県和歌浦まで採集記録があるので、43と34度の平均で38.5度、ミノカサゴ（口絵14g）は北海道からインド太平洋に分布するため45と0度の平均で22.5度となる。これらの年ごとの平均について、過去20年間の推移を見ると、明瞭に減少しており、暖水性魚種が増えていることが分かる（図1f）。特に2020年以降の減少が著しい。実際、典型的な暖水性魚種であるミノカサゴが頻繁に見られるようになったことに加えて、同じく暖水性のクツワハゼ（口絵14h）は増えたのに対し、冷水性のスジハゼやアイナメは大きく減少し、サラサカジカにいたっては、2007年までに13個体記録されたのに、以後は記録されていない。

　当地に生息する大型の魚で、目立って個体数の増えている魚がクロダイである（口絵14c）。クロダイの資源は全国的にも安定あるいは増加しており、これは本種が汽水域を有効に利用しているためとの見方もある（Sasano et al. 2022）。一方で、海域と汽水・淡水域との回遊を必須とするサクラマスやニホンウナギのような魚種が、河川環境の劣化により極端に数を減らし、その空いた生態的地位に、塩分適応能力にすぐれたクロダイやスズキのような魚が入り込んだと見ることもできる（本書5-5も参照）。

　舞鶴湾の魚類相は、調査を始めた2002年以前はどのようなものであったのか。幸いなことに、1970〜1972年に当地に生息する魚類を潜水や釣り、網採集などで網羅的に調べた記録が残っており、89魚種を報告している（西田ほか1977）。これと、筆者の潜水目視調査に同時期の釣り調査の結果も加えて2002〜2006年に出現した93魚種を比べてみた。前述の分布中心緯度で比較すると、70年代初頭の33.5度に対して2000年代初頭には30.5度へと減少していた（Masuda 2008）。気象庁のウェブサイトで公開されているデータによると（https://www.data.jma.go.jp/gmd/kaiyou/data/shindan/a_1/japan_warm/japan_warm_data.html【参照2022.03.25】）、日本海の水温は1900年から2000年までの間に1.0℃、1970年代から2000年代初頭の間でも0.4℃上昇している。

　1970年代に舞鶴水産実験所で学生時代を過ごされた方によれば、当時

は実験所の桟橋からブリが普通に釣れたという（山本義和氏，私信）。2000年以降に実験所からブリを釣ったという話は聞かず，大型魚として釣れるのはサワラやスズキである。温暖化傾向は今後も続くことが予想され，それに応じた柔軟な漁業や水産物利用を考えるのが最善と思われる。

2　原発温排水による局所温暖化に対する魚類の応答

　前項で示した通り，中長期にわたる温暖化傾向により，魚類相は暖水性の魚種が優占する方向へとシフトしていた。それでは短期的な水温変化に魚類はどう応答するのか，またこのまま温暖化が進行したらどのような魚類相に変わっていくのか。これを考える上で，原発温排水による影響を受けた海域は注目に値する（Masuda 2020）。

　福井県高浜町にある高浜原子力発電所（以下，高浜原発）は1974年に1号機の原子炉が稼働を開始し，1〜4号機が稼働した際の温排水の排出量は238トン/秒である。一般に，原発の稼働中は排熱を必ずどこかに捨てる必要があり，日本の原発はすべて海岸に立地し排熱を温排水として処理している。環境への影響が「無視できる」のは，周囲の海域よりも7度高い水温までと決められている。しかし，温排水が魚類相に影響しないとは考えにくい。

　そこで，高浜原発の影響を受けて水温が近隣の他の海域よりも2℃ほど高い音海で魚類相の調査を行っている。調査は2004年1月に開始し，以後毎冬（1月下旬から3月上旬）行い，2012年以降は4月から12月にも毎月調査している。これを前項で紹介した舞鶴湾長浜での同時期の魚類相と比較した。

　原発の稼働していた2004年から2012年2月上旬までの期間，高浜原発周辺は長浜よりも2℃ほど水温が高く，魚の種類数・個体数も多かった。暖水性の魚種への置き換わりが生じており，若狭湾に多いスジハゼやアカ

オビシマハゼはほとんど見られず，クツワハゼが優占していた。ホンベラやキュウセンがカミナリベラに置き換わり（図 2a），無脊椎動物でもムラサキウニよりもガンガゼが多くなっていた。

2011 年 3 月の福島原発の事故以降，各地の原発の安全性が見直され，2012 年 2 月に高浜原発も停止し，水温が急激に低下した。すると，当地で優占していた暖水性の魚類や無脊椎動物は一斉に死に絶え（図 2b, c），しばし海の砂漠状態となった。しかし，その年の 4 月にはすでに，近隣で優占する生物種がその空いた生態的地位に入り込んでいた。生態系は無駄を嫌うと言われるが，まさにその通りである。原発は 2017 年に再稼働し，これに伴い，暖水性の魚種はまた増え始め定着に向かっている。

現在よりも水温の上昇した今世紀後半の若狭湾では，ホンベラがカミナリベラに，ムラサキウニがガンガゼに置き換わっていることが，音海での観察結果から予想される。一方，原発稼働中の音海では，通常の暖温帯や亜熱帯の海域よりも高密度でガンガゼやトラフナマコが生息しているようであった。ガンガゼは長い毒棘を持ち，捕食者からの攻撃を受けにくいものの，健全な亜熱帯の生態系では捕食者が必ずいるはずである。例えばイセエビ類はガンガゼを捕食する（Kintzing and Butler 2014）。温暖化とこれに伴う魚類相の変遷が当面は不可避であるならば，温暖化後の生態系における上位捕食者の移入・定着を促す方策を考えるべきであろう。

3 津波後の海に見る魚類相の大規模撹乱後の回復

2011 年 3 月の東日本大震災により，東北地方沿岸の海底は壊滅的な撹乱を受けた。特に宮城県気仙沼周辺では，石油タンクからの出火が大規模な火災をもたらしたため，沿岸の森林は焼かれ（図 2d），燃え残った石油が海底に堆積するといった二次的な被害も生じた。その気仙沼舞根湾の内外の 4 地点で，2011 年 5 月から 2 か月に 1 回の潜水調査を行ってきた（Masuda

図 2　(a) 原発の稼働中に音海で多く見られたカミナリベラ，(b) 原発停止とともに死滅したガンガゼ，(c) 原発停止の 2 日後，水温の低下により海底に落ちてきたギンイソイワシ，(d) 津波から 2 か月後，海岸の森も海火事で焼かれていた，(e) 海底に落ちて死んでいた魚，(f) 津波から 8 か月後，圧倒的に優占するキヌバリ，(g) 津波から 1 年半後，宮城県初記録の暖水性魚種オジサン，(h) 卵を保護するアイナメ。(a) ～ (c)：高浜町音海，(d) ～ (h)：気仙沼市舞根にて，いずれも筆者が調査中に撮影。

et al. 2016)。大規模撹乱からの回復過程にも，里海の保全に資するべき知見がある。

　津波から2か月後の2011年5月の時点では，海底は泥に覆われ，死んだ魚や死んだエゾアワビが海底に落ちており（図2e），生きた魚としては少数の稚魚が見られるのみであった。稚魚たちは2か月前には沖合で卵や仔魚として浮遊していたため津波を免れたのであろう。津波から半年ほどすると，成長の速いホンダワラ類海藻のアカモクが繁茂し，ここにおびただしい数のキヌバリが見られるようになった（図2f）。しかしこの時点では，キヌバリ以外の魚種はあまり見られない。これは，キヌバリの捕食者や競合者となる魚が津波で一掃されたための状況と見ることができる。陸上の生態系に例えると，火山の噴火時に流れ出た溶岩が冷えた後，ススキが繁茂している状況に似ている。少数の優占種の個体数が非常に多くなったため，個体数自体は津波のあった2011年ですでに最大値を記録している（図3a）。

　魚種数は1年目から2年目への増加が大きく，以後も緩やかな増加傾向にある（図3b）。津波から3年目以降，冬季にも一定の魚種・個体数が記録されるようになる。これは，冷水性の魚種が戻ってきた証左と言える。こうした変化はシャノン・ウィナーの多様度指数に反映され，津波後の最初の2年は低く，3年目からは高い値となっている（図3c）。

　津波の直後の2年間，宮城県ではそれまで記録されたことのないミナミギンポやオジサン（図2g）などの暖水性の魚種が見られた。これは，冷水性の大型の捕食魚がいないため，暖流によって運ばれてきた個体が生き残りやすかったものと考えられる。3年目以降は，シロメバル，オキタナゴ，トゲカジカなど冷水性で長寿の魚が多く出現した。しかし，2018年頃からはまた，暖水性魚種を多く見るようになる。これらの変化は，分布中心緯度の推移としてとらえることができる（図3d）。最近の暖水性魚種の増加は，温暖化の影響を受けてのことであろう。前述の気象庁のホームページから三陸沖の年平均水温を得てその推移を調べると，2016年以降の水温上昇が著しい（図3e）。分布中心緯度の変化は，これよりは遅れて

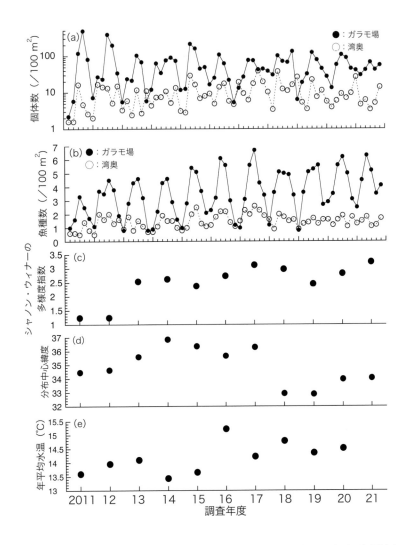

図 3　気仙沼舞根湾で 2011 年 5 月からの 11 年間に見られた魚類相の変遷。舞根湾内の代表的な 2 地点での (a) 個体数 (10 測線の平均で 100 m² あたり)，(b) 魚種数 (同左)，調査を行った全 4 地点で津波後の年度ごとに記録された魚類の (c) シャノン・ウィナーの多様度指数，(d) 北半球における分布中心緯度の年平均値，および (e) 三陸沖の年平均水温 (気象庁のウェブサイトに掲載された 2020 年までのデータを元に描画)。

の変化である。なお，年平均水温の最も低かった 2014 年は，分布中心緯度も最高となっており，この年には暖水性魚種は生き残りにくかったことが推察できる。

　アイナメのように長寿な魚種に着目すると，記録される魚の体長は徐々に大きくなり，6 年目で最大に達した。本種には雄が卵を保護する習性があり（図 2h），成熟には 2 年以上を要する。2014 年の 11 月に，初めて当地でアイナメの卵保護を確認し，以後は毎年，潜水中にいずれかの地点で卵保護個体を見ている。ただし，2014 年から 2017 年度までは卵保護個体は 11 月に見られたのに対し，2018 年度以降には 1 月の調査で記録している。本種の産卵は水温が 18 〜 19℃に下がると開始し 12 〜 13℃になるまで続くという（山本・西岡 1948）。11 月の調査時における海底水温は 2014 年には 13.5℃，2018 年には 18.2℃であった。温暖化の進行により，当地でアイナメが繁殖可能な期間は短くなることが危惧される。

　調査期間の前半すなわち津波から 5 年目までとこれ以降とを比べると，魚類の個体数の推移は後半の方が安定している。津波後の群集である舞根湾の図 3a および b の後半部分は，こうした撹乱を経験していない舞鶴湾の群集（図 1b および c）により近いとも言える。

　調査海域では大型無脊椎動物についても記録している。ミズクラゲは津波後の 2 年間個体数が著しく多く，以後はほとんど見られなくなった。ミズクラゲはポリプの状態から半年ほどで成熟可能なサイズに達する（本書 2-3 参照）。加えて，魚類の生息できないような低酸素の条件でもミズクラゲは活動できる。このため，津波直後の劣化した環境ではミズクラゲが爆発的に増えたのだろう。津波の直後のミズクラゲとアカクラゲの増加は，堆積物の環境 DNA でも確認されている（Ogata et al. 2021）。環境が回復し他の生物が増えてくると，クラゲ類に餌が回らなくなる，ということに加えて，ポリプを捕食する底生生物が増え，あるいはポリプから泳ぎ出てすぐのエフィラは養殖マガキに吸い込まれるなどして，クラゲ類の大増殖は生じなくなったものと考えられる。

　マナマコは 3 年目，エゾアワビは 5 年目から数が増えてきた。成熟に要

する期間は，マナマコは 3 年，エゾアワビは 5 年ほどであることを考える
と，繁殖までの期間が短い生物から順次回復したことが読み取れる。ここ
から教えられることとして，乱獲によってマナマコが激減した海域であっ
ても，適切な環境が残されていれば，3 年間漁場を休ませるだけで資源と
しては回復する可能性が高く，同様の方策はエゾアワビについては 5 年間
の漁場閉鎖ということになる。その間に漁獲できないのは理不尽に思える
かもしれない。解決策としては，輪採が勧められる。例えば漁場を 3 区域
に分け，マナマコを漁獲できる区域はある年にはその 1 区域のみとして，
漁獲可能な区域を年ごとに回していくという方法である。類似の例とし
て，ホタテガイの生産量が増え，漁業者が潤うと同時に国民がホタテガイ
を安価で食べられるようになったのは，本種の輪採が成功したのが大きな
要因と考えられている（Masuda and Tsukamoto 1998）。

　舞根湾はマガキの養殖でよく知られている。津波で舞根湾の養殖いかだ
はすべて消失したが，地域の漁業者の強い意志と各地からのサポートがあ
り，養殖いかだは 2011 年のうちに設置され，翌春にはマガキが出荷され
た。通常，マガキ養殖には 2 年程度の生育期間を要することを考えると，
半年での出荷は驚異的である。これは，津波により陸上や海底から豊富な
栄養が供給され，餌となる植物プランクトンが潤沢となったためと考えら
れる。

　マガキは大量の海水を飲み込んで，これら植物プランクトンを濾し取
り，消化して栄養とする。マガキの摂餌活動は，増えすぎた植物プランク
トンを水中から取り除き，透明度を高めるため，これにより海底には光が
届いて海藻が育ちやすくなる。マガキが植物プランクトンを摂餌した際，
未消化部分は糞として海底に落ちる。これらが海底に堆積すればヘドロに
なる。ここで，マナマコはマガキの落とした未消化の糞を摂餌して分解す
ることができる。つまり，マガキ養殖だけでは生態系として劣化してしま
うところを，マナマコが助けてくれているとも言える。マガキとマナマコ
の協働作用により透明度が維持されれば，海藻は繁茂し，これが稚魚たち
の棲みかとなるであろう。

4　里海の回復と保全に向けての展望

　海の中には魚類を含めて多様な生物が生息しており，それらが様々な形でつながりを持っている。食べる側と食べられる側という強烈なつながりに加えて，これら以外の緩やかなつながりも多数存在する。それは，競合であったり，棲み場所の提供であったりするかもしれない。舞鶴湾の潜水目視調査で記録された魚類の個体数を時系列解析し数理モデルにあてはめた研究によると，種間の相互作用が多くあるほど生態系は安定するという(Ushio et al. 2018)。それぞれのつながりを紐解くこともまた，フィールド科学者の仕事の一つとなろう。重要なつながりが見えてきたとき，それらを軸に管理し必要に応じて修復することが，里海の回復と保全の近道かもしれない。

BOX 3　環境DNA——1杯のバケツ採水から探る魚の生態

村上弘章

東北大学大学院農学研究科

　環境DNA（environmental DNA, 以下eDNA）は，生物から水や土壌といった環境中に放出されたDNA断片の総称であり，バケツ一杯の水からそこに生息する生物の情報を得ることができ，近年生態学研究にも多く使われるようになってきた（Taberlet et al. 2012）。eDNA手法の最大の利点は，水を汲むだけでサンプリングが終了するという簡便さである（口絵7d）。生物や環境にかける負荷は最低限で済み，一度に広域の複数点において，あるいは複数年にわたる継続調査が可能となる。eDNA手法の一連の手順は，1. 採水，2. ろ過，3. DNA抽出（口絵8e），4. eDNAの検出に大別される。eDNAの代表的な検出系として，種特異的検出とeDNAメタバーコーディングが挙げられる。種特異的検出では，対象種のDNA断片だけをリアルタイム定量PCRによって増幅し，その生物の在・不在のみならず，生物量を推定することができる。eDNAメタバーコーディングでは，魚類のユニバーサルプライマー（MiFish）によるPCRと次世代シーケンサーによる超並列シーケンスを行うことで，一度に多種のeDNAの検出が可能である（Miya et al. 2015）。

　eDNA研究の初期は，eDNAの検出・非検出を指標として，池や河川といった閉鎖的な水域における魚類，両生類や爬虫類の在不在の推定が行われてきた（例えばTakahara et al. 2013）。また近年では，その濃度から資源量を推定する試みもなされている。海域でのeDNA研究が世界的に取り組み始められた2015年には，舞鶴水産実験所でeDNAを用いた海産魚の分布や資源量推定の研究を開始した。しかし当時は，海域で魚類からeDNAがどの程度放出され，分散されるかといった基礎的な情報さえもなかった。そこで，水槽実験により，水温や個体数（Horiuchi et al. 2019; Jo et al. 2019），魚種や飼育条件（Murakami et al. 2022）がeDNAの放出量や分解にどの程度影響するかといった基礎的知見を集積した。また，フィールドでの検証実験では，沿岸でのeDNAの分散範囲は主に数十メートル以内であり，数時間で分解することを示した（Murakami et al. 2019）。これら一連の知見をベースに，eDNA濃度を指標にして，舞鶴湾に生息するマアジの分布と資源量推定を試みた。まず，舞鶴湾の西湾に設置した50定点におけるマアジのeDNA濃度と計量魚群探知機の反射強度が相関したことから，海域でもeDNAによって魚類の

分布を捉えられることが示された（Yamamoto et al. 2016）。さらに規模を拡大し，舞鶴湾全域の100定点におけるマアジのeDNA濃度と，上記水槽実験で明らかになったeDNA放出量と流動モデルを統計解析に組み入れることにより，その個体数推定にも成功している（Fukaya et al. 2021）。また，丹後海では，沿岸性の強いクロダイのeDNAは沖合よりも河口・沿岸域でより高濃度に検出されたが，産卵期には沖合でも検出され，本種の卵・仔魚は沖合に分散することが示された（Sasano et al. 2022）。

　このようなeDNAを用いた生態研究の精度には改善の余地もある。例えば，魚市場の排水の近くからは，水揚げされたマアジ由来と考えられる大量のeDNAが検出され，分布推定の大きな障壁となった（Yamamoto at al. 2016）。このような問題を乗り越えるため，eDNA技術も日進月歩で進化している。通常，eDNAの種特異的検出には，ミトコンドリアDNAの100 bp程度の短い領域を対象としているが，eDNAは放出後の時間とともに分解が進むため，より長い領域を対象とすれば水揚げされたマアジ由来のノイズが除去できる。実際，750 bp程度の長い領域を対象とした検出系では，短い領域を対象とした場合よりも，eDNA濃度と魚群探知機との相関が良くなった（Jo et al. 2017）。

　このように，対象領域の長さを変えることで，分布推定の精度を上げるだけでなく，他の生物情報も捉えられる可能性がでてきた。例えば，被食時には新鮮な組織片が体外に放出されるのに伴い，長鎖のDNA断片が多く検出されるため，被食・捕食関係の推定にも応用できる可能性がある。さらに，ミトコンドリアDNAに核DNAを対象とした検出系を併用すると，放精により核DNAの割合が急激に高くなることから，産卵のタイミングも推定可能である（Bylemans et al. 2017）。一方，海底の土壌に含まれるeDNAからは過去のイベントを推定することができる。例えば，2011年の東日本大震災では震災直後にアカクラゲが大発生したことが知られているが，土壌コアサンプル中のeDNA濃度も同じタイミングで高いことが示された（Ogata et al. 2021）。このように今後，様々なeDNAの検出技術を併用することで，時空間的情報に加え産卵時期や場所，被食・捕食といった魚類の生態研究が可能になるかもしれない。また，最近では，日本全国の一級河川の河口域の絶滅危惧魚類eDNAの検出種数は，流域の森林面積率が高いほど多く（Lavergne et al. 2021），護岸率が高い河川ほど多様性が低いことが示されている（Kume et al. 2021）。このように，上流域から海域にわたる包括的な生態系の理解や保全にもeDNAがその指標として用いられており，森里海連環学への貢献も期待されている。

4-3
魚の学習能力——認知能力と生態そして栽培漁業へ

高橋宏司
京都大学フィールド科学教育研究センター舞鶴水産実験所

1 里海に棲む魚類の認知能力

　動物たちの棲む環境の中には様々な情報が存在しており，彼らはそれらの情報を正確に認知して生活をしている。例えば，捕食者と遭遇した際には，それが危険なものだと認識できないと捕食されてしまうし，数ある環境の中から餌が豊富な場所を覚えることができれば，効率的に餌をとれるようになるだろう。認知能力は，動物たちが環境中の情報に対して適切な対応・選択をする上で極めて重要な能力である。

　魚類の認知能力は，哺乳類や鳥類などと比べて概して低いと考えられがちである。しかし，魚たちも生活に重要な情報を認知する能力を備えることが多くの研究から示されてきた (Brown et al. 2011)。例えば，危険の認知として，捕食者情報や逃避パターンなどを覚えることができるし，餌については，好適な餌場の選択や餌の獲得方法を習得する能力を備えている。ほかにも，生活する環境の空間マッピング能力や回遊ルートの学習，他個体からの情報習得など，様々な認知能力の存在が確かめられている。近年では，これまで想定されてきた以上に魚類が高度な認知能力を持つことが報告されており (Bshary and Brown 2014)，魚の認知研究はヒトの認知機構や心の原理・進化を探る目的でも進められている。

　魚類の認知研究の多くは，飼育や入手の容易さから，主に淡水魚で発展してきた。もちろん，海産魚の研究もあるが，その多くはサンゴ礁や岩礁

性潮間帯に生息する魚類で行われてきた。一方で，本章の対象である里海の魚類においても，環境に対する認知能力は重要である。彼らが生息する沿岸環境には，藻場や砂浜，岩礁域など多様な環境情報が存在するため，多様な環境に対して，「餌がある好適な場所」や「危険を避ける隠れ家」といった情報を覚える機会は多いであろう。また，沿岸環境には様々な生物が存在しており，その中から捕食者や餌生物といった情報を正確に捉えて対処する必要がある。沿岸環境は，多くの海産魚の生育場としての機能を果たしているため，稚魚たちは環境に適した認知能力を持つことで生き残りを高めているだろう。彼らのもつ認知能力を把握することは，生態の理解や資源の保全において重要な知見となる。

　また，ヒト社会にとって身近な海である里海の沿岸環境は，人間活動の影響を受けやすい。このような環境では，護岸工事による生息環境の破壊や廃棄物による環境構造の変化といったインパクトを被ることになる。里海に生息する魚たちは，人間活動によって生じる環境への影響に対しても，適切な対処をしなければならない。例えば，漁業のような生死に直結する人間活動に対しては，危険な漁具を素早く見定める能力が求められるだろう。人間活動がもたらす環境への干渉に対して，魚がどのように認知し，対処しているのかを知ることは，ヒトと魚の共存を図る上で大切なことである。

　逆に，健全な里海づくりを目指す上では，人の手で里海の資源管理や保全方策を行うこともある。里海づくりの手段として，生物の生息環境の保全などが挙げられるが，より積極的な試みの一つに天然海域への魚類の放流による資源回復，すなわち栽培漁業がある。このような放流事業において，放流する魚たちは天然環境に適した認知能力を備えていないと生き残ることは難しいだろう。十分な資源回復の効果を望むためにも，やはり魚の認知研究が求められる。本節では，マアジやマダイ，ヒラメといった里海に生息する身近な魚たちを対象として，彼らが沿岸生活に適した認知能力を備えているという例や栽培漁業への応用を目指した魚類の認知研究について紹介していこう。

2　マアジの沿岸加入に伴う認知能力の変化

　マアジは，食味がよいことから「アジ」と名付けられたとの説がある通り，食用魚としての知名度は高く，水産資源としての価値は非常に高い。防波堤などのファミリーフィッシングでもなじみ深い本種は，里海を代表する魚の一つである。このマアジだが，生涯のすべてを沿岸部で過ごすわけではない。成魚の多くは沖合で産卵し，孵化した仔魚はしばらく沖合表層を生活圏として，しばしば流れ藻やエチゼンクラゲといった大型クラゲなどに寄り付く漂流生活を送る (Sassa et al. 2006)。その後，体長 50 mm 頃になると，沿岸部へと加入し，しばらく沿岸生活を送る (Masuda 2009)。つまり，本種の稚魚は沖合から沿岸へのハビタットシフトをするということである。ハビタットシフトに伴い，彼らをとりまく環境は大きく変化するため，生活環境に順応するように備える認知能力も変化させる必要があるだろう。そこで，ハビタットシフトをする時期の稚魚に注目して，彼らの認知能力と生活環境の関係を調べてみた。

マアジの空間学習能力の個体発生

　まず，マアジ稚魚の空間認知能力に注目した。空間認知能力とは，餌場や隠れ家などの環境中の空間情報を覚える際に発揮される能力である。周囲に構造物がほとんどない沖合の表層生活では，複雑な空間認知はさほど必要ではないが，多様な空間情報が存在する沿岸では，高度な能力が求められるだろう。実験では，Y 字型の水槽を使い，水槽の空間情報と餌場を関連づける学習実験を行った。はじめに，Y 字の左側が餌場であることを訓練した。訓練を繰り返すと，稚魚は次第に正解である左側への進入が多くなっていくが，左側を餌場として覚えた場合，次に正解の左右を入れ替える逆転学習に進んだ。この訓練では，魚は左か右を選択する必要があり，左右という空間情報を認知できないと学習することが難しい。この訓練を個体ごとに 240 試行繰り返し，空間学習の能力を評価した (Takahashi et al. 2010）。

　この実験では，異なる環境に生息する稚魚として，沖合生活期の個体
（陸から 10 km 離れた海域のエチゼンクラゲに寄りついていた稚魚を捕獲（口絵
10e）），沖合から沿岸への移行期の個体（沖合の定置網に入った稚魚を捕獲），
沿岸生活期の個体（沿岸にいる稚魚を釣りで捕獲）を用いた。これらの魚に
ついて，体長および採集地と学習スコアの関係をみた。採集地を考慮せず
に体長と学習能力の関係をみると，体長が大きくなるにつれてスコアは高
くなり，非線形回帰モデルにあてはめると体長約 51 mm からスコアが向
上していた（図 1）。このサイズは，稚魚が沖合から沿岸へと加入する時期
と概ね一致している。続いて，採集地ごとの比較では，沖合の稚魚と比べ
て，移行期・沿岸生活期の稚魚は高いスコアであった。これらの結果から，
マアジ稚魚の空間学習能力は沖合生活期から沿岸生活期へのハビタットシ
フトが起きる段階で発達すると考えられる。このような生活環境の空間構
造の変化に対応して，彼らの空間を認知する能力が発達したのかもしれな
い。生活環境の移行時期に認知能力が発達することは，イシダイやナンヨ
ウアゴナシでも報告されている（Masuda and Ziemann 2000; Makino et al.
2006）。ハビタットシフトに対応した認知能力の個体発生機構は，環境移
行をする魚種に広くあてはまるのかもしれない。

水面・水中構造物の学習能力

　空間認知能力を調べた Y 字水槽の実験結果は，認知能力の発達は環境移
行とは関係なく，魚のサイズに影響されていたともとれる。つまり，大き
い魚ほど賢いということだ。もし，生活環境に適した認知能力を備えるの
であれば，沖合漂流生活に必要な能力は，小さい魚の方が優れているはず
である。そこで，沖合漂流生活を送る体サイズの稚魚（体長約 40 mm）と沿
岸生活を送るサイズの魚（体長約 60 mm）で，別の学習課題での能力を調べ
てみた。実験では，水槽にプラスチック製のネットを提示して，ここで餌
がもらえるということを訓練した。この際，水中に静止するネットまたは
水面に浮かぶネットのどちらかを見せて，水中と水面の餌場を覚える能力

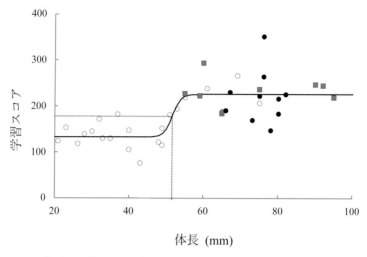

図1　マアジの空間学習における学習スコアと体長の関係。○は沖合生活期稚魚，●は移行期稚魚，■は沿岸生活期稚魚を示す。実線は，非線形回帰モデルの予測値を表わしている ($y = 929395/ [1+ exp (-56.37 - 1.15x)] + 126.85$。点線はモデルの変極点 ($x = 51.7$ mm, $y = 178.8$) を示している。マアジの学習スコアは体長 51 mm 頃を境に向上する様子が見られる。Takahashi et al. (2010) を改変して作成。

を評価した。この実験では，卵から水槽で育てた人工孵化稚魚を使い，実際には天然の環境を経験していない魚に認知能力の変化が起きるかどうかを調べた (Takahashi et al. 2012)。

　水中のネットを餌場として訓練した場合，60 mm の稚魚は 40 mm の稚魚よりも速く学習し，水中構造物を覚える能力は，沿岸生活期稚魚の方が高かった。一方で，水面に浮かぶネットでは，40 mm 稚魚の方で学習が速く，浮標物を覚える能力は沖合生活期稚魚の方が高くなっていた。つまり，学習能力は体サイズが大きければ高いというわけではなく，サイズによって得意な能力があるということである。40 mm の稚魚は，沖合での漂流生活を送るが，その際浮標物があると，それに寄り付いて生活する。そのような魚にとって，水面の構造物は生活に重要な情報であろう。一

方，沿岸生活を送る 60 mm の稚魚は，餌場を覚える際に岩場や人工の構
造物などの水中構造物を利用する機会が多く，それに関する能力が高いと
予想された。空間認知の結果と合わせて考えると，マアジは生活する環境
に適した認知能力（学習能力）を備えていることが分かる。魚類が生活環
境に適した認知能力を備えることは他の魚種でも報告されている。行動生
態学の研究でモデル生物として名高いイトヨを用いた研究では，環境が安
定している湖沼に生息する個体は，河川を生息域とする同種よりも目印を
頼りに空間を学習する能力が優れており（Girvan and Braithwaite 1998），逆
に水流方向と餌の学習では河川個体の方が素早く餌場を学習できると言わ
れている（Braithwaite and Girvan 2003）。このように，生息する環境の特性
に応じて必要な認知能力を備えるという機構は，魚類に広くあてはまるの
かもしれない。

　マアジの認知能力は生活史の沿岸への加入というイベントに対応して変
化し，この変化は沿岸域への加入を経験しなくても生じていた。つまり，
この認知機構は本種に遺伝的に備えられている可能性が高い。マアジは沿
岸での生活に特化した認知能力を持つように進化してきたのかもしれな
い。一方で，護岸工事などの人間活動は，環境構造を単純化させるなどの
環境の変化を引き起こすことがあるかもしれない。そのような事態が起き
ると，本種の備える認知能力が生活する環境にマッチしなくなり，間接的
に彼らの生存に影響を与え，結果的に資源の減少へとつながる恐れもある
だろう。里海の保全においては，魚のもつ認知機構についても意識してお
くことが大切だろう。

3　マダイの釣りに対する認知能力

　里海での魚とヒトとのつながりの一つに，魚釣りがある。本書を手にさ
れている方にも，釣りが好きでこの本と出会った方もいるのではないだろ

うか。魚釣りは，本来漁業の一つだが，レジャーとしても非常に人気が高く，日本人の 11 人に 1 人程度が魚釣りを愉しんでいると言われている（中村 2015）。日本だけでなく，魚釣りは世界中で漁業やレジャーとして愛されており，古来よりヒト社会で行われてきた（Fujita et al. 2016）。魚釣りは，ヒト社会にもたらす経済的価値も高く（本書 5-2），魚とヒトの付き合いを考える上で欠かすことができない。

　ヒトに愛される魚釣りだが，魚にとっては生死に関わる問題だ。釣られた魚の多くは食用になり死に直結するが，運良く逃げのびた魚もけがをしたりストレスから餌を食べなくなったりすることがある。魚にとって釣りは，のどかな遊びではなく，生き残るために回避しなければならない深刻な問題なのである。また，釣りを含む漁業は個体に対してだけでなく，魚類資源にも影響を及ぼすことがある。よく言われるところでは，サイズ選択的な漁業では成長がはやい性質の大型個体が漁獲されやすいため，このような漁業が継続されるとその集団では，成長の遅い小型個体の割合が高くなるという話がある。このように，漁業がヒト・魚の社会で恒常的に行われると，その影響を受ける特性の魚が選択されるような進化（Fishery Induced Evolution）が生じると考えられている（Kuparinen and Merilä 2007）。この進化は魚類の認知にも影響することがある。例えば，刺し網のような漁業では，「大胆」な性質を持つ魚が漁獲されやすいため，漁業が継続して行われ続けると成長の速い「大胆」な魚が淘汰され，次第に集団内の成長の遅い「臆病」な魚が相対的に増えるだろう。より大きな個体を取り続けるために漁獲努力量が増えることになり，その結果資源の減少へとつながることもあるかもしれない。水産資源の適性管理には，このような漁業が与える間接的効果についても考慮しなければならない。

　一方，魚だってやられっぱなしではない。魚釣りをするヒトは，釣れないときにその理由を妄想するが，その一つに「釣りすぎたから学習したんだ」という考えがあるだろう。魚が学習して仕掛けを避けるようになることは釣り用語で「スレた」というが，この「スレ」が生じることは科学的にも示されている。コイを使った研究では，池で釣りをして魚が釣れるた

びに標識をつけて放流することを繰り返すと，釣られる経験をした魚は釣られにくくなり，この釣られにくさは1年後でも持続したと報告されている（Beukema 1969, 1970）。これらの実験は，魚が釣りの仕掛けを回避するように学習することを示唆している。しかし，魚は本当に釣りの仕掛けを学習したのだろうか？　釣られた魚は，学習したのではなく，釣られることでストレスや損傷を負い，餌を食べる意欲がなくなっていたのかもしれない。魚の仕掛け回避学習の研究は，池や大型水槽といった大規模スケールで実験されてきたため，釣獲後の摂餌意欲などは確認されておらず，仕掛け回避学習の成否は不確かであった。

マダイは釣りの仕掛けを回避するように学習できるのか

　魚の仕掛け回避学習を明らかにするため，小型水槽に1尾の魚という小規模スケールの実験をしてみた（Takahashi and Masuda 2021）。実験には，日本人に馴染み深いマダイの人工孵化稚魚を用いた。マダイ稚魚は，直接的な釣りの対象ではないが沿岸部に生息する彼らは頻繁に釣られることがあり，釣ったことのある読者も多いのではないだろうか。そんなマダイ稚魚が，釣りの仕掛けを学習する機会は多いと予想される。

　実験はとてもシンプルで，水槽の中に配合飼料を与えて摂餌意欲を確認し，その後にオキアミを餌とした仕掛けを投入した（口絵8c）。実験魚は生まれてから一度も釣りの仕掛けと遭遇していないため，すべての魚が針のついたオキアミを食べて釣り上げられた。釣られた魚は水槽に戻され，翌日同じ手順で仕掛けを導入して仕掛けを避けるかどうか観察した。この実験を28日間連続して行い，マダイ稚魚がどれくらいの釣獲経験で仕掛けを回避するよう学習するかを調べた。11個体での実験の結果，すべての魚が配合飼料は食べるが仕掛けを避けるようになった。摂餌意欲はあるが仕掛けを避けたということから，仕掛け回避学習をしていたと言える。この回避行動は，1〜2回の釣獲経験で見られるようになり，マダイはごく少ない経験で釣りの仕掛けを危険だと覚えていた。

　この実験では，仕掛け回避学習の保持をみることもできる。学習後に再

釣獲されるまでの日数は，早い個体では翌日であったが，遅い個体では13 日後まで釣られることはなかった。学習しても再釣獲されるということは，魚は仕掛けを危険と認知できるが，避け続けられるわけではないことを意味している。釣り人の多い釣り場では，学習してもいずれ釣られてしまう運命なのかもしれない。ただし，仕掛けが危険であることを忘れたわけではない。仕掛けの餌に対する突き反応（針をくわえずに餌だけ食べる行動）がそのことを支持しており，28 日の間にマダイの突き反応回数はむしろ増加していた。さらに，餌を食べた魚（咥え込んで釣られた魚＋突くだけで釣られなかった魚）の釣獲率をみると，経験を繰り返すうちに顕著に釣獲率が減少していた（図 2）。つまり，マダイは学習していく中で，仕掛けを針がかりしないように食べるようになっていたということである。観察していると，マダイが「食べたい……けど危ない」という様子が見られて，まるで魚が葛藤しているかのように見える（https://www.youtube.com/watch?v=HFrpCwaM2XU【参照 2022.03.02】）。

マダイは釣りの仕掛けの何を避けるのか？

　ここで「マダイは釣りの仕掛けの何を避けるのか」という疑問がでてくる。避ける対象が分かれば，スレた魚を釣る方法が分かるかもしれない。学習した魚を対象に，仕掛けと配合飼料，針のない仕掛けにオキアミをつけたもの，オキアミのみのいずれかを提示して，仕掛けの何を避けるのかを調べてみた。仕掛け投入後に配合飼料を給餌したときは，全個体が配合飼料をすぐに食べた。つまり，仕掛けの存在を警戒して食べないわけではない。一方，糸につながれたオキアミでは 11 個体中 1 個体しか食べず，逆にオキアミのみを提示したときはすべての個体がオキアミを食べた。マダイはオキアミを危険な餌として認識するのではなく，糸につながれているオキアミという，いわゆる仕掛けを危険なものとして捉えていたのである。この仕掛けに対する認知機構は，彼らの生活において適応的であろう。餌自体を避けるように学習した場合，その餌を食べることができず摂餌の機会は減少してしまうが，糸につながれた餌を危険と認識するなら，

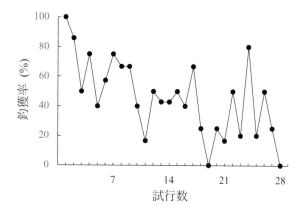

図2　マダイの摂餌個体（摂餌して釣獲された個体＋突き反応のみの非釣獲個体）の釣獲率の推移。釣獲経験を繰り返すと摂餌個体のうちの釣られる個体の割合が減少している。Takahashi and Masuda (2021) を改変して作成。

餌が変わっても危険な仕掛けを避けつつ，糸のない安全な餌をとり続けられる。

　さて，この仕掛け回避学習はどのくらい効果的なのだろうか。実験設定を知らない第三者に学習したマダイと未学習のマダイを釣ってもらったところ，学習個体は 2/11 個体が釣られ，非学習個体は 9/11 であった。実験者のウデが影響する実験ではあるが，学習した魚はオッズ比（9/2 ÷ 2/9）で 20 倍釣られにくくなっていた。やはり釣り人が魚を釣れない理由として「魚が学習する」ということはあるのかもしれない。また，最近の実験では，マダイは他の個体が釣られる様子をみるだけでも学習することや，餌や仕掛けの形状を変えても避けることが分かってきた（髙橋 未発表）。釣り人の想像以上に，魚たちは釣りの仕掛けを理解しているのかもしれない。そう考えると，魚が釣れないのは自分のウデのせいではない，という言い訳がたつだろう。

　マアジの研究では魚は生活環境に適した認知能力を備えていたが，これ

を魚釣りという人間活動に対してあてはめると，釣りの危険にさらされや
すいマダイは釣りの仕掛けに対して適応的な認知能力を備えていると考え
られる。人間活動の影響は魚の生活を脅かすことに注目されがちだが，そ
の影響を受ける魚たちは必ずしもそれに屈するだけでなく，対抗するよう
に進化をしてきたのかもしれない。

4　栽培漁業のための認知研究

　里海の適正管理として生物や環境の保護・保全があるが，より積極的な
方策に栽培漁業がある。栽培漁業の詳細については BOX4 をみていただき
たいが，簡単に説明すると，減耗が最も激しい卵から稚仔の時期を人間の
管理下において生産し，人の手で育てた種苗を水域に放流することで天然
資源の回復を図るというものである。栽培漁業は，「つくり育てる漁業」
として全国各地で盛んに行われている。一方，放流個体と天然資源の競合
や遺伝的撹乱，病気の伝染などの問題も指摘されており，豊かな里海を目
指すには，天然環境に配慮した環境にやさしい栽培漁業が求められる。
　栽培漁業の問題の一つとして種苗の大量放流がある。天然資源との競合
を避けるために，環境収容力を考慮して適正な数の種苗を放流することが
求められる。大量放流が行われる理由に，放流種苗の行動脆弱性がある。
というのも，栽培漁業では水槽下で飼育された人工種苗を用いるが，これ
らは捕食者がおらず，苦労なく餌を獲得できる環境で育ったいわゆる温室
育ちである。そんな人工種苗は，危険回避能力や餌獲得能力が低く，過酷
な天然環境では生き残れないだろう。そんな人工種苗の行動脆弱性を改善
するため，魚類の認知研究が注目されている（Brown and Day 2002）。代表
的なものには捕食者情報の学習があるが，要するに「危険を知らないな
ら，教えればいい」ということである。一方，近年では特定の情報に対す
る学習だけでなく，環境操作によって魚の行動特性や心理特性が変化する

という報告がされている (Brown et al. 2013)。ここから，飼育環境に対する認知を利用した，魚類の行動改善についての研究を紹介しよう。

ヒラメの摂餌行動の改善

　国内で栽培漁業の最重要魚種の一つであるヒラメは，底棲生活を主としており，稚魚期には主にアミ類 (本書2-2) などの海底近くに分布する小型の生物を餌とする。しかし，水槽下で育てられた人工種苗ヒラメは，餌を与えられると我先に浮上し，水面近くまで遊泳するようになる (図3)。本来のヒラメの生態を鑑みると，この遊泳行動は異常行動であり，捕食者から発見されやすいだけでなく，餌であるベントスの獲得においても不利だろう。この行動は，水槽内の餌環境を学習した結果と言える。人工種苗は水面から配合飼料を与えられて育つため，餌を求めて水面まで浮上するようになったと考えられる。飼育環境を学習した行動なら環境を操作することで改善できるのでは，ということで実験をしてみた (Takahashi et al. 2013)。

　飼育環境の操作として，手網追尾処理 (水槽の中を定期的に網で追いかけ回す) と水底給餌処理 (水底に設置したホースから餌を与える) に注目した。これらの処理で2週間飼育し，水面から餌を与えたときの遊泳行動を抑えられるか調べてみた。通常の飼育環境を再現した水面給餌処理では摂餌時の遊泳行動は増加したが，追尾処理区の魚は遊泳行動が増加しなかった。水中に危険があるという経験から魚の警戒心が向上し，むやみに浮上しなくなったと考えられる。また，水底給餌処理では，遊泳行動はむしろ減少する傾向が見られた。餌が水底にある環境を学習することで，餌の取り方が変わったのだろう。環境に対する学習が，ヒラメの異常行動の改善に利用できる可能性が示された。

マダイの行動特性の改善

　人工種苗で見られる警戒心の低さは被食の可能性を高める。ヒラメの実験では，追尾処理によって警戒心が向上し，遊泳行動を抑制することがで

図 3　人工種苗ヒラメの摂餌行動の様子。水面からの給餌を繰り返し飼育すると，水面
　　　近くで遊泳しながら餌を食べるような異常行動を示すようになる。

きたが，他の魚種にも適用できる可能性がある。ヒラメと同様に栽培漁業
の重要魚種であるマダイを用いて追尾処理の効果を検討した (Takahashi
and Masuda 2018)。まず，マダイに追尾処理を 3 週間与えて個体ごとの警
戒心を調べた。実験水槽内に未知のものが現れたときの隠れ家への逃避反
応をみると，追尾処理区の魚は対照区よりも逃避成功の割合が多かった。
次に，追尾処理が生き残りを向上させるかを確かめるために，捕食者（カ
サゴ）と同居させる実験をしてみたところ，追尾処理区の生残率は対照区
よりもオッズ比で 6 倍以上高くなっていた。
　さらに，この実験ではマダイのストレス耐性も評価した。水槽間の移動
というストレス負荷後の摂餌行動をみると，追尾処理の魚は対照区よりも
移動後の摂餌率が高くなり，ストレス耐性が上昇していた。日常的に追尾
の脅威を受けていた魚は，脅威に対して慣れやすくなり，脅威がなくなっ
たときにより早く通常状態に戻れたのだと考えられる。警戒心とストレス

耐性の結果は，一見矛盾して見えるが，危険に対して敏感に反応するが，危険がなくなるとすぐに通常に戻るということは同時に起こりうるし，この特性はストレス負荷のかかる放流魚に適した特性と言える。

　マダイで見られたような追尾処理の効果は，グッピーなどのカダヤシ科魚類やシクリッド，メジナでも確認されている（Brown et al. 2007; Smith and Blumstein 2012; Moscicki and Hurd 2015; 高橋 未発表）。多様な魚種で行動特性を変えられることから，栽培漁業だけでなく絶滅危惧種の資源再生にも利用できるかもしれない。また，この処理は甲殻類の訓練にも利用できる可能性がある。イソスジエビとミナミヌマエビに追尾処理を施した実験では，マダイと同様に警戒行動が高まる効果が見られている（Takahashi 2021）。今回紹介した追尾処理にかかわらず，飼育環境に対する認知を利用して魚類の行動を改善できることが示されつつある（Kawabata et al. 2011; Takahashi and Masuda 2019 など）。魚類の認知研究の発展は，放流種苗の訓練技術としての可能性を秘めている。

5　魚類の認知研究から考える里海の魚とヒトの共存

　里海に生息する魚類の認知能力について，三つの研究を紹介した。マアジの研究では，魚類の認知能力が生活環境に応じて変化し，沿岸への加入に適した認知機構を備えていた。釣りの認知では，マダイが「魚釣り」という人間活動に対して適応的な認知能力を備えていた。これらの研究は，里海に生息する魚たちがどのように環境を認識し，それに適応しているのか，といったことを理解する上で重要な知見と言える。そして，人間活動の影響をうけることで，彼らの適応戦略が阻害される可能性があることや，逆に人間活動にうまく順応しているということの理解は，魚とヒトの共存を図る上で大切なことだろう。

　マダイ・ヒラメの行動改善では，栽培漁業への応用の可能性が示された。

魚類の認知特性を利用して生き残りの高い魚を作り出せれば，環境にやさ
しい放流へとつながるかもしれない。魚類の認知研究の多くは，比較心理
学や行動生態学で発展してきたが，水産学への発展性も秘めているのであ
る。今回紹介してきた研究は，網で追いかけたり，水槽の魚を釣ったり
と，遊びのような研究だと感じられたかもしれない。そんな遊びのような
魚類の認知研究だが，豊かな里海の発展に貢献できると信じている。

学生生活と研究の思い出

金子三四朗

ハッピー・サイエンス・ユニバーシティ未来産業学部

　私は大学生のころに，舞鶴水産実験所長益田玲爾先生の著書『魚の心をさぐる──魚の心理と行動』に出会い，先生のお人柄や「魚類心理学」という新しい学問に魅了され，何としてもこの人のもとで研究がしたいと大学院進学を志し，大学卒業後に舞鶴水産実験所へとやって来た。憧れの先生のご指導のもとで念願の研究生活がスタートし，私は希望を胸に「魚の記憶容量」という研究テーマに取り組んだ。実験方法はいたってシンプルである。まず先端が Y 字型に分かれた迷路（Y 迷路）を用意し，左右どちらの経路が正解かを魚に学習させる。次に，その先にもう一つ同様の迷路を設置し，新たに正解の経路を学習させる（一つ目の迷路は右が正解，二つ目は左が正解）。これを繰り返し行い，学習できる迷路数の上限を調べていけば魚の記憶容量を数値化できるのではないか，という算段である。我ながら斬新な計画が立てられたものだと自信満々に実験を始めたのだが……，結果は「魚は迷路を一つまでしか学習することができない」という予想外なものであった。人間であれば難なくこなせる本課題であるが，魚の場合一つ目の迷路で右を正解と学習した個体は，二つ目の迷路でも右を選んでしまい，どうしても一つまでしか学習ができなかったのである。実験所に来て初めての研究が失敗に終わり，私は憂鬱な気持ちで益田先生や先輩方に結果を報告したのだが，反応は意外なもので，「魚は人間と違って相反する情報（右が正解，右が不正解）の保持・使い分けができないのではないか。これは面白い結果だ！」と言っていただいたのである。自分では価値がないと思っていた実験結果に思わぬ評価をいただき，研究の厳しさを知ったのと同時に，どんなことでも実際にやってみなければ結果は分からないということ，そして挑戦することの大切さを学ばせていただいた。私はそれ以降，研究はもちろんのこと，社会人のフットサルチームに入部したり，マラソン大会に参加したりと，様々なことに積極的に挑戦してきた。その中で失敗も多く経験したが，その都度，次につながる芽を探し出して改善し，淡々と努力を重ねた結果，気が付けば投稿論文（Kaneko et al. 2019），そして博士論文の執筆を終えていた。なかなか計画通りに進まないのが人生であるが，だからこそやりがいがあり，ときには予期せぬ成果を得ることもある。私の経験談が，将来研究を志す学生にとって何らかのヒントになれば幸いである。

COLUMN

クローズアップ
舞鶴
8

飼育棟——魚と人の育つところ

益田玲爾
京都大学フィールド科学教育研究センター舞鶴水産実験所

　海水魚を飼育する上で要となるのは，海水の供給である。舞鶴水産実験所は海に面しているため，海水は無限に供給可能である。と言いたいところだが，海の水を汲み上げてそのまま水槽に入れると，中には雑多なプランクトンが混じるため，しばらくすると水槽内はカキやフジツボやクラゲの類に占拠されてしまう。

　実験所には，毎時 15 トンの精密濾過海水を供給可能なシステムがある。桟橋に吊り下げたホースの先端からポンプで揚水した海水は，沈殿槽を経て，何段階にも濾過した上で供給される。取水パイプにはカキ類が付着し，沈殿槽には泥が溜まるため，年に一度は飼育に関わる教職員と学生が総出で，泥にまみれての大掃除となる。

　上記とは別に，井戸海水がある。これは，海ぎわに井戸を掘り，しみ出てきた海水をポンプで汲み上げたもので，極めて清澄であるが，大雨の後には塩分が下がるという難がある。

　2002 年に建てられた飼育棟は，海水とエアレーションの配管がめぐらされており，目的に応じて水槽を配置して実験ができる（口絵 8a, b）。飼育する生き物は，自前で受精卵を得る場合と，他の機関から受精卵や稚魚・成魚をいただく，あるいは購入する場合とがある。自前で卵を得た例として，カタクチイワシ，マアジ，イシダイ，クサフグ，アサリ，マナマコ，ニホンハマアミなどがある。いただいた卵から飼育した例に，アユ，スズキ，クロマグロ，マサバ，サワラ，キジハタ，マダイ，クロダイ，ヒラメ，ヌマガレイ，マコガレイ，ババガレイ，ホシガレイ，トラフグなど，また幼魚や成魚・成体を入手して飼った生き物に，ニホンウナギ，ウグイ，ネンブツダイ，アカアマダイ，ダンゴウオ，アイゴ，スジハゼ，カワハギ，ウマヅラハギ，アミメハギ，ミズクラゲ，アカクラゲ，エチゼンクラゲ，イセエビ，テッポウエビ，ミゾレヌマエビ，マガキ，マダコ，アオリイカ，イトマキヒトデなどがある。こうして生物種名を列記すると，飼育していた学生たちの顔が浮かぶ。

　全国の大学や研究機関から研究者や学生が訪れて飼育実験を行うことも多々ある。これらの研究室を率いる教員もまた，舞鶴での飼育実験を経験した方であったりする。京大の学生と他大学から訪れた学生とは，ときに寝食を共にしながら魚に餌をやり，それぞれの研究テーマについて語り合う。こうして培われた交友関係は，一生の財産となろう。

4-4

海と川をつなぐ魚——スズキ稚魚の河川利用生態

冨士泰期

水産研究・教育機構水産資源研究所

　生物生産の場としての里海について理解するためには，河川がそこで果たす役割について考える必要がある。多くの場合，人間活動の影響が及ぶ沿岸域には河川が注いでいるが，例えば河川が沿岸域にもたらす豊かな栄養塩は沿岸域の基礎生産を支えているのだ。つまり里海に生息する生物は，実はそのほとんどが河川の恩恵を享受している。また，里海に生きる生物の中には，生活史のある段階で河川下流域および河口域（以下，河川河口域）に進入し，その高い生産力を直接利用して成長し，再び海に戻っていくものがいる。本節で扱うスズキ（図1）はそんな生物の一つだ。

　スズキは北海道南部から本州一帯に生息する一般的な沿岸性水産資源であり，主に定置網や巻き網により漁獲される（庄司ほか 2002）。海域により成長に若干の違いはあるが，概して8年ほどかけて体長60 cm程度まで成長し，ときに20年以上生きる（Jiang et al. 2019）。岸のすぐ傍まで来遊することもあって，縄文時代から日本人と関わりが深い魚であり，遊漁，特に近年ではルアーフィッシングの対象としてメジャーな存在である。スズキは沿岸域で漁獲されるが，河川にも分布することが知られ，ときには河口から100 km以上も遡上する（庄司ほか 2002）。しかし実は，スズキが河川を利用するのは成魚期だけではない。まだちいさな稚魚の段階でも河川を利用するという生態がここ20年ほどの研究で明らかになりつつある。水生生物が異なる塩分環境に適応するにはエネルギーをかけて浸透圧調節を行う必要があり，非常に大きなストレスとなる。にもかかわらず，幼いス

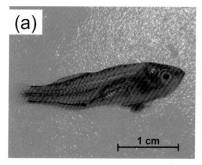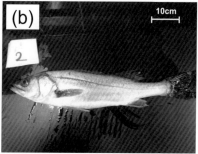

図 1　(a) スズキ稚魚。河川に遡上し始めるころ。(b) スズキ成魚。

ズキが河川河口域をわざわざ利用するのはなぜなのか。本節では，スズキの稚魚がいつ・どのように・何のために河川河口域を利用するのかについて，京都府北部の由良川とその河口域で行った研究例を中心に紹介する。

1　いつ・どのように河川を利用する?

　まずは，スズキが生まれてから河川を利用するまでの生態について概観する。一般に，スズキの産卵は冬に湾口部の岩礁帯において行われる。由良川が注ぐ丹後海においては，冠島の周辺が産卵場とされており（図 2a），この海域で冬季に比較的大型で目の細かいネットを傾斜びきすると，スズキの卵が多く採集される（Suzuki et al. 2020）。ふ化した仔魚は，厳しい北西からの季節風により駆動される海流を利用し，1 か月程度かけて成長しながら徐々に湾奥へと分布を移していく（Suzuki et al. 2020）。稚魚への変態を始める頃には湾奥にある由良川河口沖水深 5 〜 20 m の海域で着底生活へと移る（大美 2002）。この時点ではまだ体長は 10 mm 程度しかなく，小型のカイアシ類が主な餌だ。1 か月程度の着底生活ののち，稚魚への変態を

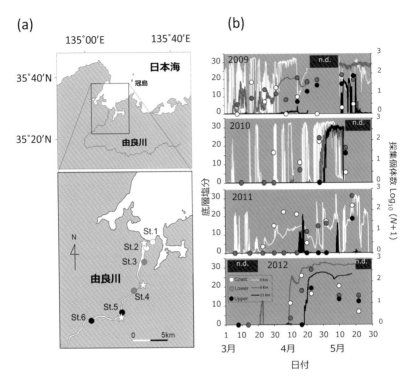

図2 (a) 調査海域。☆は底層に密度記録計を設置した場所を示す (河口から 0 km, 6 km, 11 km に設置)。丸は調査点の位置を示し, 色はエリアの違いを示す (白色は河口・沿岸域, 灰色は河川河口域下流部, 黒は河川河口域上流部) (b) 河川河口域内の底層で密度記録計により測定された塩分の変化 (実線) と各調査エリアのスズキ稚魚合計採集尾数 (丸で表示。色は図 (a) と対応)。ND：密度記録計による塩分データがない期間。Fuji et al. (2018) を一部改変し作成。

ほぼ完了したスズキは, 沿岸域・河川河口域のより浅い水域に姿を現す。

　著者らはスズキの稚魚の生態を研究するため, 2008 年から 2012 年まで 5 年にわたり, 沿岸・河川河口域の岸際, 水深 0.5 ～ 1 m 程度の場所で地引網による稚魚の採集を繰り返した。調査時期は年により若干異なるが, 概ね 3 ～ 7 月の間に週 1 回～月 1 回の頻度で採集を行った。調査点は, 沿岸域から河口上流 15 km 付近までの間に 6 点配置した (図 2a)。環境観測は

沿岸・河川河口域の表層で行ったので，観測された塩分は，沿岸域では海水を代表する値であったが，河川内では急激に低下してほぼ淡水であった。これは，潮汐混合の小さい日本海側に位置する河口域の特徴と言える (Kasai et al. 2010)。

　この調査により，稚魚の出現パターンが明らかになってきた (図 2b)。スズキ稚魚は 3 〜 4 月初旬から採集され始めた (Fuji et al. 2018)。最初，その分布は沿岸域のみあるいは河口上流 6 km 付近までにとどまったが，4 月中旬から 5 月初旬ごろまでには河口から上流 15 km 付近にまで広がった。その後稚魚は 7 月ごろまで調査範囲全域で採集され続け，この間体長は 20 mm 程度から 70 mm 程度へと大きくなっていた (Fuji et al. 2010)。さらに 8 月には一部の個体が河口から 40 km 以上上流に達した (Fuji et al. 2016a)。稚魚の筋肉の炭素安定同位体比 (餌の値を反映し，生物の食性の指標としてよく用いられる) を調べると，沿岸域と河川内で明瞭に異なる値を示していたことから，河川内に進入する稚魚と，沿岸域にとどまる稚魚がおり，それぞれの水域で餌を食べ，成長していたことが分かった (Fuji et al. 2011)。

　ところで，体長 20 mm 程度のひ弱な稚魚はどのようにして河川を遡上するのだろうか。遊泳力や浸透圧調節能力の弱い稚魚が，河川表層の流れに逆らって遡上したとは考えづらい。河口域における何らかの物理現象を利用し，効率よく河川を遡上しているものと想像された。このことを考える上で，由良川河口域においては塩水遡上と呼ばれる現象が注目される。由良川は 3 月ごろまで雪解け水による増水で河川内は淡水で満たされているが，増水が落ち着く 4 月以降，表層の淡水の下に潜り込むように密度の高い重い海水が河川の底層を上流へと遡上する (Kasai et al. 2010)。この現象とスズキ稚魚の遡上を比較するため，2009 年から 2012 年の調査期間中，河川内 3 か所のなるべく流心に近い底層に密度記録計を設置し，塩水遡上の動態を観測した。すると，3 月から 5 月までにおける稚魚の河口からの遡上距離は塩水遡上の範囲内であることが分かり，稚魚の遡上のタイミングも多くの場合は塩水遡上のタイミングと一致していた (図 2b, Fuji et al.

2018)。この結果より，稚魚は河川底層の塩水を通じて河川内に進入し，その後表層の淡水環境へと徐々に適応し，河川内浅所に進出したと考えられた。一方，塩水遡上がおきていても稚魚が河川に遡上していないケースも見られ，塩水遡上だけでは稚魚の河川遡上は説明できないことも分かった。この現象は，稚魚がふ化後に経験した累積水温により説明された。すなわち，稚魚は一定の累積水温を経験するころに変態を完了し，浸透圧調節能力や遊泳能力を獲得することで河川遡上の必要条件が満たされたあと，塩水遡上を利用して河川内に進入するものと考えられた (Fuji et al. 2018)。物理現象だけで遡上が決まっているわけではないという結果は，稚魚にとって河川遡上は受動的ではなく準備された能動的な現象であることを意味している。

2　どのような個体が河川を利用する?

　能動的に河川を遡上する稚魚がいる一方で，沿岸域にとどまり続ける稚魚がいるが，両者の違いはなんだろう。浸透圧調節というコストをかけてまで河川へ能動的に移動するのには，何か理由があるはずだ。そこで，沿岸域と河川内で採集された稚魚の耳石日周輪幅を計測することで過去の成長履歴を推定し，両者で比較した (Fuji et al. 2014)。すると大変興味深いことに，稚魚が遡上を開始する95日齢よりさかのぼること約1か月，50日齢ごろからの両者の成長速度に有意な違いが見られ，沿岸域で採集された個体のほうがより成長が良かった (図3a)。50日齢とは，ちょうど仔魚が由良川河口沖に着底し変態を始める時期に相当する。3次元的な浮遊期の分布から海底に着底し2次元的な分布にシフトするこの時期には，一時的に稚魚密度が高くなることで密度依存的な種内競争が働き，成長にばらつきが生じやすいと考えられる。そのばらつきの中で生じたいわば「負け組」が河川へと回遊していたと考えられた。「負け組」にとってはそのま

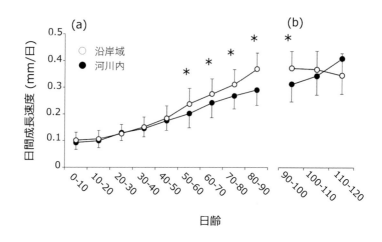

図 3　耳石 (礫石) の日周輪解析により推定した日間成長速度。エラーバーは標準偏差を示す。アスタリスクは統計的に有意な違いが見られた日齢 (t-test, $p <$ 0.01)。(a) 河川遡上直前の 90 日齢までの成長を，沿岸域で採集された個体と河川内で採集された個体で比較。(b) 筋肉の炭素安定同位体比分析により，沿岸域と河川内にそれぞれ長期間滞在したと判定された個体で，河川遡上後と考えられる 90 日齢以降の成長を比較した結果。Fuji et al. (2014) を一部改変して作成。

ま沿岸域にとどまっても高成長を実現できる見込みは薄く，被食死亡のリスクも高まるだろう。そのような条件下では，コストを支払ってでも別の環境に回遊することが選択肢になりうるのかもしれない。

　さらに，炭素安定同位体比を用いて河川内で生活した個体と沿岸域にとどまっていた個体に分けて，同様に耳石による成長履歴を比較すると，遡上後しばらくして成長の有意差は見られなくなり，むしろ逆転するかのような傾向が見られた (図 3b)。この結果は，河川に遡上した個体に最終的にはメリットがあったことを示している。河川内でこのような高成長が見られた要因としては，1) 水温が沿岸域よりも高い傾向にあったこと，2) 餌環境が良かったこと，が考えられた (Fuji et al. 2014)。このような成長と回遊の関係はサケ・マス類やホワイトパーチなどでも報告されており，多く

の場合，成長の良かった個体が生まれた場所の近くを占領するのに対し，成長の悪い個体は異なる環境へ回遊し，そこでより高い基礎生産を利用して高成長を遂げる（Bujold et al. 2004; Kraus and Secor 2004）。

3 　何のために河川を遡上する?

　それでは，由良川河口域のスズキの成長を支える餌生物とはどのようなものなのだろうか。採集された稚魚の胃内容物を 2008 年から 2012 年まで調べたところ，年変動はあるもののカイアシ類とアミ類が共通して重要な餌生物であった（Fuji et al. 2016b）。それらの重要度は稚魚の体長とともに変化し，25 mm 以上ではカイアシ類より大型であるアミ類が重要な餌となった。変態を完了する段階（体長 20 mm 前後）以降，大型の餌に切り替えていくことがより高い摂餌量を効率よく実現するために重要であると考えられた。食べられていたアミ類の種類は沿岸域と河川河口域で異なっており，沿岸域では主にニホンハマアミであったのに対し，河川河口域ではイサザアミであった。摂餌されていたアミ類のサイズは沿岸域に比べて河川河口域の特に上流側で大きい傾向があった。河川河口域に豊富に分布するイサザアミが大型の餌へのスムーズな移行を可能にし，先ほど紹介したような河川内での稚魚の高成長につながっていたと考えられた。イサザアミは河川内に周年分布しているが，その密度は例年 5 月ごろにピークを迎える（Omweri et al. 2018）。スズキ稚魚が河川に遡上し，ちょうどアミ類が必要となるころにイサザアミ密度のピークに遭遇することになる。沿岸域での競争に負けたスズキ稚魚は河川に逃れることで結果的にその生産力をうまく利用し，高成長を実現していた（Kasai et al. 2018）。

　ここまで，河川河口域を利用するメリットについて述べてきたが，メリットがあるならなぜすべての稚魚が河川を利用しないのか。その疑問に答えるには，河川河口域を利用することのデメリットを考える必要があ

る。まず挙げられるのは，河川は沿岸域に比べて狭いということだ。スズキの稚魚が分布するのは主に水深1 m以浅の浅い水域であることから，単純に岸の長さを成育場の広さの指標として考えることとする。由良川が注ぎ込む丹後海の場合，丹後海全体の沿岸長が130 kmなのに対し，この海域にそそぐ河川の塩水遡上が及ぶ範囲の岸の長さは32 km程度しかない (Fuji et al. 2016a)。スズキは稚魚期以降に密度依存的に成長や生残が制御されるため (Shoji and Tanaka 2007)，河川河口域だけを利用するとすれば，個体群のサイズは大きく制限されるだろう。加えて，河川河口域は出水などかく乱の影響が大きい水域である。出水があれば物理的に押し流されて河川の外へ輸送されるか，塩分の急激な変化が大きなストレスとなり，生残率の低下につながることが考えられる (Iwamoto and Shoji 2017)。たとえ生産性が高くても，このように不安定な場所にすべての個体群を依存させることは，大きなリスクとなりうる。例えばKraus and Secor (2004) は，汽水域と淡水域の両方を稚魚期に利用する北米のホワイトパーチについて，生産性の高い汽水域が個体群の大半を支えるものの，その生残率の変動は淡水域に比べて非常に大きいことを示した。彼らはこの結果をもとに，淡水域群は個体群の安定に寄与し，汽水域群は個体群の生産力を担っていると考察している。

4　個体群の何割が河川を利用する？

　これまで，稚魚の生態を観察することを通じて，河川河口域が高い生産性で稚魚の成長・生残を支え，スズキの個体群維持に重要な役割を果たしているであろうことを定性的に述べてきた。それでは，さらに踏み込んで，定量的に河川河口域の役割を理解するには，どうすればよいだろうか。Beck et al. (2001) は，成育場の価値を定量的に評価するために，単位面積あたりの稚魚生産量を指標とすることを提唱した。もし丹後海・由良

川河口域のスズキにおいても，個体群全体に対する河川利用個体の割合
（貢献度）が推定できれば，沿岸域と河川河口域の岸の長さをそれぞれの場
の広さの指標として用いることで，Beck et al.（2001）の提唱したような指
標を計算・比較することができるだろう。特に，個体群動態の観点からは，
稚魚が生残・成長し再生産に貢献することが重要であるため，成熟・産卵
個体群のなかでの河川利用個体・沿岸域利用個体の割合が注目される。

　成魚がその稚魚期に，河川河口域を利用したのか沿岸域を利用したのか
を識別するにはどうしたらよいだろうか。耳石は代謝がほとんどない硬組
織であり，稚魚期に経験した環境情報が成魚までそのまま保持されてい
る。耳石は基本的に炭酸カルシウムで形成される組織であるが，カルシウ
ムに性質が似たストロンチウムも一部取り込まれる。ストロンチウムの環
境中の濃度は海水中に比べて淡水中では極端に低いため，海水と淡水を行
き来する生物の回遊履歴の推定に，耳石中のストロンチウムとカルシウム
の比（Sr/Ca 比）がよく用いられる。有明海のスズキにこの手法を適用した
太田（2002）は，スズキの耳石 Sr/Ca 比が汽水域では海水とあまり値が変わ
らず，塩分 5 以下の淡水に近い環境でのみ統計的に有意に値が下がると報
告している。有明海の筑後川河口域はその大半が汽水域で構成されてお
り，耳石 Sr/Ca 比では河川利用個体の割合は過小評価になる可能性が指摘
されている（太田 2002）。一方，由良川河口域において稚魚が分布する表層
の塩分のほとんどは 5 未満であり，耳石 Sr/Ca 比を河川内滞在の指標とし
て活用できると考えられた。

　丹後海において，2011 年と 2012 年の産卵期（1 〜 2 月）に定置網により
漁獲されたスズキ 107 個体から耳石を摘出した。また，実際の稚魚の採集
環境と耳石 Sr/Ca 比を対応させるため，由良川河口域と沿岸域の様々な塩
分で採集された稚魚の耳石も摘出した。耳石の核から縁辺に向けて 10 μm
ごとに Sr/Ca 比を測定した。

　稚魚の耳石縁辺部の Sr/Ca 比（採集直前の環境塩分を反映していると考え
られる）は環境塩分ごとに明瞭に異なる値を示し，塩分 29.9 で $4.9×10^{-3}$，塩
分 0.4 〜 0.7 で $4.0×10^{-3}$，塩分 0 で $2.4×10^{-3}$ となった。沿岸域の個体の平

均値から標準偏差を引いた値 (4.4×10⁻³) を閾値とし，この値より高い値を示した場合は沿岸域を，この値より低い値を示した場合は河川河口域を利用していたと判断した。成魚の耳石のうち，稚魚期の履歴を残す領域のSr/Ca 比を調べたところ，すべての個体で核付近（ふ化直後に対応）は上記の閾値より高い値を示した。これは，ふ化直後から河口沖着底期までの海洋生活期に当たる。一方，その外側の領域では三つのパターンに分かれた（図4）。一部の個体は，一貫して閾値より高い値を示した。このような個体は，稚魚期に一貫して沿岸域に滞在していたと考えられる（沿岸滞在群）。それに対し，着底期以降，すぐに Sr/Ca 比が閾値より低い値に低下し，一定期間低い値を示したのち，再び閾値より高い値を示した個体も見られた。これは，稚魚期に河川内に進入し，夏以降，沿岸域に戻った個体と考えられた（早期遡上群）。そのほか，早期遡上群より遅れて河川に進入したと推測された個体も見られた（後期遡上群）。早期遡上群が分析個体全体に占める割合は36%であり，後期遡上群と合わせると51%が生まれた年に河川を利用していたと判断された (Fuji et al. 2016a)。このことから，河川河口域がスズキ資源を支える上で必要不可欠な場であることが定量的に示された。

　Beck et al. (2001) の考え方に基づき，成育場の広さも考慮に入れて水域ごとの生産性も比較してみよう。すでに述べたように，成育場の広さは沿岸域のほうがはるかに広い。これを考慮するため，貢献度（全サンプルに占める各グループの割合）をそれぞれの場の広さ（岸の長さ）で割った値を計算すると，沿岸滞在群が0.49%/km なのに対し，早期遡上群は1.13%/km となる。すなわち，単位岸長あたりのスズキ個体群への貢献度は河川河口域が沿岸域の 2.3 倍と推定された (Fuji et al. 2016a)。このことは，河川河口域がその高い生産性により成育場として非常に高い価値を持っていることを意味している。裏を返せば，河川河口域の高生産を担保する環境が損なわれる場合，仮にそれが狭い範囲であってもスズキの個体群に大きな影響を及ぼしうると考えらえる。

　これまで示してきたように，スズキ稚魚にとって河川河口域は種内競争

(a)

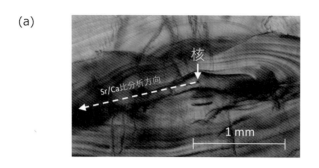

(b)

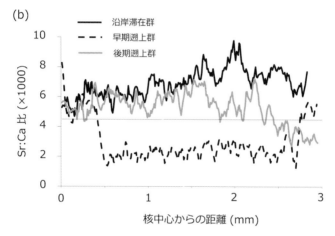

図4 (a)スズキ成魚の耳石(扁平石)のうち，稚魚期に該当する核付近の領域。(b)Sr/Ca比を測定した結果の一例。4.4×10³(横線で表示)より低い値で河川内に分布したと判断した。Fuji et al. (2016a)を一部改変して作成。

に負けた際の逃げ場であり，かつ高い生産性で稚魚により良い成長をもたらす成育場である。スズキは広くて比較的安定した環境を持つ沿岸域に加えて，狭くてかく乱が大きいものの生産性の高い河川河口域をうまく並列的に利用することにより，個体群を安定的に高い資源水準に維持する戦略をとっていると考えられた(Kasai et al. 2018)。

5　環境改変がスズキ個体群に及ぼしうる影響

　太古の昔から，河川河口域・沿岸域周辺に形成される平地は人間の生活拠点となってきた。このことは，河川河口域や沿岸域が人間活動の影響を最も受けやすい自然環境の一つであることを意味している。生活排水はかつて直接的に河川河口域・沿岸域の環境やそこに住む生物に負の影響を及ぼしてきた。また，人間生活に必要不可欠な水資源を確保することを目的として，河口堰が多くの大型河川の河口域に建設された。このような施設には魚道が設置されるのが通例であるが，すべての生物が魚道を利用して自由に行き来できるわけではない。特に遊泳力も十分ではないスズキ稚魚は通常の魚道があってもそこを遡上することは難しい。河口堰により稚魚が利用できる河川河口域の範囲が大きく狭められるとしたら，稚魚はより高い密度下で厳しい競争にさらされることとなり，河川内での稚魚生産は減少するだろう（Fuji et al. 2018）。

　Iwamoto and Shoji（2017）は広島県太田川河口域において，人為的環境改変がスズキ稚魚に与える影響を考える上で非常に興味深い結果を報告している。太田川の流路は河口付近で多数分岐しており，河口堰の直上から分岐した自然河川と，河口堰から海へとまっすぐ注ぐように流路改変された放水路がある。Iwamoto and Shoji（2017）は自然河川と放水路でスズキ稚魚を定期的・定量的に採集し，その減耗率を推定・比較したところ，放水路のほうが高い減耗率を示した。放水路は出水があった際に河口堰を開放して河川水を一気に広島湾まで流すため，塩分の変動が激しく，これが稚魚のストレスとなり減耗率の上昇を招いていると推測された。このように，河川河口域・沿岸域の環境改変は様々な形でそこに住む生物の生産性の低下につながっていると考えられる。特に，河川河口域は高生産であるため，単位面積あたりの影響は沿岸域のそれより大きくなるだろう（Fuji et al. 2016a）。

　本節ではスズキ稚魚をモデル生物として行われた研究内容を紹介した

が，もちろん河口域を利用するのはスズキ稚魚だけではない。由良川河口域調査においては，8目18科36種の魚類が採集されており，それらの大半はスズキと同様に春から夏にかけて河口域の高い生産力を利用し成長する（青木ほか 2014）。そこには，マハゼ，アユ，クロダイ，シロウオ，シラウオなど多くの水産重要種に加え，京都府の天然記念物に指定されているアユカケなど絶滅が危惧される希少生物も含まれた。しかし，そもそもこのような貴重な生物が河口域に依存して生活しており，その環境を改変することで大きなダメージを受けうるということは，一般にはほとんど認識されていないように感じる。そのことが，多くの環境改変の影響を見過ごし，これらの資源への影響が顧みられていない一因となっているのではないか。生物生産の場を経済価値に換算する生態系サービスという概念（Costanza et al. 1997）は，そのような問題解決の一つのツールとなるはずである。

若狭湾からの宝物「ぐじ」

横田高士
水産研究・教育機構水産技術研究所

　アカアマダイは角張った頭部と桜色の体色が特徴的な底魚である。肉は白身で甘みがあり，京都では若狭湾産の大型個体が「ぐじ」と呼ばれて重宝されている（口絵 16a）。水揚げ直後の本種を背開きにして塩をふった「浜塩のぐじ」のお造りや，鱗をつけたまま焼いた若狭焼は，最高級食材を存分に堪能させてくれる逸品である。

　アカアマダイはその特徴的な形態により研究者達の興味をひくことから，生活史や行動についての研究が行われてきた。本種は卵～仔魚期にかけて浮遊生活を送り，稚魚になると底生生活に移行し（沖山 1964），巣穴を利用するようになる（通山 1975）。著者は本種の巣穴利用行動を明らかにする目的で超音波バイオテレメトリーによる放流追跡を行った。追跡個体はそれぞれお気に入りの場所に巣穴を形成した後，水平的には大きく移動せず，昼間は巣穴外，夜間は巣穴内に滞在していた（Mitamura et al. 2005; Yokota et al. 2006）。底に泥を敷いた水槽内で本種の行動を観察したところ，口に泥を含み近辺に吐き出す動作を繰り返してトンネル状の巣穴を形成し，捕食者であるマアナゴやカサゴを接近させると，アカアマダイは巣穴内に身を潜めて被食を回避した（Yokota et al. 2011）。様々な魚種が生息する若狭湾の底層において，多様な捕食者に対処しつつ成育していることが明らかになった。

　丹後海を含む若狭湾のアカアマダイについては，年齢や成長，生殖腺の発達過程，体サイズと孕卵数との関係等の資源管理に不可欠な知見も集積されている（例えば，船田 1963; 清野ほか 1977; 井関ほか 2017）。本種の興味深い生態を思い浮かべながら京料理を楽しむことができるよう，加入量の多寡に関係する生物特性情報を更新しつつ安定的に資源量を確保する取り組みを行っていくことが重要である。

アカアマダイ稚魚，移動・分散調査に供された人工種苗，背鰭付近に標識が見える。

4-5

若狭湾に暮らすハゼ類——その多様性と固有性

松井彰子
大阪市立自然史博物館

1 若狭湾はハゼ類の宝庫

　舞鶴水産実験所の目の前に広がる舞鶴湾，さらにその先の若狭湾（口絵2）の海底には，実に多くのハゼ類が生息している。まず驚かされるのは，その圧倒的な個体数である。2010年の夏季に，舞鶴湾内〜湾口部の約50点で底びき網調査を行ったところ，底生魚に占めるハゼ科魚類（以下ハゼ類）の割合は，個体数にして87%，湿重量比にして34%を占め，他科を圧倒していた。多いのは個体数や生物量だけではない。若狭湾の沿岸域および汽水域では，2022年1月までに，36属56種ものハゼ類が記録されている（Matsui et al. 2014; 邉見・渡辺 2021）。この種数は，これまでに日本で報告されている未記載種も含めたハゼ類全544種（https://www.museum.kagoshima-u.ac.jp/staff/motomura/jaf.html【参照 2022.04.06】）の約1割にあたる。ハゼ類には南方系種や黒潮影響下に分布する種の割合が高いことを考えれば，これは驚くべき数字で，若狭湾は日本海沿岸で有数のハゼ類の宝庫と言える。

　若狭湾に多種のハゼ類が生息している背景として，まず若狭湾の環境のバリエーションが豊富であることが挙げられる。ハゼ類は沿岸域で爆発的な適応進化を遂げた分類群で，わずかな環境の違いに応じて絶妙に棲み分けているため（Miller 1993），沿岸域の環境が多様であるほど生息できる種数は多くなる。若狭湾は日本海側における数少ない大型湾で，なおかつ多

数の支湾が発達しているため，主湾の沿岸域は比較的開放的な環境である一方で，支湾の湾奥は半閉鎖的な環境となっている（口絵 2）。また，若狭湾の平均水深は約 100 m で比較的浅い海が大部分を占めているが，湾口部東寄りの水深は 250 m を超える（志岐・林 1985）。海底の底質は，海底地形の複雑さを反映して，泥，砂泥，砂，礫，岩礁などが複雑に入り混じる（志岐・林 1985）。さらに，若狭湾には大小多くの河川が流れ込み，支湾の湾奥部の海底には淡水湧出域が存在するため（例えば，松井ほか 2011; Sugimoto et al. 2016; 里海トピック 2），多様な塩分環境が形成されている。

　若狭湾で多くのハゼ類が見られるもう一つの要因として，若狭湾の生物地理学的な位置づけが挙げられる。若狭湾は，冷温帯，温帯，暖温帯の水温環境に生息する種の分布域が重なる海域となっている（例えば，中坊 2013b）。そのため，若狭湾には冷温帯性，温帯性，暖温帯性の種が生息しており，上記のような環境の多様性と相まって，豊かなハゼ科魚類相が形成されている。

2　若狭湾のハゼ科魚類相

多様な環境に暮らす多様なハゼ類

　若狭湾に分布するハゼについて，生息環境ごとに駆け足で紹介する。まず，河川下流域〜河口域周辺の淡水の影響の特に強い環境にはミミズハゼ，タネハゼ，アシシロハゼ，ヒナハゼなどが生息している。また，河口域〜内湾のやや高塩分寄りの汽水環境には特に多くの種が生息しており，中でも，支湾の湾奥部の河口域や淡水湧出域に形成される砂泥底あるいは砂礫底からは，他の多くの海域では干潟に生息しているタビラクチ，マサゴハゼ，ツマグロスジハゼ，クボハゼなどが記録されている（次目で詳述；図 1）。

　次に，河口域から少し離れた沿岸浅所に生息するハゼを紹介する。丹後

海の由良川河口域をはじめとした主湾の沿岸域には広大な砂地が広がっており，シラヌイハゼ，ニラミハゼの記録がある。続いて，主湾や支湾の波あたりの穏やかな浅所の砂泥底には豊かなアマモ場が形成されており，そこに棲む代表的なハゼ類としてスジハゼ，ニクハゼなどが挙げられる。主湾や支湾の潮通しの良い場所には岩礁域が広がっており，岩礁域あるいはその付近の砂地からはサビハゼ，キヌバリ属，クツワハゼ，アゴハゼ属，イチモンジハゼ，イソハゼ属などが記録されている。さらに原子力発電所などの温排水の影響下にある岩礁域では，湾内の海水温が部分的に上昇しており，南方系種であるホシハゼが見つかっている。また，若狭湾には小規模ながら転石帯も形成されており，イソミミズハゼやナガミミズハゼなどが見られる。

　続いて，若狭湾のやや深所〜深場に生息するハゼ類について紹介する。若狭湾の多くの支湾や丹後海沿岸から水深 50 m 付近までに広がる泥底では，特にハゼ類の生息密度が高く，アカウオ，コモチジャコ，アカハゼ，ヒゲハゼ，モヨウハゼ，イトヒキハゼなどが生息している。そして，湾口にかけて広がる深場（水深 100 m 以上）の泥底からはヤミハゼ，ミジンベニハゼ，ベタハゼ属の一種，キオビチヒロハゼ，イレズミハゼ属の一種，イトヒキハゼ属の一種が確認されている。

干潟のない海で生きる干潟ハゼ類

　若狭湾では，潮位の日変化が太平洋側と比べて小さく，潮位変化は干満差よりも気圧変化や海水の熱膨張の影響を強く受ける（志岐・林 1985）。このような潮汐の特徴と，リアス式海岸で岸際が急傾斜であるという地形の特徴から，若狭湾において干潟は形成されていない。

　ところが若狭湾には，一般的には砂〜砂泥干潟に生息するとされるタビラクチ，マサゴハゼ，ツマグロスジハゼ，チクゼンハゼや，砂礫干潟に生息するとされるクボハゼ（以降，干潟種）が生息している（図1）。これらの干潟種は，いずれも支湾の小河川河口域や浅所の湧水域などの潮間帯〜潮下帯の砂泥底で記録されている。これらの種は，海流によって他の生息地

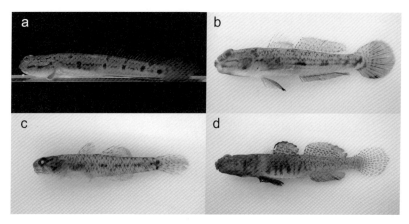

図1　若狭湾で見られる「干潟ハゼ類」。(a) タビラクチ (FAKU 132976，舞鶴湾，2010 年 10 月 8 日採集)，(b) ツマグロスジハゼ (FAKU 134761，小浜湾，2012 年 3 月 23 日採集)，(c) マサゴハゼ (OMNH-P 38630，久々子湖，2012 年 10 月 9 日採集)，(d) クボハゼ (FAKU 134787，舞鶴湾，2012 年 3 月 22 日採集)。※ FAKU は京都大学，OMNH-P は大阪市立自然史博物館の魚類標本コレクション

から運ばれてきたものが偶発的に見つかったというわけではない。日本周辺海域の各地で採集されたタビラクチ，マサゴハゼ，ツマグロスジハゼについて，ミトコンドリア DNA のシトクロム *b* (cyt *b*) 領域の塩基配列を解読した結果，いずれの種においても，若狭湾の集団からは固有のハプロタイプ（遺伝子型）が検出された。さらに，MIG-seq 法 (Multiplexed ISSR Genotyping by sequencing：BOX1 も参照) によって得たゲノムワイドな一塩基多型 (Single Nucleotide Polymorphism, SNP) の情報をもとに集団構造解析を行った結果，タビラクチでは若狭湾の全標本が独立のクラスターに属していた（松井 未発表）。つまり，これらの干潟種は，最近他地域から分散してきたものではなく，ずっと昔から若狭湾内に分布しており，長期にわたって他地域の集団との遺伝的な交流が制限されてきたということになる。

干潟に棲むとされるハゼ類が，干潟の形成されない若狭湾で生息できる

のはなぜだろうか。干潟と一口に言っても，底質や塩分，地盤高などの環境は実に多様で，干潟ハゼ類は各種に好適な塩分環境や底質環境に生息している。若狭湾では，潮汐の特徴から，底層に広域な汽水環境は形成されにくい。しかし，舞鶴湾などの支湾では，湾内全域の塩分が外海よりも低く，湾内全域がエスチュアリーであると言える。また，若狭湾に流れ込む河川河口域では，小規模ながら潮汐の影響を受けて一日のうちで底層の塩分が変化するエリアがあり，さらに支湾の湾奥部には局所的な湧水域も存在するため，湾内には多様な塩分環境が形成されている。底質環境については，支湾の湾奥部に有機物が豊富で良好な砂泥底が形成されており，小河川の河口域や岸際から数十メートルは粒度組成や含水率等の底質の変化に非常に富んでいる。若狭湾に分布している干潟ハゼ類が生息するのに必要なのは干潟そのものではなく，干潟に出来やすい汽水環境と底質環境であり，それらの環境の多様さが，若狭湾における多種の干潟ハゼ類の生息を可能にしているのではないかと考えている。

日本海沿岸各所とのハゼ科魚類相の比較

　若狭湾のハゼ科魚類の記録（Matsui et al. 2014; 邉見・渡辺 2021）を，本州日本海側の他県の記録（河野ほか 2014; 園山ほか 2020）と比較し，若狭湾のハゼ科魚類相を概観する。

　まず，上記の文献において若狭湾では記録されていて他湾では記録されていない種の特徴をまとめる。汽水域の砂泥底あるいは砂礫底に生息する種のうち，マサゴハゼは他県での記録は無く，タビラクチは山口県で古い記録があるのみ，エドハゼ，クボハゼは，山口県と兵庫県で記録があるのみとなっている。また，内湾の砂浜に生息する種のうち，シラヌイハゼは新潟県や東北地方で記録があるのみとなっており，ニラミハゼについても，これらの県に加えて富山県，島根県，山口県で記録があるのみである。また，アカウオ，ヒゲハゼ，ホシノハゼなどに代表される強内湾性の泥底に生息するグループは，山口県および富山県からは多くの種が記録されているが，その他の県では記録がない，または数種が記録されるのみと

なっている。また，キオビチヒロハゼ，ベタハゼ属の一種，イレズミハゼ属の一種，イトヒキハゼ属の一種については，山口県で一部の種が記録されているのみである。

　次に，本州日本海沿岸の他県で記録されていて若狭湾では記録されていない種の特徴をまとめる。まずは，オキナワハゼ，オトメハゼ，アカハチハゼ，オニハゼ，クサハゼ等の主に熱帯・亜熱帯域や黒潮の影響下に分布する種で，これらは本州日本海沿岸では山口県のみで記録がある。山口県は黒潮を主な起源とする対馬暖流の上流側に位置し，海水温も若狭湾より高いため（気象庁 http://www.data.jma.go.jp/gmd/kaiyou/shindan/index_sst.html【参照 2022.01.15】），若狭湾よりも南方系種が生息・出現しやすいのだろう。次に，分布の中心が若狭湾より北寄りであるヘビハゼについては，福井県，富山県で記録があるが，京都府での記録はない。また，ミミズハゼ属やコマハゼ属，シロクラハゼ属，セジロハゼ属についても，若狭湾の記録は他県に比べ貧弱である。これらは転石間や礫下に潜んでいるグループで，採集や水中観察が難しいため，転石帯や礫浜での採集努力を増やせば種数はある程度増える可能性はある。しかし，これらのグループの記録が貧弱である背景には若狭湾の転石帯の環境のバリエーションがあまり豊かではないことが影響していると思われる。

　以上をまとめると，若狭湾のハゼ科魚類相は，（山口県で南方系種が多く記録されていることを除けば）山口県日本海沿岸や富山県と似ているものの，干潟種や深場の種の記録は本州日本海沿岸の中で突出している。若狭湾では，転石帯や礫浜の環境の多様性は比較的低いものの，汽水域の砂泥底や砂礫底，内湾の砂浜，泥底，深場，岩礁域などの環境が揃っていることが魚類相の豊かさにつながっていると考えられる。

3　若狭湾のハゼ類の遺伝的集団構造

若狭湾集団の系統地理学的な位置づけ

　次は種内の多様性に目を向けて，若狭湾のハゼ類の遺伝的集団構造の特徴を紹介する。沿岸域に生息する生物の遺伝的集団構造は，沿岸沖を流れる海流の流路に強く影響される。ハゼ類を含めた多くの海産生物は浮遊幼生期を持ち，その期間は海流や潮流に乗って受動的に分散する。このような受動的な分散においては，海流の進行方向に運ばれることは容易でも，海流を横切ったり逆らったりする方向への分散は難しい（松浦 2012）。そのため，多くの沿岸生物で，海流の流路に対応した遺伝的集団構造が形成されている。日本列島周辺では本州・四国・九州を取り囲むように二つの暖流，黒潮と対馬暖流（およびその分枝流）が流れている。ハゼ類では，一部の種において，この 2 暖流の流域に対応して異なる 2 系統（太平洋系統と日本海系統）が分布することが知られており，例えばシロウオ（Kokita and Nohara 2011），キヌバリ，チャガラ（Akihito et al. 2008），アゴハゼ（Hirase et al. 2012; Hirase and Ikeda 2014b），ドロメ（Hirase and Ikeda 2014a）など，主に岩礁種で例がある。この 2 系統の分岐は，更新世に地球規模の海面下降が起こった際，日本海が他の海域からほぼ孤立し，日本海の集団と他海域の集団が分化したことに起因すると考えられている（本書 4-1 も参照のこと）。

　一方，干潟種では，2 暖流に沿った 2 系統の分布が明瞭に見られない場合も多い。また，岩礁種と干潟種とでは，ミトコンドリア DNA のハプロタイプや SNPs にもとづくグループ構造が瀬戸内海などで大きく異なっている。これは更新世の海面低下期に集団が生残していた避難場所（レフュージア）の位置やその後の集団拡大の仕方が岩礁種と干潟種とで異なっていた可能性を示している。ただし，タビラクチ，マサゴハゼ，ツマグロスジハゼなどの干潟種でも，ミトコンドリア DNA のハプロタイプ頻度や SNPs にもとづく遺伝的要素の分布が 2 暖流の流域間では異なり，分集団化が認められる点では岩礁種と共通している（松井 2014; Matsui 2022;

松井 未発表）。

　若狭湾の個体は，系統分化や集団分化が見られる種ではいずれも，日本海系統あるいは日本海集団（種によっては日本海側に複数存在する集団の一つ）に主に属している。例として，ツマグロスジハゼの遺伝的集団構造を見てみよう。2006 年〜 2012 年に若狭湾を含む日本周辺海域各地でツマグロスジハゼを複数個体ずつ採集して MIG-seq 法によってゲノムワイドに SNP を検出し，SNP 636 座の情報に基づき集団構造解析を行った。その結果，若狭湾を含む日本海沿岸（および対馬海流の下流域）の地点間で個体の遺伝的要素の構成が似通っていることが分かった。このことから，若狭湾の個体と対馬暖流の下流に位置する地点の個体は同一の遺伝的集団に含まれると考えられる（図 2 ; 松井 未発表）。

若狭湾集団の遺伝的な固有性

　次に，若狭湾と他の地点間の遺伝的分化について見ていく（図 3 ; 松井 未発表）。ハゼ類 15 種について，2006 年〜 2018 年に若狭湾を含めた西日本周辺海域の多地点で標本を採集し，ミトコンドリア DNA の cyt b 領域を用いて採集地点間の遺伝的分化の程度を調べた。その結果，タビラクチ，ツマグロスジハゼ，ビリンゴでは，若狭湾（あるいは京都府北部の久美浜湾）の集団が他のすべての集団と遺伝的に分化している傾向が認められ，遺伝的な固有性の高い集団であることが示唆された。マサゴハゼ，エドハゼ，アシシロハゼ，スジハゼ，ドロメでは，西日本の日本海沿岸の地点間では有意な分化が見られなかったものの，他海域の地点とは分化傾向にあった。一方，アベハゼ，イソミミズハゼ，ミミズハゼ，モヨウハゼ，イトヒキハゼ，アカハゼ，アカウオでは，若狭湾とほぼすべての地点間で有意な遺伝的分化は認められなかった。

分集団化の程度と生態的特性との関係

　若狭湾集団と他地点の集団との遺伝的分化の程度が，同じハゼ類の中でも種間でこれほど異なっているのはなぜだろうか。その要因として，種間

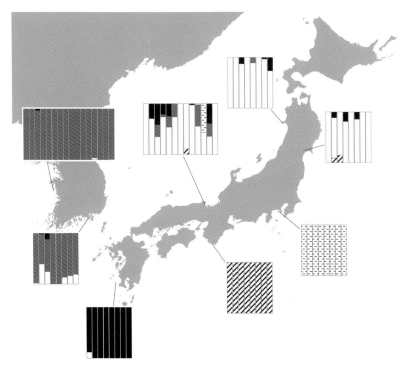

図2 ツマグロスジハゼの日本周辺海域における遺伝的集団構造。棒グラフは MIG-seq 法によって得られた636 SNPs の情報に基づき集団構造解析を行った結果を示す。各カラムは，祖先集団を5つと仮定したとき (K＝5)，各祖先集団の遺伝的要素が各個体に占める割合を示す。

の生態的特性の違いが少なからず関わっていると考えられる。

　一つ目の生態的要因として，成魚の生息域の選好性の違いが挙げられる (e.g., Rocha et al. 2002; Hickey et al. 2009)。例えば，地点間の遺伝的分化が認められたタビラクチ，ツマグロスジハゼ，マサゴハゼ，エドハゼ，ビリンゴ，アシシロハゼ，スジハゼ，ドロメは，いずれも内湾の湾奥部の沿岸域や河口域に生息している。これに対し，地点間の遺伝的分化がほとんど認められなかったモヨウハゼ，アカウオ，アカハゼ，イトヒキハゼは，いず

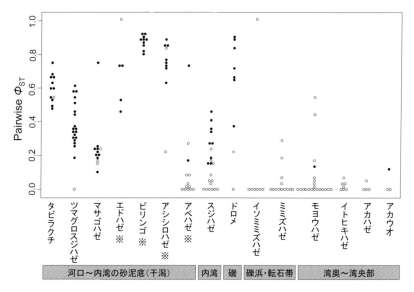

図3　ハゼ類15種における若狭湾（または久美浜湾）個体群と日本周辺海域の他地域個体群との Pairwise Φ_{ST}（地点間の遺伝的分化の指標）の比較。※を付した種は久美浜湾，その他の種は若狭湾で採集した個体を用いた値を示す。黒は $p < 0.05$，白は $p \geq 0.05$。

　れもやや深場の泥底に生息しており若狭湾の湾央部にまで分布している。ハゼ類は何らかの基質に付着卵を産みつけることが多いため，成魚の（産卵期の）生息域は概ね仔魚の孵化場となる。したがって，成魚が湾奥部に生息している種では，成魚が湾央部にまで生息している種よりも，浮遊仔魚が湾内に留まりやすく，地点間の遺伝的分化が維持・促進されると考えられる。

　上記の種のうち，キララハゼ属のツマグロスジハゼ，スジハゼ，モヨウハゼはかつて「スジハゼ」1種として扱われていたほど形態的によく似た姉妹種であるが，遺伝的集団構造は種間で大きく異なっており，これには仔魚期の分布の違いが関係していると考えられる（松井 2014）。2011 年〜

2012年に，丹後海で3種の仔魚の水平分布調査を行ったところ，ツマグロスジハゼとスジハゼの仔魚は発育段階に関係なく舞鶴湾の湾奥部でのみ採集され，湾内における仔魚の水平分布は成魚の分布と概ね一致していた。これに対し，モヨウハゼの仔魚は舞鶴湾内のみならず丹後海の全域に出現し，成魚の分布範囲より5 km以上沖側でも確認された。この結果から，ツマグロスジハゼとスジハゼの仔魚は親の生息域周辺に留まるのに対し，モヨウハゼの仔魚（の少なくとも一部）は親の生息域から離れて大きく分散することが示唆された。ツマグロスジハゼとスジハゼの仔魚は流れの影響の比較的小さな湾奥部で孵化するために分散が小さくなるのに対し，モヨウハゼの仔魚は流れの影響を受けやすい湾央部でも孵化するため孵化場から遠くに流されることがあり，集団全体として見たときにツマグロスジハゼやスジハゼよりもモヨウハゼの仔魚分散が大きくなると考えられる。

　二つ目の生態的要因として，集団間の地理的距離や生息環境の連続性が挙げられる（e.g., Riginos and Nachman 2001; Binks et al. 2019）。例えば，若狭湾集団と他地点の集団との間で強い遺伝的分化が認められたタビラクチでは，本州日本海沿岸で知られている分布域は若狭湾と山口県油谷湾のみであり，分布域間に大きなギャップがある。このため，他地点から若狭湾に浮遊仔魚が流れ着くことができず，他地点と間で遺伝的な交流が強く制限されていると考えられる。

　三つ目として，生活史特性の違いがある。遺伝的集団構造に影響を与えるとされる生活史特性として，浮遊仔魚期間の有無や長さのほか，卵の性質，寿命などが知られている（e.g., Doherty et al. 1995; Kuo and Janzen 2004; Jones et al. 2009）。一般に，ハゼ類の成魚の分散力は低く，個体分散のほとんどを浮遊仔魚期における受動的な分散に依存しているため，浮遊仔魚期間の長さが個体分散の大きさに強く影響する。

　四つ目として，仔魚期の能動的な移動（e.g., Burton and Feldman 1982; Woodson and McManus 2007）など，各生活史段階の分散特性や行動特性の違いがある。地点間の遺伝的分化を調べた上記の15種のハゼでは，浮遊仔魚期間の長さにそれほど大きな種間差は知られていない。ところが，例

えばミミズハゼでは，発育段階初期の仔魚は産卵場近くの浅場に分布するものの，後期仔魚や初期の稚魚は岸からやや離れた場所で浮遊することが知られている（道津 1957; 川端 1993）。この分散特性が仔魚の能動的な移動によるものかは分からないが，仔魚が岸から離れた場所に浮遊していることで，湾外に流されて大きく分散するチャンスは増えるだろう。

　これらの生態的要因は，それぞれ単独で遺伝的交流に影響を及ぼしているのではない。例えば，上記のキララハゼ属 3 姉妹種の場合，生息域の選好性が種間で異なっているだけでなく，成熟する体サイズや産卵期の長さにも種間差が認められる。すなわち，モヨウハゼは他の 2 種よりも早熟で産卵期の長さが他の 2 種の約 2 倍にも及ぶ（松井ほか 2014）。モヨウハゼの仔魚の少なくとも一部は孵化場から遠く離れたところまで流されて大きく分散するため，個体群の分布を拡げるチャンスがある一方で，生息に適さない環境に着底するリスクも高いと思われる。このリスクを分散させるため，モヨウハゼは早熟して長い産卵期を持ち，仔魚が成育に好適な環境に着底するチャンスを増やして，適応度をある程度高い水準に保っているのではないだろうか。反対にツマグロスジハゼとスジハゼの仔魚は孵化場から遠くへは流されないため，親の生息域周辺の好適な環境に着底できる確率が高い。このため，産卵期が比較的短くても，各個体の適応度は高い水準に保たれるのではないだろうか。このように，ごく近縁な種間でも種によって異なる個体群維持機構を持っており，複合的な生態的要因が遺伝的分化の程度の違いとなって表れていると考えられる。

4　若狭湾の里海に暮らすハゼ類の保全

　ここまで，若狭湾のハゼ類の多様性と固有性について紹介してきた。しかし，この豊かさは簡単に失われてしまう危険性をはらんでいる。若狭湾で記録のあるハゼ類 56 種のうち 7 種は，環境省レッドリスト 2020（http://

www.env.go.jp/press/107905.html【参照 2022.01.15】）において絶滅危惧種または準絶滅危惧種として掲載されている希少種である。若狭湾に生息する魚類の中で，ハゼ類は特に絶滅危惧種の割合が高い。これは若狭湾に限らず言えることで，ハゼ類の多くは人間活動の影響を受けやすい里海に生息しているため，好適な環境を特に奪われやすいグループなのである。若狭湾で記録されている絶滅危惧種のハゼについて注目すべきは，そのほとんどが他の海域では砂泥干潟で多く見られる「干潟種」であるという点である。若狭湾における干潟種の生息域は，いずれの種も支湾のごく一部に限られており，湾奥部の小河川河口域や淡水湧出域の砂泥環境に小さな個体群を形成して細々と生息している。このような場所は，里海の中でも特に人による環境改変の手が入りやすく，環境悪化の影響を受けやすい。生息域やその付近で護岸や埋め立てが行われたり，養殖場が作られたりすることによって生息環境が損失・悪化すれば，若狭湾の個体群は簡単に絶滅してしまう恐れがある。それにもかかわらず，若狭湾に生息する希少種の存在はあまり知られておらず，その多くは京都府や福井県のレッドリストにも掲載されていない。早急に若狭湾のハゼ類の希少性についての認知度を高めるとともに，個体群を保全するための方策を講じる必要があるだろう。若狭湾の里海に暮らす豊かなハゼの姿を未来につなぎたい。

エイ類の多様性

三澤　遼

水産研究・教育機構水産資源研究所

　エイ類は沿岸や汽水域だけでなく大陸斜面域や外洋の表層，淡水域にも生息する生態的に多様な仲間で，ヨーロッパや東アジアを中心に食用として利用されている。現在，エイ類は世界に685種（日本産83種）が認められており，そのうちガンギエイ目が302種（日本産33種）と多い（https://researcharchive.calacademy.org/research/ichthyology/catalog/fishcatmain.asp【参照2022.01.02】；https://www.museum.kagoshima-u.ac.jp/staff/motomura/jaf.html【参照2021.12.01】）。これらのデータベースによると，軟骨魚綱の総種数が1293種（サメ類552種，ギンザメ類56種）であることからガンギエイ目の種多様性は特筆すべき高さと言える。ガンギエイ目の多くは地域固有性が高く，分散能力や回遊範囲が限定的とされる。コモンカスベやドブカスベにおいては，狭い海峡でつながる日本海では太平洋やオホーツク海の集団との交流が少ないことが知られ（Misawa et al. 2019, 2020），種内でも明確に分化した地域集団が認められる。このような特徴が種分化を引き起こしやすくするとともに本目の種多様性の高さに関係すると推測される。また，軟骨魚類は産卵・産仔数が少なく，近年は保全に関して多くの議論がなされているが，上述のような地域個体群レベルでの保全も重要となる。

　食用としてのエイ類の知名度は高くはないものの，ガンギエイ目は "かすべ" や "かすぺ" と呼ばれ，乾物（いわゆるエイヒレ）や唐揚げ，煮つけ，ムニエル，刺身として賞味され，日本では比較的馴染み深い。"かすべ" の刺身はなかなかお目にかかれないが，見つけた際には是非挑戦していただきたい（筆者は函館の居酒屋で発見したが，かなり美味であった）。

"かすべ" の調理例。エイヒレ（左）と刺身（右）。

より深く学びたい人のための参考図書

Brown, C., Laland, K. and Krause, J. (2011) Fish Cognition and Behavior. Blackwell Publishing Ltd, Oxford, UK.

土居秀幸・近藤倫生 編集（2021）『環境 DNA ——生態系の真の姿を読み解く』共立出版, 東京.

ヘレン・スケールズ 著, 林裕美子 訳（2020）『魚の自然史——光で交信する魚, 狩りと体色変化, フグ毒とゾンビ伝説』築地書房, 東京.

Kai, Y., Motomura, H. and Matsuura, K. (eds.) (2022) Fish Diversity of Japan : Evolution, Zoogeography, and Conservation. Springer, Singapore.

Magurran, A.E. (2004) Measuring Biological Diversity. Blackwell Publishing, MA, USA.

益田玲爾（2006）『魚の心をさぐる——魚の心理と行動』(ベルソーブックス 026) 成山堂書店, 東京.

大串隆之・近藤倫生・難波利幸 編集（2020）『生物群集を理解する』(シリーズ群集生態学 1) 京都大学学術出版会, 京都.

塚本勝巳 編集（2010）『魚類生態学の基礎』恒星社厚生閣, 東京.

引用文献

Ackerman, J.L. and Bellwood, D.R. (2000) Reef fish assemblages: a re-evaluation using enclosed rotenone stations. Marine Ecology Progress Series, 206: 227–237.

Akihito, Akishinonomiya, F., Ikeda, Y., Aizawa, M., Makino, T., Umehara, Y., Kai, Y., Nishimoto, Y., Hasegawa, M., Nakabo, T. and Gojobori, T. (2008) Evolution of Pacific Ocean and the Sea of Japan populations of the gobiid species, *Pterogobius elapoides* and *Pterogobius zonoleucus*, based on molecular and morphological analyses. Gene, 427: 7–18.

青木貴志・笠井亮秀・冨士泰期・上野正博・山下 洋（2014）由良川河口域における魚類群集と餌生物の季節変動. 水産海洋研究, 78: 1–12.

Beck, M.W., Heck, K.L., Able, K.W., Childers, D.L., Eggleston, D.B., Gillanders, B.M., Halpern, B., Hays, C.G., Hoshino, K., Minello, T.J., Orth, R.J., Sheridan, P.F. and Weinstein, M.R. (2001) The identification, conservation, and management of estuarine and marine nurseries for fish and invertebrates. BioScience, 51: 633–641.

Beukema, J.J. (1969) Angling experiments with carp (*Cyprinus carpio* L.): I. Differences between wild, domesticated, and hybrid strains. Netherlands Journal of Zoology, 19: 596–609.

Beukema, J.J. (1970) Angling experiments with carp (*Cyprinus carpio* L.): II. Decreasing catchability through one-trial learning. Netherlands Journal of Zoology, 20: 81–92.

Binks, R.M., Byrne, M., McMahon, K., Pitt, G., Murray, K. and Evans, R.D. (2019) Habitat discontinuities form strong barriers to gene flow among mangrove populations, despite the capacity for long-distance dispersal. Diversity and Distributions, 25: 298–309.

Braithwaite, V.A. and Girvan, J.R. (2003) Use of water flow direction to provide spatial information in a small-scale orientation task. Journal of Fish Biology, 63:74–83.

Brown, C. and Day, R.L. (2002) The future of stock enhancements: lessons for hatchery practice from conservation biology. Fish and Fisheries, 3: 79-94.

Brown, C., Burgess, F. and Braithwaite, V.A.（2007）Heritable and experiential effects on boldness in a tropical poeciliid. Behavioral Ecology and Sociobiology, 62: 237-243.

Brown, C., Laland, K. and Krause, J.（2011）Fish Cognition and Behavior. Blackwell Publishing Ltd, Oxford, UK.

Brown, G.E., Ferrari, M.C.O., Elvidge, C.K., Ramnarine, I. and Chivers, D.P.（2013）Phenotypically plastic neophobia: a response to variable predation risk. Proceedings of the Royal Society of London Series B-biological Sciences, 280: 20122712, DOI: 10.1098/rspb.2012.2712

Bshary, R. and Brown, C.（2014）Fish cognition. Current Biology, 24: R947-R950.

Bujold, V., Cunjak, R.A., Dietrich, J.P. and Courtemanche, D.A. (2004) Drifters versus residents: assessing size and age differences in Atlantic salmon (*Salmo salar*) fry. Canadian Journal of Fisheries and Aquatic Sciences, 61: 273-282.

Burton, R.S. and Feldman, M.W.（1982）Population genetics of coastal and estuarine invertebrates: Does larval behavior influence population structure? In Kennedy, V.S. (ed.) Estuarine Comparisons. pp. 537-551. Academic Press, New York, USA.

Bylemans, J., Furlan, E.M., Hardy, C.M., McGuffie, P., Lintermans, M. and Gleeson, D. M.（2017）An environmental DNA‐based method for monitoring spawning activity: A case study, using the endangered Macquarie perch (*Macquaria australasica*). Methods in Ecology and Evolution, 8: 646-655.

Carpenter, K. E. and Springer, V.G.（2005）The center of the center of marine shore fish biodiversity: the Philippine Islands. Environmental Biology of Fishes, 72: 467-480.

Costanza, R., D'Argre, R., de Groot, R., Faber, S., Grasso, M., Hannon, B., Limburg, K., Naeem, S., O'Neil, R.V., Paruelo, J., Raskin, R.G., Sutton, P. and van der Belt, M. （1997）The values of the world's ecosystem services and natural capital. Nature, 387: 253-260.

Doherty, P.J., Planes, S. and Mather, P.（1995）Gene flow and larval duration in seven species of fish from the Great Barrier Reef. Ecology, 76: 2373-2391.

道津喜衞（1957）ミミズハゼの生活史. 九州大學農學部學藝雜誌，16: 93-100.

du Pontavice, H., Gascuel, D., Reygondeau, G., Maureaud, A. and Cheung, W.W.L.（2020）Climate change undermines the global functioning of marine food webs. Global Change Biology, 26: 1306-1318.

Endo, H. and Matsuura, K.（2022）Geography, currents, and fish diversity of Japan. In Kai, Y., Motomura, H. and Matsuura, K. (eds.) Fish Diversity of Japan: Evolution, Zoogeography, and Conservation. pp. 7-18. Springer, Singapore.

Froese, R. and Pauly, D. (Eds)(2019) FishBase. World Wide Web electronic publication. (www.fishbase.org.)

Fuji, T., Kasai, A., Suzuki, K.W., Ueno, M. and Yamashita, Y.（2010）Freshwater migration and feeding habits of juvenile temperate seabass *Lateolabrax japonicus* in the stratified Yura River estuary, the Sea of Japan. Fisheries Science, 76: 643-652.

Fuji, T., Kasai, A., Suzuki, K.W., Ueno, M. and Yamashita, Y.（2011）Migration ecology of juvenile temperate seabass *Lateolabrax japonicus*: a carbon stable-isotope approach. Journal of Fish Biology, 78: 2010-2025.

Fuji, T., Kasai, A., Ueno, M. and Yamashita, Y.（2014）Growth and migration patterns of juvenile temperate seabass *Lateolabrax japonicus* in the Yura River estuary, Japan–combination of stable isotope ratio and otolith microstructure analyses. Environmental Biology of Fishes, 97: 1221–1232.

Fuji, T., Kasai, A., Ueno, M. and Yamashita, Y.（2016a）Importance of estuarine nursery areas for the adult population of the temperate seabass *Lateolabrax japonicus*, as revealed by otolith Sr:Ca ratios. Fisheries Oceanography, 25: 448–456.

Fuji, T., Kasai, A., Ueno, M. and Yamashita, Y.（2016b）The importance of estuarine production of large prey for the growth of juvenile temperate seabass (*Lateolabrax japonicus*). Estuaries and Coasts, 39: 1208–1220.

Fuji, T., Kasai, A., and Yamashita, Y.（2018）Upstream migration mechanisms of juvenile temperate sea bass *Lateolabrax japonicus* in the stratified Yura River estuary. Fisheries Science, 84: 163–172.

Fujikura, K., Lindsay, D., Kitazato, H., Nishida, S. and Shirayama, Y.（2010）Marine biodiversity in Japanese waters. PloS ONE 5(8): e11836.

Fujita, M., Yamasaki, S., Katagiri, C., Oshiro, I., Sano, K., Kurozumi, T., Sugawara, H., Kunikita, D., Matsuzaki, H., Kano, A., Okumura, T., Sone, T., Fujita, H., Kobayashi, S., Naruse, T., Kondo, M., Matsu'ura, S., Suwa, G. and Kaifu, Y.（2016）Advanced maritime adaptation in the western Pacific coastal region extends back to 35,000–30,000 years before present. Proceedings of the National Academy of Sciences of the United States of America, 113: 11184–11189.

Fukaya, K., Murakami, H., Yoon, S., Minami, K., Osada, Y., Yamamoto, S., Masuda, R., Kasai, A., Miyashita, K., Minamoto, T. and Kondoh, M.（2021）Estimating fish population abundance by integrating quantitative data on environmental DNA and hydrodynamic modelling. Molecular Ecology, 30: 3057–3067.

Fukuzawa, H., Mori, T., Matsuzaki, K. and Kai, Y.（2022）*Icelus hypselopterus*, a new cottid from the southern Sea of Okhotsk. Ichthyological Research, DOI: 10.1007/s10228-021-00855-w.

船田秀之助（1963）若狭湾におけるアカアマダイの資源調査　アカアマダイの生物学的研究．京都府水産試験場業績, 15: 1–24.

Gamo, T., Nakayama, N., Takahata, N., Sano, Y., Zhang, J., Yamazaki, E., Taniyasu, S. and Yamashita, N.（2014）The Sea of Japan and its unique chemistry revealed by time-series observations over the last 30 years. Monographs on Environment, Earth and Planets, 2: 1–22.

蒲生俊敬（2016）『日本海——その深層で起こっていること』講談社，東京．

Girvan, J.R. and Braithwaite, V.A.（1998）Population differences in spatial learning in three-spined sticklebacks. Proceedings of the Royal Society of London Series B-biological Sciences, 265: 913–918.

Gorbarenko, S.A. and Southon, J.R.（2000）Detailed Japan Sea paleoceanography during the last 25 kyr: constraints from AMS dating and δ 18O of planktonic foraminifera. Palaeogeography, Palaeoclimatology, Palaeoecology, 156: 177–193.

邉見由美・渡辺萌（2021）若狭湾から得られた日本海初記録となるタネハゼ *Callogobius tanegashimae*．魚類学雑誌, 68: 183–188.

Hickey, A.J., Lavery, S.D., Hannan, D.A., Baker, C.S. and Clements, K.D.（2009）New Zealand triplefin fishes (family Tripterygiidae): contrasting population structure and mtDNA diversity within a marine species flock. Molecular Ecology, 18: 680-696.

Hirase, S., Ikeda, M., Kanno, M. and Kijima, A.（2012）Phylogeography of the intertidal goby *Chaenogobius annularis* associated with paleoenvironmental changes around the Japanese Archipelago. Marine Ecology Progress Series, 450: 167-179.

Hirase, S. and Ikeda, M.（2014a）Divergence of mitochondrial DNA lineage of the rocky intertidal goby *Chaenogobius gulosus* around the Japanese Archipelago: reference to multiple Pleistocene isolation events in the Sea of Japan. Marine Biology, 161: 565-574.

Hirase, S. and Ikeda, M.（2014b）Long-term and post-glacial expansion in the Japanese rocky intertidal goby *Chaenogobius annularis*. Marine Ecology Progress Series, 499: 217-231.

Hirase, S.（2022）Comparative phylogeography of coastal gobies in the Japanese Archipelago: future perspectives for the study of adaptive divergence and speciation. Ichthyological Research, 69: 1-16.

Horiuchi, T., Masuda, R., Murakami, H., Yamamoto, S. and Minamoto, T.（2019）Biomass-dependent emission of environmental DNA in jack mackerel *Trachurus japonicus* juveniles. Journal of Fish Biology, 95: 979-981.

今井貞彦（1959）日本近海産トビウオ類生活史の研究―I．鹿児島大学水産学部紀要，5: 1-102.

井上太郎・和田洋藏・戸嶋孝・竹野功麿（2007）京都府沿岸で漁獲されるサワラの年齢および移動について．京都府海洋センター研究報告，29: 1-6.

井関智明・町田雅春・竹内宏行・八木祐太・上原伸二（2017）耳石横断面法と表面法を用いた若狭湾西部海域におけるアカアマダイの年齢と成長．日本水産学会誌，83: 174-182.

Iwamoto, Y. and Shoji, J.（2017）Natural habitat contributes more to estuarine fish production than artificial habitat; an example from inter-river comparison in the Ohta River estuaries. Fisheries Science, 83:795-801.

Jiang, W., Lavergne, E., Kurita, Y., Todate, K., Kasai, A., Fuji, T. and Yamashita, Y.（2019）Age determination and growth pattern of temperate seabass *Lateolabrax japonicus* in Tango Bay and Sendai Bay, Japan. Fisheries Science, 85: 81-98.

Jo, T., Murakami, H., Masuda, R., Sakata, M. K., Yamamoto, S. and Minamoto, T.（2017）Rapid degradation of longer DNA fragments enables the improved estimation of distribution and biomass using environmental DNA. Molecular Ecology Resources, 17: e25-e33.

Jo, T., Murakami, H., Yamamoto, S., Masuda, R. and Minamoto, T.（2019）Effect of water temperature and fish biomass on environmental DNA shedding, degradation, and size distribution. Ecology and Evolution, 9: 1135-1146.

Jones, G.P., Almay, G.R., Russ, G.R., Sale, P.F., Steneck, R.S., Van Oppen, M.J.H. and Willis, B.L.（2009）Larval retention and connectivity among populations of corals and reef fishes: history, advances and challenges. Coral Reefs, 28: 307-325.

Kafanov, A.I., Volvenk, I.V., Fedorov, V.V. and Pitruk, D.L.（2000）Ichthyofaunistic biogeography of the Japan (East) Sea. Journal of Biogeography, 27: 915-933.

Kai, Y.（2022）Fish diversity of subarctic waters in Japan. In Kai, Y., Motomura, H. and Matsuura, K. (eds.) Fish Diversity of Japan: Evolution, Zoogeography, and Conservation. pp. 111-124. Springer, Singapore.

Kai, Y. and Motomura, H.（2022）Origin and present distribution of fishes in Japan. In Kai, Y., Motomura, H. and Matsuura, K. (eds.) Fish Diversity of Japan: Evolution, Zoogeography, and Conservation. pp. 19–31. Springer, Singapore.

Kaneko, S., Masuda, R., and Yamashita, Y. (2019) Memory retention capacity using two different training methods, appetitive and aversive learning, in juvenile red sea bream *Chrysophrys major*. Journal of Fish Biology, 94: 231–240.

Kasai, A., Kurikawa, Y., Ueno, M., Robert, D. and Yamashita, Y.（2010）Salt-wedge intrusion of seawater and its implication for phytoplankton dynamics in the Yura Estuary, Japan. Estuarine, Coastal and Shelf Science, 86: 408–414.

Kasai, A., Fuji, T., Suzuki, K.W. and Yamashita, Y.（2018）Partial migration of juvenile temperate seabass *Lateolabrax japonicus*: a versatile survival strategy. Fisheries Science, 84: 153–162.

川端淳（1993）女川湾に出現したミミズハゼ属 *Luciogobius* 3種の浮遊期稚仔魚の分布特性について. 東北区水産研究所研究報告, 55: 65–73.

Kawabata, Y., Asami, K., Kobayashi, M., Sato, T., Okuzawa, K., Yamada, H., Yoseda, K. and Arai, N.（2011）Effect of shelter acclimation on the post- release survival of hatchery-reared black-spot tuskfish *Choerodon schoenleinii*: laboratory experiments using the reef-resident preda- tor white-streaked grouper *Epinephelus ongus*. Fisheries Science, 77: 79–85.

河野光久（2004）ホソトビウオ（*Cypselurus hiraii*）の資源生物学的研究. 山口県水産研究センター研究報告, 2: 27–76.

河野光久・土井啓行・堀成夫（2011）山口県日本海産魚類目録. 山口県水産研究センター研究報告, 9: 29–64.

河野光久・三宅博哉・星野昇・伊藤欣吾・山中智之・甲本亮太・忠鉢孝明・安藤弥・池田怜・大慶則之・木下仁徳・児玉晃治・手賀太郎・山崎淳・森俊郎・長濵達章・大谷徹也・山田英明・村山達朗・安藤朗彦・甲斐修也・土井啓行・杉山秀樹・飯田新二・船木信一（2014）日本海産魚類目録. 山口県水産研究センター研究報告, 11: 1–30.

Kintzing, M.D. and Butler, M.J.IV（2014）Effects of predation upon the long-spined sea urchin *Diadema antillarum* by the spotted spiny lobster *Panulirus guttatus*. Marine Ecology Progress Series, 495: 185–191.

清野精次・林文三・小味山太一（1977）若狭湾産アカアマダイの生態研究─I　産卵と性比. 京都府立海洋センター研究報告, 1: 1–14.

Kodama, Y., Yanagimoto, T., Shinohara, G., Hayashi, I. and Kojima, S.（2008）Deviation age of a deep-sea demersal fish, *Bothrocara hollandi*, between the Japan Sea and the Okhotsk Sea. Molecular Phylogenetics and Evolution, 49: 682–687.

Kokita, T. and Nohara, K.（2011）Phylogeography and historical demography of the anadromous fish *Leucopsarion petersii* in relation to geological history and oceanography around the Japanese Archipelago. Molecular Ecology, 20: 143–164.

Kokita, T.（2022）Adaptive phenotypic divergence in fishes of Japan: potential model systems for ecological and evolutionary genomics. In Kai, Y., Motomura, H. and Matsuura, K. (eds.) Fish Diversity of Japan: Evolution, Zoogeography, and Conservation. pp. 237–262. Springer, Singapore.

Kraus, R.T. and Secor, D.H.（2004）Dynamics of white perch *Morone americana* population contingents in the Patuxent River estuary, Maryland, USA. Marine Ecology Progress Series, 279: 247–259.

Kume, M., Lavergne, E., Ahn, H., Terashima, Y., Kadowaki, K., Ye, F., Kameyama, S., Kai, Y., Henmi, Y., Yamashita, Y. and Kasai, A.（2021）Factors structuring estuarine and coastal fish communities across Japan using environmental DNA metabarcoding. Ecological Indicators, 121, 107216.

Kuo, C-H. and Janzen, F.J.（2004）Genetic effects of a persistent bottleneck on a natural population of ornate box turtles (*Terrapene ornata*). Conservation Genetics, 5: 425–437.

Kuparinen, A. and Merilä, J.（2007）Detecting and managing fisheries-induced evolution. Trends in Ecology and Evolution, 22: 652–659.

Lavergne, E., Kume, M., Ahn, H., Henmi, Y., Terashima, Y., Ye, F., Kameyama, S., Kai, Y., Kadowaki, K., Kobayashi, S., Yamashita, Y. and Kasai, A.（2021）Effects of forest cover on richness of threatened fish species in Japan. Conservation Biology. doi/10.1111/cobi.13849

Makino, H., Masuda, R. and Tanaka, M.（2006）Ontogenetic changes of learning capability under reward conditioning in striped knifejaw *Oplegnathus fasciatus* juveniles. Fisheries Science, 72: 1177–1182.

Masuda, R. and Tsukamoto, K.（1998）Stock enhancement in Japan: review and perspective. Bulletin of Marine Science, 62: 337–358.

Masuda, R. and Ziemann, D.A.（2000）Ontogenetic changes of learning capability and stress recovery in Pacific threadfin juveniles. Journal of Fish Biology, 56: 1239–1247.

Masuda, R.（2008）Seasonal and interannual variation of subtidal fish assemblages in Wakasa Bay with reference to the warming trend in the Sea of Japan. Environmental Biology of Fishes, 82: 387–399.

Masuda, R.（2009）Ontogenetic changes in the ecological function of the association behavior between jack mackerel *Trachurus japonicus* and jellyfish. Hydrobiologia, 616: 269–277.

Masuda, R., Hatakeyama, M., Yokoyama, K. and Tanaka, M.（2016）Recovery of coastal fauna after the 2011 tsunami in Japan as determined by bimonthly underwater visual censuses conducted over five years. PLoS ONE, 11: e0168261.

Masuda, R.（2020）Tropical fishes vanished after the operation of a nuclear power plant was suspended in the Sea of Japan. PLoS ONE, 15: e0232065.

松井彰子・上野正博・甲斐嘉晃・山下洋（2011）絶滅危惧種タビラクチの京都府舞鶴湾からの記録と生息環境．魚類学雑誌, 58(2): 209–211.

松井彰子（2014）スジハゼ複合種群における遺伝的集団構造の形成にかかわる生態的特性の解明．博士論文，京都大学大学院農学研究科，京都.

Matsui, S., Inui, R. and Kai, Y.（2014）Annotated checklist of gobioid fishes (Perciformes, Gobioidei) from Wakasa Bay, Sea of Japan. Bulletin of the Osaka Museum of Natural History, 68: 1–25.

松井彰子・上野正博・山下洋（2014）京都府舞鶴湾の同所的生息地におけるキララハゼ属3種の成長および繁殖特性．水産海洋研究, 78: 1–11.

Matsui, S.（2022）Chapter 10: Phylogeography of coastal fishes of Japan. In Kai, Y., Motomura, H. and Keiichi Matsuura (eds.), Fish Diversity of Japan: Evolution, Zoogeography, and Conservation. pp. 177–204. Springer, Singapore.

松浦啓一 編（2012）『黒潮の魚たち』東海大学出版会，神奈川．

Miller, P.J.（1993）Grading of gobies and disturbing of sleepers. NERC News, 27: 16-19.

Misawa, R., Narimatsu, Y., Endo, H. and Kai, Y.（2019）Population structure of the ocellate spot skate (*Okamejei kenojei*) inferred from variations in mitochondrial DNA (mtDNA) sequences and from morphological characters of regional populations. Fishery Bulletin, 117: 24-36.

Misawa, R., Orlov, A. M., Orlova, S. Y., Gordeev, I. I., Ishihara, H., Hamatsu, T., Ueda, Y., Fujiwara, K., Endo, H. and Kai, Y. (2020) *Bathyraja* (*Arctoraja*) *sexoculata* sp. nov., a new softnose skate (Rajiformes: Arhynchobatidae) from Simushir Island, Kuril Islands (western North Pacific), with special reference to geographic variations in *Bathyraja* (*Arctoraja*) *smirnovi*. Zootaxa, 4861: 515-543.

三栖寛（1974）対馬暖流域の底魚資源．『対馬暖流——海洋構造と漁業』（日本水産学会編）pp. 91-110．恒星社厚生閣，東京．

Mitamura, H., Arai, N., Mitsunaga, Y., Yokota, T., Takeuchi, H., Tsuzaki, T. and Itani, M.（2005）Directed movements and diel burrow fidelity patterns of red tilefish, *Branchiostegus japonicus*, determined using ultrasonic telemetry. Fisheries Science, 71: 491-498.

Mitamura, H., Uchida, K., Miyamoto, Y., Arai, N., Kakihara, T., Yokota, T., Okuyama, J., Kawabata, Y. and Yasuda, T.（2009）Preliminary study on homing, site fidelity, and diel movement of black rockfish *Sebastes inermis* measured by acoustic telemetry. Fisheries Science, 75: 1133-1140.

Miya, M., Sato, Y., Fukunaga, T., Sado, T., Poulsen, J. Y., Sato, K., Minamoto, T., Yamamoto, S., Yamanaka, H., Araki, H., Kondoh, M. and Iwasaki, W. (2015). MiFish, a set of universal PCR primers for metabarcoding environmental DNA from fishes: detection of more than 230 subtropical marine species. Royal Society Open Science, 2: 150088.

Miyazaki, Y., Ikeda, Y. and Senou, H. (2015) The northernmost records of *Chromis notata* and *Sagamia geneionema* from Hokkaido, Japan. Marine Biodiversity Records, 8: e13.

Moscicki, M. K. and Hurd, P. L.（2015）Sex, boldness and stress experience affect convict cichlid, *Amatitlania nigrofasciata*, open field behaviour. Animal Behaviour 107: 105-114.

Murakami, H., Yoon, S., Kasai, A., Minamoto, T., Yamamoto, S., Sakata, M. K., Horiuchi, T., Sawada, H., Kondoh, M., Yamashita, Y. and Masuda, R.（2019）Dispersion and degradation of environmental DNA from caged fish in a marine environment. Fisheries Science, 85: 327-337.

Murakami, H., Masuda, R., Yamamoto, S., Minamoto, T. and Yamashita, Y.（2022）Environmental DNA emission by two carangid fishes in single and mixed-species tanks. Fisheries Science, 88: 55-62.

村山達郎（1991）日本海におけるブリの資源生態に関する研究．島根県水産試験場研究報告，7: 1-64.

長沼光亮（2000）生物の生息環境としての日本海．日本海区水産研究所報告，50: 1-42.

中坊徹次編（2013a）日本産魚類検索 全種の同定 第三版．東海大学出版会，神奈川．

中坊徹次（2013b）東アジアにおける魚類の生物地理学．『日本産魚類検索 全種の同定 第三版』（中坊徹次編）pp. 2289-2338．東海大学出版会，神奈川．

中村智幸（2015）レジャー白書からみた日本における遊漁の推移．日本水産学会誌，81: 274-282.

Nakayama, N.（2022）Diversity and distribution patterns of deep-sea demersal fishes of Japan: a perspective from grenadiers. In Kai, Y., Motomura, H. and Matsuura, K. (eds.) Fish Diversity of Japan: Evolution, Zoogeography, and Conservation. pp. 125-142. Springer, Singapore.

西田睦・入江隆彦・田中克（1977）舞鶴湾の藻場およびその周辺の魚類.『舞鶴湾の動植物リスト』pp. 54-61. 京都大学農学部附属水産実験所，舞鶴.

Nishimura, S.（1965）The zoogeographical aspects of the Japan Sea, part I. Publications of the Seto Marine Biological Laboratory, 13: 35-79.

西村三郎（1974）『日本海の成立──生物地理学からのアプローチ』築地書館，東京.

西村三郎（1981）『地球の海と生命──海洋生物地理学序説』海鳴社，東京.

大垣俊一（2008）多様度と類似度，分類学的新指標. Argonauta, 15: 10-22.

Ogata, M., Masuda, R., Harino, H., Sakata, M.K., Hatakeyama, M., Yokoyama, K., Yamashita, Y. and Minamoto, T.（2021）Environmental DNA preserved in marine sediment for detecting jellyfish blooms after a tsunami. Scientific Reports, 11: 16830.

沖山宗雄（1964）アカアマダイ Branchiostegus japonicus japonicus（HOUTTUYN）の初期生活史. 日本海区水産研究所研究報告, 13: 1-14.

沖山宗雄（1970）ハタハタの資源生物学的研究 II 系統群（予報）. 日本海区水産研究所研究報告, 22: 59-69.

沖山宗雄（1974）日本海海域の生物学的特性──生物相の特徴.『対馬暖流──海洋構造と漁業』（日本水産学会 編）pp. 42-58. 恒星社厚生閣，東京.

Okiyama, M.（2004）Deepest demersal fish community in the Sea of Japan: A review. Contributions from the Biological Laboratory, Kyoto University, 29: 409-429.

大美博昭（2002）若狭湾由良川河口域における仔稚魚の生態.『スズキと生物多様性──水産資源生物学の新展開』（田中克・木下泉 編）pp.44-53. 恒星社厚生閣，東京.

Omweri, J.O., Suzuki, K.W., Edouard, L., Yokoyama, H. and Yamashita, Y.（2018）Seasonality and occurrence of the dominant mysid Neomysis awatschensis (Brandt, 1851) in the Yura River estuary, central Sea of Japan. Estuarine, Coastal and Shelf Science, 211: 188-198.

太田太郎（2002）耳石による回遊履歴追跡.『スズキと生物多様性──水産資源生物学の新展開』（田中克・木下泉 編）pp.91-102. 恒星社厚生閣，東京.

Pauly, D. and Maclean, J.（2003）In a perfect ocean. Island Press, Washington DC, USA.

Riginos, C. and Nachman, M.W.（2001）Population subdivision in marine environments: the contributions of biogeography, geographical distance and discontinuous habitat to genetic differentiation in a blennioid fish, Axoclinus nigricaudus. Molecular Ecology, 10: 1439-1453.

Roberts, C.D., Stewart, A.L. and Struthers, C.D.（2015）The Fishes of New Zealand. Te Papa Press, Wellington, New Zealand.

Rocha, L.A., Bass, A.L., Robertson, R. and Bowen, B.W.（2002）Adult habitat preferences, larval dispersal, and the comparative phylogeography of three Atlantic surgeonfishes (Teleostei: Acanthuridae). Molecular Ecology, 11: 243-252.

坂本隆志・鈴木克美（1978）水槽内で観察されたハリセンボン Diodon holacanthus の産卵習性と初期生活史. 魚類学雑誌, 24: 261-270.

Sakuma K., Yoshikawa A., Goto T., Fujiwara K. and Ueda, Y.（2019）Delineating management units for Pacific cod (Gadus macrocephalus) in the Sea of Japan. Estuarine

Coastal and Shelf Sciences, 229: 106401.

Sakuma, K.（2022）Deep-sea fishes. In Kai, Y., Motomura, H. and Matsuura, K. (eds.) Fish Diversity of Japan: Evolution, Zoogeography, and Conservation. pp. 161–176. Springer, Singapore.

Sasano, S., Murakami, H., Suzuki, K.W., Minamoto, T., Yamashita, Y. and Masuda, R.（2022）Seasonal changes in the distribution of black sea bream *Acanthopagrus schlegelii* estimated by environmental DNA. Fisheries Science, 88: 91–107.

Sassa, C., Konishi, Y. and Mori, K.（2006）Distribution of jack mackerel (*Trachurus japonicus*) larvae and juveniles in the East China Sea, with special reference to the larval transport by the Kuroshio Current. Fisheries Oceanography, 15: 508–518.

Senou, H., Matsuura, K. and Shinohara, G.（2006）Checklist of fishes in the Sagami Sea with zoogeographical comments on shallow water fishes occurring along the coastlines under the influence of the Kuroshio Current. Memoirs of the National Science Museum, 41: 389–542.

志岐常正・林勇夫（1985）第 24 章 若狭湾.『日本全国沿岸海洋誌』(日本海洋学会沿岸海洋研究部会 編) pp. 947–957. 東海大学出版会, 神奈川.

Shirai, S.M., Kuranaga, R., Sugiyama, H. and Higuchi, M.（2006）Population structure of the sailfin sandfish, *Arctoscopus japonicus* (Trichodontidae), in the Sea of Japan. Ichthyological Research, 53: 357–368.

Shoji, J. and Tanaka, M.（2007）Density-dependence in post-recruit Japanese seaperch *Lateolabrax japonicus* in the Chikugo River, Japan. Marine Ecology Progress Series, 334:255–262.

庄司紀彦・佐藤圭介・尾崎真澄（2002）資源の分布と利用実態.『スズキと生物多様性——水産資源生物学の新展開』(田中克・木下泉 編) pp.9–26. 恒星社厚生閣, 東京.

Smith, B.R. and Blumstein, D.T.（2012）Structural consistency of behavioural syndromes: does predator training lead to multi-contextual behavioural change? Behaviour, 149: 187–213.

園山貴之・荻本啓介・堀成夫・内田喜隆・河野光久（2020）証拠標本および画像に基づく山口県日本海産魚類目録. 鹿児島大学総合研究博物館研究報告, 11: 1–152.

Suda A, Nagata N, Sato A, Narimatsu Y, Nadiatul H.H. and Kawata M.（2017）Genetic variation and local differences in Pacific cod *Gadus macrocephalus* around Japan. J Fish Biol 90: 61–79.

Sugimoto, R., Honda, H., Kobayashi, S., Takao, Y., Tahara, D., Tominaga, O. and Taniguchi, M.（2016）Seasonal changes in submarine groundwater discharge and associated nutrient transport into a tideless semienclosed embayment (Obama Bay, Japan). Estuaries and Coasts, 39: 13–26.

杉山秀樹（2013）『クニマス・ハタハタ 秋田の魚 100』東北出版企画, 鶴岡.

Suzuki, K.W., Fuji, T., Kasai, A., Itoh, S., Kimura, S. and Yamashita, Y.（2020）Winter monsoon promotes the transport of Japanese temperate bass *Lateolabrax japonicus* eggs and larvae toward the innermost part of Tango Bay, the Sea of Japan. Fisheries Oceanography, 29: 66–83.

Taberlet, P., Coissac, E., Hajibabaei, M. and Rieseberg, L.H.（2012）Environmental DNA. Molecular Ecology, 21: 1789–1793.

Takahara, T., Minamoto, T. and Doi, H.（2013）Using environmental DNA to estimate the distribution of an invasive fish species in ponds. PLoS ONE, 8: e56584.

Takahashi, H.（2022）Recent distributional shifts and hybridization in marine fishes of Japan. In Kai, Y., Motomura, H. and Matsuura, K. (eds.) Fish Diversity of Japan: Evolution, Zoogeography, and Conservation. pp. 311-325. Springer, Singapore.

Takahashi, K., Masuda, R. and Yamashita, Y.（2010）Ontogenetic changes in the spatial learning capability of jack mackerel *Trachurus japonicus*. Journal of Fish Biology, 77: 2315-2325.

Takahashi, K. Masuda, R., Matsuyama, M. and Yamashita, Y.（2012）Stimulus-specific development of learning ability during habitat shift in pre- to post-recruitment stage jack mackerel. Journal of Ethology, 30: 309-316.

Takahashi, K., Masuda, R. and Yamashita, Y.（2013）Bottom feeding and net chasing improve foraging behavior in hatchery-reared Japanese flounder *Paralichthys olivaceus* juveniles for stocking. Fisheries Science, 79: 55-60.

Takahashi, K. and Masuda, R.（2018）Net-chasing training improves the behavioral characteristics of hatchery-reared red sea bream (*Pagrus major*) juveniles. Canadian Journal of Fisheries and Aquatic Sciences, 75: 861-867.

Takahashi, K. and Masuda, R.（2019）Nurture is above nature: nursery experience determines habitat preference of red sea bream *Pagrus major* juveniles. Journal of Ethology, 37: 317-323.

Takahashi, K.（2021）Changes in the anxiety‐like and fearful behavior of shrimp following daily threatening experiences. Animal Cognition, DOI: 10.1007/s10071-021-01555-8.

Takahashi, K. and Masuda, R.（2021）Angling gear avoidance learning in juvenile red sea bream: evidence from individual-based experiments. Journal of Experimental Biology, 224: jeb239533.

為石日出生・藤井誠二・前林篤（2005）日本海水温のレジームシフトと漁況（サワラ・ブリ）との関係．沿岸海洋研究，42: 125-131.

Tanaka S (1931) On the distribution of fishes in Japanese waters. Journal of the Faculty of Science, Imperial University of Tokyo Section 4, Zoology, 3: 1-90.

谷山茂人（2015）パリトキシン様毒．『毒魚の自然史』(松浦恵一・長島裕二編) pp. 159-192. 北海道大学出版会，札幌.

田城文人・鈴木啓太・上野陽一郎・舩越裕紀・池口新一郎・宮津エネルギー研究所水族館・甲斐嘉晃（2017）近年日本海南西部海域で得られた魚類に関する生物地理学的・分類学的新知見――再現性を担保した日本海産魚類相の解明に向けた取り組み．タクサ，日本動物分類学会誌，42: 22-40.

Tashiro, F. (2022) What is known of fish diversity in the Sea of Japan? Flatfishes: a case study. In Kai, Y., Motomura, H. and Matsuura, K. (eds.) Fish Diversity of Japan: Evolution, Zoogeography, and Conservation. pp. 79-109. Springer, Singapore.

Ushio, M., Hsieh, C.H., Masuda, R., Deyle, E.R., Ye, H., Chang, C.W., Sugihara, G. and Kondoh, M.（2018）Fluctuating interaction network and time-varying stability of a natural fish community. Nature, 554: 360-363.

Watling, L., Guinotte, J., Clark, M. R. and Smith, C. R.（2013）A proposed biogeography of the deep ocean floor. Progress in Oceanography, 111: 91-112.

Woodson, C.B. and McManus, M.A.（2007）Foraging behavior can influence dispersal of marine organisms. Limnology and Oceanography, 52: 2701-2709.

山本護太郎・西岡丑三（1948）アイナメの産卵習性並びに発生経過. 生物, 3: 167-170.

Yamamoto, S., Minami, K., Fukaya, K., Takahashi, K., Sawada, H., Murakami, H., Tsuji, S., Hashizume, H., Kubonaga, S., Horiuchi, T., Hongo, M., Nishida, J., Okugawa, Y., Fujiwara, A., Fukuda, M., Hidaka, S., Suzuki, W.K., Miya, M., Araki, H., Yamanaka, H., Maruyama, A., Miyashita, K., Masuda, R., Minamoto, T. and Kondoh, M.（2016）Environmental DNA as a 'snapshot'of fish distribution: A case study of Japanese jack mackerel in Maizuru Bay, Sea of Japan. PLoS ONE, 11: e0149786.

Yamamoto, S., Masuda, R., Sato, Y., Sado, T., Araki, H., Kondoh, M., Minamoto, T. and Miya, M.（2017）Environmental DNA metabarcoding reveals local fish communities in a species-rich coastal sea. Scientific Reports, 7: 40368.

Yokota, T., Mitamura, H., Arai, N., Reiji, M., Mitsunaga, Y., Itani, M., Takeuchi, H. and Tsuzaki, T.（2006）Comparison of behavioral characteristics of hatchery-reared and wild red tilefish *Branchiostegus japonicus* released in Maizuru Bay by using acoustic biotelemetry. Fisheries Science, 72: 520-529.

Yokota, T., Machida, M., Takeuchi, H., Masuma, S., Masuda, R. and Arai, N.（2011）Anti-predatory performance in hatchery-reared red tilefish (*Branchiostegus japonicus*) and behavioral characteristics of two predators: Acoustic telemetry, video observation and predation trials. Aquaculture, 319: 290-297.

舞鶴市田井の定置網漁

第5章

里海の恵みを未来につなぐ

　本章では，里海の生物と人とのつながりについて，より深く論じる。まず，京都府で進められている持続的な漁業の取り組みを紹介するとともに，水産商品開発に関する最新の話題を提供する。次に，遊漁者（釣り人）がもたらす想像以上に大きな経済的インパクトについて，社会学的なアプローチから論考する。水産資源の持続的利用に消費者側が関わるツールとして水産認証制度が注目されており，その実例を示すとともに，これを里海の保全へと活用する道を提案する。丹後海と比較する観点から，大都市圏である大阪湾の里海が抱える課題とそれらへの取り組みについても紹介する。さらに，森林および人々の暮らす里域の環境要因が海の生物にどのような影響を与えるか，という森里海連環学の中心課題に切り込んだ実証研究の成果を示す。

海の京都の漁業
——持続的な資源管理・商品開発・人材育成

谷本尚史

京都府農林水産技術センター海洋センター

　京都府の海岸の総延長は約 315 km あり，起伏に富んだリアス式海岸や静穏な内湾，沖合の天然魚礁など，多様な環境を有している。また，山陰海岸ジオパークや日本三景の一つである天橋立，伊根の舟屋群など，国内でも有数の景勝地があり，訪れる人々を楽しませてくれる。京都府の海には対馬海流（暖かい海水）と日本海固有水（冷たい海水）が影響を与えており，それゆえ暖水性の魚と冷水性の魚がともに生息し，その数は約 500 種類にものぼる。そんな多種多彩な魚介類を豊かに育むこの地で営まれる漁業もまた多様である。本節では，京都府の漁業について概略を述べるとともに，現在抱える課題やそれらを解決するため実施している様々な取り組みについて紹介する。なお，本府では海面漁業と内水面漁業が営まれているが，本節では前者のみを扱う。内水面漁業の概略については本府水産事務所ホームページを参照されたい。

1 漁業種類と漁獲魚種

　京都府では個人または法人経営体により多種多様な漁業が営まれている。そのすべてを網羅するのは難しいので，ここでは漁業生産割合の大きい漁業種類について紹介したい。まず京都府において漁業生産量および生

産額割合の半分以上を占めているのが大型定置網である（口絵15a）。府内3市1町で計13の法人経営体が運営しており，基幹漁業として本府漁業生産および沿岸漁村の経済を支える存在となっている。次いで底びき網漁業が生産額ベースで，小型定置網が生産量ベースで多く，これら3種類で漁業生産額の7割以上を占める（令和元年，京都府水産事務所調べ）。底びき網漁業は現在11の経営体により営まれており，かつてに比べ経営体数は大きく減少したものの，生産額割合は依然高く，特に北丹地域では漁村経済の要である。その他主要な漁業種類として釣り・はえ縄，採貝藻，養殖が挙げられる。

　次に，これら漁業種類ごとに漁獲あるいは養殖される主要な魚種を紹介する。大型・小型定置網ではイワシ類，サワラ，ブリ，マアジ，ケンサキイカ，アオリイカなどが漁獲される。中でもサワラは平成11年から漁獲量が急増し，これまでに4回，漁獲量日本一となるなど，近年イワシ類やブリと肩を並べ，京都府を代表する魚種となっている。

　底びき網ではズワイガニ（口絵16b），アカガレイ，ハタハタ，ニギス，アカムツなどが漁獲される。特に単価の高いズワイガニは生産額の大半を占めており，底びき網にとってなくてはならない存在であるとともに，後述するとおり資源管理が最も厳格に実施されている魚種の一つでもある。

　釣り・はえ縄ではアカアマダイ，マダイ，キダイ，ブリ，サワラなどが漁獲される。最も重要な魚種はアカアマダイであり，漁獲から出荷に至るまで厳格な取り扱いにより品質を高め，「丹後ぐじ」の名称でブランド化するなど，収益向上の取り組みも積極的に行われている（口絵16a）。

　採貝藻ではアワビ類，サザエ，イワガキ，マナマコ（以下，ナマコ）などが漁獲される。中でもクロアワビやサザエは，京都府の重要な磯根資源として位置づけられ，種苗放流による資源増殖策が連綿と実施されている。また，ナマコは近年，中国の需要を背景に単価が上昇していることから，本種も採貝藻漁業者の大きな収入源となっているが，結果として資源の乱獲が進み，資源状況は芳しくない（本書3-3）。現在，問題意識を持った漁業者による資源回復に向けた取り組みが実施されているところであり，海

洋センターも調査等で協力している。これについても後述する。

　最後に養殖についてであるが，本府では魚類としてブリ，マダイ，クロマグロなど，二枚貝類としてトリガイ，マガキ，イワガキなど，海藻類としてアカモクなどが養殖されている。現在，本府の養殖生産を特色付けているのは主に二枚貝養殖であり，府内5か所の内湾（舞鶴，栗田，宮津，伊根，久美浜）で展開されており，生産量，金額ともに魚類養殖を凌いでいる。中でもトリガイ（口絵16c），イワガキはブランド化の取り組みにより全国的に知名度を上げており，高い評価を得ている（里海トピック8参照）。また，ここ数年，メディアに取り上げられたことで一気に知名度を上げたアカモクであるが，天然資源に頼るがゆえに安定供給が課題となっている。京都府では，本種が食品として注目される以前から全国に先駆け種苗生産および養殖技術を確立し，その課題解決に寄与すべく奮闘している。

　ここまで京都の漁業の概要について述べた。ここからは京都の漁業の抱える課題とその解決に向け，漁業者と水産行政が実施している取り組みの最先端をいくつか紹介したい。

2　資源管理の新展開

　限りある海の資源を利用する中で，過度な漁獲（乱獲）はしばしば資源状態の悪化を招く。京都府においても，これまで乱獲が原因とされる重要な水産資源の減少を目の当たりにしてきたが，適切な資源管理方策を講じることで，資源の回復を実現させた事例もある。以下に最新の資源管理の成功事例を紹介する。

ズワイガニ資源保護

　京都府の漁業で漁獲される魚種の中には，都道府県をまたぎ広く利用されている資源があり，その一部には従前から公的・自主的資源管理が導入

されている。冬の味覚の代表，ズワイガニもそれにあたり，農林水産省の省令により 1955 年に漁獲期間や漁獲禁止サイズが定められている。また，京都府で漁獲されるズワイガニは島根沖から石川沖までの日本海西部海域資源として括られており，当海域での自主管理協定として 1964 年には先の漁獲期間，漁獲禁止サイズの強化に加え一航海あたりの漁獲許容量まで定められている。しかし，このような管理だけでは乱獲や混獲に歯止めがかからず，結果として 1970 年代から漁獲量は急激に減少した。こうした状況を危惧し，更なる管理措置として，京都府ではこれまで広大な保護礁の設置や漁期短縮を自主的に実施するとともに，1997 年からは旧 TAC 法（現在は改正漁業法に内包）が施行され，資源状況に応じた厳格な数量管理が行われるようになり，減少傾向にあった資源はようやく持ち直した（日本海のズワイガニ資源管理については本書 3-1 を参照）。

　京都府では資源の持続的な利用をさらに進めるため，2008 年から一歩踏み込んだ取り組みを始めた。「水ガニ」と呼ばれる未成熟のオスの漁獲の全面自粛である。「水ガニ」は成熟したいわゆる「硬ガニ」に比べて単価は 1/10 と低いものの，収入源として重要であった。それを漁獲自粛にまで踏み切った当時の漁業者の英断には頭が下がる思いである。もちろん，何の根拠もなく漁業者がそのような英断を下した訳ではない。当時の海洋センター研究員の「水ガニ」保護に向けた地道な調査研究により，頭ごなしに資源保護を訴えるのではなく，明確な科学的根拠を以て保護によるメリット・デメリットを十分説明し納得してもらえたからこそ，そこに至ったのだということを申し添えておきたい。一方，ズワイガニにおいては，単県での取り組みでは資源保護の効果は限定的になってしまうため，他県にまで自主的な資源保護の取り組みを波及させる必要があった。当初，他県からの反発は大きかったものの，長年に亘り粘り強く取り組みへの協力を働きかけた結果，徐々に賛同を得られるようになってきた。現在では「水ガニ」の漁獲自粛については，京都府沖合で入会操業する他県船でも実践され，さらに石川県では漁獲全面自粛，福井県では漁期短縮，兵庫県および鳥取県では漁獲サイズの引き上げや漁期短縮を実践するなど，「水

ガニ」に対する漁獲努力量の削減が，日本海西部海域で達成されている。

太平洋クロマグロの TAC 管理と定置網漁業

　日本近海で漁獲されるクロマグロの資源評価を実施した ISC（北太平洋まぐろ類国際科学委員会）は，「2012 年の本種の親魚資源量は約 2.6 万トンと歴史的最低水準にあり，これを回復させるためには 30 kg 未満のクロマグロ小型魚の漁獲量を 2002 〜 2004 年の水準から半減させる必要がある」との勧告を 2014 年に出した。そのため，WCPFC（中西部太平洋まぐろ類委員会）は 2015 年から漁獲量の上限を定め，親魚量の回復を目指すことを決定した。これを受け，我が国では 2015 年から漁獲半減に向けた取り組みを開始し，2018 年からは旧 TAC 法に基づく数量規制が導入された。数量規制では都道府県ごとに漁獲の上限が定められており，その量を超過して漁獲すると法令違反となるため，上限に達すると当該種の漁獲を中止する必要がある。

　京都府でのクロマグロの漁獲はほぼすべてが定置網による。定置網は網に入ってきた魚を漁獲する待ちの漁法であり，資源を獲り尽くすことがない資源に優しい漁法と言われてきた。その反面，特定の魚種を漁獲する（あるいは，しない）ことすなわち漁獲のコントロールが難しい。数量規制を守るためにはクロマグロ小型魚のみを放流する必要があるが，それができなければすべての操業を中止せざるを得ない。クロマグロ小型魚が少量であれば，たも網を使用して放流することも可能であるが，大量に入網すればこの方法にも限界がある。定置網の漁獲量全体に占めるクロマグロ小型魚の割合は 1% 未満に過ぎず，主要魚種ではないが，主要魚種である寒ブリやサワラ，イワシ類の漁期（12〜2 月）に，クロマグロ小型魚が定置網に大量入網することがあり，操業を中止せざるを得ない状況が続いた。大型定置網は京都府の基幹漁業であるため，操業中止による損失は計り知れない。「他の主要な漁獲物を漁獲しつつ，クロマグロ小型魚だけを放流する」。この難題を解決するため，府内の定置経営体の一つ伊根浦漁業株式会社と海洋センター，日東製網株式会社がタッグを組み，小型魚を定置網

の漁網内で選択的に分離する技術の開発に乗り出した。クロマグロと他の魚種を分離する上で要となったのがサイズ，そして遊泳層の違いである。そこで，定置網の第二箱網内に仕切りの網（のれん網）を投入し，クロマグロと他の漁獲物がうまく分離できるような網目，網幅，網丈等を検討した。その結果，最終的におよそ80%の割合でクロマグロ小型魚を他の漁獲物すべてと分離できるようになった。これは大きな成果である（舩越ほか2020）。

　改正漁業法の成立により，国内で漁獲される主要な魚種の大半がTAC管理に移行する方針が決定した。その中にはブリ，サワラ，イワシ類など定置網の主要漁獲魚種も含まれる。将来的にクロマグロだけでなく，こうした魚種も漁獲のコントロールが必須となることから，定置網漁業，また京都の漁業は非常に厳しい局面を迎えている。そんな中，のれん網を活用して，選択的な漁獲の可能性を示したことは定置網漁業の継続と発展に一筋の希望の光を与えた。我々も諦めずに引き続き漁業者とともに知恵を出し合い，この困難を乗り越え，積極的な資源管理のできる定置網漁業の実現を目指していきたい。

沿岸資源管理の成功事例としての宮津湾ナマコ漁業

　宮津湾では主に桁ひきによりナマコが漁獲されているが，先述のとおり2005〜2006年ごろからナマコの単価が急騰したことを受け，漁獲量が急激に増加した後，急減する事態が起きた。このまま放置しておくと乱獲が進み資源が崩壊しかねないと事態を重く見た地元漁業者と京都府水産事務所普及指導員が，2012年から新たな資源管理の導入について検討を始めた。2011年までは体長15 cm以下の漁獲を禁止していたところを，2014年には250 g以下，2015年には300 g以下の漁獲を禁止と年々強化していった。また1人1日あたりの漁獲許容量に関しても，2011年までは72 kgまでであったところを，翌年以降段階的に強化し，2014年には18 kgにまで強化した。さらに漁期も2011年以前は4か月以上あったところを，2014年以降は2か月程度にまで短縮した。

　普及指導員の伴走支援により漁業者が自主的に資源管理を進める一方で、研究サイドとしてもこれを支援するため、海洋センターではこれまで困難であったナマコの資源解析について、当時ナマコ生態研究の進め方について模索していた京都大学舞鶴水産実験所との共同研究により検討を進めた（舞鶴湾のナマコについては本書3-3参照）。資源解析を進める上で最低限必要なデータは、対象とする生物の成長式と資源量（漁獲率）である。前者に関しては体長組成の混合正規分布分解により推定が可能であったが、後者を推定するのに必要なデータをどのように取るのかが悩みどころであった。大学側と議論を重ねた末、たどり着いた資源量の推定方法は以下のとおりである。漁期直前の1月および漁期後の4月に、宮津湾内全域の複数地点で一斉に桁ひき網をひき、ナマコの分布密度を調査、面積密度法により湾内全体の資源量を推定するとともに、その年の湾内での漁獲量を調べ、漁獲率を算出する、といった方法だ。言うは易しだが、規模の大きな調査であるため、実際に行うためには多数の船と人員が必要である。すなわち漁業者の協力は不可欠であった。幸い、漁業者としても厳しい自主的管理の効果の有無を目に見える形で知りたいとの思いがあったことから、二つ返事で調査に協力してくれた。かくして官・学・民の連携による一大プロジェクトが展開された。

　2017年の初調査の結果、その年の取り残し資源量と漁獲量から推定された宮津湾におけるナマコの漁獲率は約30%であった。この結果をもとに行った単純な成長と生残のモデルによるYPR型およびSPR型の資源解析から、上述の量的規制、サイズ規制などの自主管理により、宮津湾のナマコ漁業は非常に合理的かつ持続的な漁業形態に変化したことが明らかとなったのである（篠原ほか2020）。実際にこの漁期から漁獲量は回復に転じ、平均体重で500 gもある非常に大型のナマコが漁期を通して獲れ続けた（図1）。漁業者も行政も資源管理の効果を強く感じた瞬間であった。その後、漁獲量は2017年の11トンから、2018年の14トン、2019年の16トンと順調に増え、また、大型のナマコが安定して獲れるようになるとともに、出荷物を大切にする漁業者の意識の高さから、市場での評価が高ま

図 1　宮津湾で漁獲された大型のマナマコ。

り，他地区よりも kg あたり単価が 300 円ほど高くなった。さらに 2019 年
は例年に比べても非常に高値でナマコが取引されたことも大きく影響し
て，漁獲金額は 1 年で 40 トン以上を漁獲した 2015 年を追い越し，過去最
高となった。この資源管理の取り組みは全国的にも類を見ない成功事例と
して，2017 年度の第 23 回全国青年・女性漁業者交流大会（資源管理部門）
では，最高の賞である農林水産大臣賞を受賞するなど，高く評価された。

　宮津湾でナマコの資源管理が始まって今年で 10 年の節目を迎える。そ
の後，より確実に資源量を維持・増加させるため，毎年の推定資源量に応
じた漁獲総量規制を導入するなど，さらなる先鋭化を進めている。自分た
ちで資源を守り育てながら持続的にナマコ漁業を営んでいこうという漁業
者の熱意には頭が下がる思いである。この取り組みが永続し，また他地
域，ひいては全国に波及していくことを願いつつ，京都府としても引き続
きサポートしていく所存である。

3　定置網漁業漁獲魚種の有効利用，高品質化への取り組み

　仲買人の減少などにより多獲性魚類を中心に魚価の低迷が続く中，漁業所得を向上させるため，これまで特定魚種のブランド化や低利用魚の学校給食への供給など様々な取り組みが実践されてきた。その中から，最新の取り組みについていくつか紹介する。

生産者と企業とのコラボから生まれた新商品「サワラのだし」

　冒頭で述べたとおり，京都府は今や全国有数のサワラの一大産地である。ところが，小型のサワラ（京都府ではヤナギと呼ばれる）は，脂分が少なく淡泊であることから市場では敬遠されてしまい鮮魚として販売することが難しかった。その大半は餌用やアジア向け輸出用として冷凍され二束三文で販売されるにとどまり，漁業者の悩みの種であった。そこで，京都府が中心となり，小型サワラの利用方法について府内企業数社と相談したところ，活用方法を提案してきたのが京都市内の老舗削り節業者の福島鰹株式会社であった。淡泊な小型サワラがだしの煮干しに適しており，トビウオやタイにも勝る上品な甘みと旨味，コクがあることが分かったのである。小型サワラに新商品の可能性を見出した瞬間であった。こうして，漁業者が水揚げした原料を使い，地元の煮干し加工業者と京都市内の老舗のだし屋がタッグを組み，「純京都産」にこだわった高級だし商品の開発がスタートした。煮干しの仕上げ具合や商品パッケージなど，度重なる試行錯誤の末，2016 年，全国初のサワラだし商品「京さわらの旨味だし」が誕生した（口絵 16d）。発売直後の大々的な広報の効果もあってか，すぐに大きな関心を集め，府内の有名百貨店などで続々と取り扱われるようになっている。さらに喜ばしいことに，だしの認知度が上がるに伴い，原料となる小型サワラの単価も以前に比べ向上している。「漁獲から製造まで純京都産」，「老舗の作る新たな高級だし」といった付加価値を付けたことで，これまで見向きもされなかった低利用魚が価値あるものに変化したのであ

る。水産物の付加価値向上の好事例と言えよう。

京鰆

　サワラは水分含量が多いことなどから身割れしやすい魚である。そのた
め，漁獲から販売までの取り扱い方で品質の良し悪しが決まると言っても
過言ではない。そこで，府内の大型定置網で漁獲される大型サワラの品質
を改善し，単価向上につなげる取り組みがなされた。まず，定置網の現場
作業において，漁獲後すぐに氷をうち，身割れしないように（魚体を折り
曲げないように）丁寧に扱うことを徹底した。また水揚後は，専用の保冷
水箱に入れ市場まで搬送し，鮮度を持続させる。市場では，魚に傷がつく
のを防ぐため表面に凹凸のないパレット（鮮魚台）に載せ，折れ曲がりが
ないよう慎重に取り扱いセリに掛けるようにした。このように丁寧に扱っ
たもののうち，一定の脂肪含有量を上回った 1.5 kg 以上のサワラを「京鰆」
と名付け売り出したところ，市場で高い評価を受け，単価が向上した。特
に 3 kg 以上の大型の「京鰆」は「特選　京鰆」として，かなりの高単価で
取引されるようになった。

漁獲物の活〆

　漁獲物の大半が定置網と底びき網による京都府では，漁獲時点での鮮度
保持の取り組みは氷締め（野〆）によるものが通例であった。しかし近年，
各地で活〆による鮮度向上の取り組みが実施されるようになり，その品質
の良さから高単価で取引されるケースが増えている。またスーパーの鮮魚
コーナーにも活〆鮮魚が並ぶなど一般に認知されるようにもなった。そこ
で，京都府でも漁業者や仲買業者を対象に新たな鮮度保持技術の学びの場
として，2015 年と 2018 年に活〆研修会を開催し，知識や技術の普及を
図ってきた。その成果もあってか，ここ数年で底びき網で漁獲されるアカ
ガレイを活魚で持ち帰り，市場で活〆して出荷する取り組みや，大型定置
網で漁獲される大型のブリやサワラなどの船上での活〆の取り組みが活発
に行われるようになっている。さらに大型定置網では船上活〆装置の導入

に向け動き出すなど，作業の効率化による活〆鮮魚の供給増を目指してい
る。すでに市場での評価は高いため，活〆魚を取り扱う比率が増えれば，
それだけ魚価の底上げが期待できる。今後の展開を注視したい。

4　漁業の担い手確保

　漁業の担い手の高齢化および減少は全国的な課題である。京都府におい
ても例外ではなく，漁業者の数はここ 20 年でほぼ半減しており，高齢化
率は年々上昇，個人経営体の 9 割近くに後継者がいないなど深刻な状況に
ある。このままの状況が続けば将来的に漁村と漁業は立ちいかなくなるだ
ろう。若年層の担い手の確保は待ったなしの状況だ。後継者が見つからな
い以上，血縁関係に拘らず，漁村内外から広く新規就業希望者を募る必要
がある。こうした共通認識のもと，2015 年に京都府，京都府漁業協同組
合，京都府信用漁業協同組合連合会，（公財）京都府水産振興事業団および
沿海 4 市町（舞鶴市，宮津市，京丹後市，伊根町）の協働運営による，京都府
漁業者育成校「海の民学舎」が設立された。
　「海の民学舎」とは，京都府内で漁業を志す若者を全国から受け入れ，2
年間，府内漁業に関わる様々な研修をとおして実際の漁業就業に至るまで
ゼロからサポートする，漁業に特化した職業訓練校である。入舎 1 年目は
京都府水産事務所を拠点とし，漁業にまつわる様々な知識を座学により学
ぶほか，各地の漁村見学や漁業者との交流，各種漁業体験，実地の漁労技
術研修，各種必要資格の取得などを実施しながら，学舎生自身が進路（ど
の地域で，どんな漁業をしたいのか）を決めていく。2 年目は漁村に定住し，
希望した進路先で 1 年間，漁業研修として実際の漁業に従事，この間，受
け入れ先の漁業者に指導してもらいながら，本格就業に向けて準備を進め
ていく。行政や漁業団体にとどまらず，現場漁業者まで積極的に関与する
フルサポート体制が構築されているので，水産業について全くの素人で

も，漁業就業が極めて実現しやすい環境となっている。

　2015年の開設より，京都，大阪にとどまらず全国各地から入舎希望があり，2021年4月時点で18名の学舎生が研修を修了，また15名が研修に励んでいる（図2）。修了後の研修生の進路は，大型定置網，底びき網，独立型漁業（はえ縄，小型定置網，貝類養殖，採貝藻等）など様々である。この間，修了生からは，「2年間の研修で，漁業の基礎や技術を身につけることができて良かった」，「就業・漁村での実習や現地研修で色々な人から話を聞き，就業の参考になった」，「仲間が各地域にいるため，漁法の勉強や情報交換などができて心強い」といった声を聞いており，こうした前向きな評価は本学舎が漁業就業を目指す若者にとって非常に有意義なものであることを物語っている。とはいえ，彼らにとっては学舎を終えてからが真のスタート地点である。本格的に漁業に従事し所得を得，地域の住民として漁村に定着してこそ，本学舎の取り組みが初めて成功したと言える。「海の民学舎」を通して自立した漁業者がひとりでも多く育ち，京都府の漁業，漁村を引っ張っていく存在となってくれることを期待したい。

5　水産資源の持続的な利用に向けて

　最近，SDGs（持続可能な開発目標）の4文字を至るところで目にするようになった。世界中で拡がりを見せるこの理念について，我が国においても今や学校の授業でもテーマとして取り上げられ，企業のCSR活動の一環としてSDGs達成に向けた取り組みがPRされるなど，もはや社会通念となった感さえある。掲げられた17の目標の一つには「海の豊かさを守ろう」と題して「海洋と海洋資源を持続可能な開発に向けて保全し，持続可能な形で利用する」とある。農業や畜産業と違い狩猟的側面の強い漁業を営む上でこの考え方は大前提であり，SDGsが叫ばれる以前から我が国の漁業法の目的として掲げられていた。しかし残念ながら，近年の歴史が語

図 2　「海の民学舎」で学ぶ研修生たち。

るように，乱獲による資源減少や漁場の縮小，過密養殖による漁場環境の悪化など，府の漁業現場は持続的な資源の利用という理想からはほど遠い現実を経験してきた。だが同時にそれらを省み，改善するためのあらゆる取り組みを実施し，理想に近づける努力を重ね，幾ばくかの成果も上げてきた。SDGs が認知されるようになった今を機に，本府漁業現場もその成果をどんどん社会に PR していくべきだろう。それがひいては京都の漁業の，水産物の評価を上げるものとなるに違いないからだ。

「丹後とり貝」──初夏を彩る極上の味覚

谷本尚史
京都府農林水産技術センター海洋センター

　丹後海には舞鶴湾をはじめとする静穏な内湾がいくつも拡がり，そこでは二枚貝類の養殖が盛んである。今回紹介するトリガイもその一つだ（口絵 16c）。

　京都府でトリガイの本格的な養殖が始まってからおよそ 20 年が経過するが，生産技術の開発段階まで遡ると実に半世紀以上の歴史がある。当初は豊凶の激しい天然資源を安定的に漁獲できるようにしたいとの漁業者の要望を受け，資源増殖を目的に 1960 年代に種苗生産・放流技術開発が始まった。そこからおよそ 30 年を費やしたものの，残念ながら天然資源の安定化には至らず増殖は諦めることとなった。しかしながらせっかく開発した種苗生産技術を無駄にはしたくない。ならばと，増殖から養殖へ潔く方向転換し，製品サイズまで安定的に育てる技術の開発を進め，2000 年のミレニアムイヤー，ついに漁業者によるトリガイ養殖が始まったのである。その後は順調に生産を伸ばしながら，近年は生産額 1 億円を突破するに至った。

　そんな紆余曲折を経て実現したトリガイ養殖の生産工程を簡単に紹介しよう。毎年 5 月，京都府農林水産技術センター海洋センターで，成熟した親貝から採卵，孵化させた後，殻長 1 cm の稚貝まで育てる。この期間のトリガイは非常に繊細で飼育するのが難しいのだが，先述のとおり当センターで培った種苗生産技術により生き残りを飛躍的に高め，大量の稚貝を作ることが可能となっている。7月，1 cm 稚貝は漁業者の手に渡り，府内4か所（舞鶴，栗田，宮津，久美浜）の湾で翌年5月まで，アンスラサイト（無煙炭）を敷いた専用の容器に収容し，筏から海中に吊り下げる方法「筏式垂下養殖」で育てられる。この間，トリガイは豊富に漂う植物プランクトンを食べてすくすくと成長する。成長に従い収容密度を調整し，個々のトリガイがより効率的に餌をとって大きく育つよう工夫がなされる。

　このように，まさに「All Kyoto」で育てられたトリガイは「丹後とり貝」の名称で京のブランド産品[*1] に登録されており，高級水産物として高く評価され，驚くほど高値で取引されている。インパクトのある殻サイズと肉厚な身を見ればそれも納得。通常流通するトリガイとは一線を画す大きさと柔らかな食感，口いっぱいに広がる甘みはまさに絶品だ。出荷は 5 〜 6 月の期間限定。丹精込めた極上の味覚が初夏を彩り，食す者に笑顔をもたらす。

＊1　公益社団法人京のふるさと産品協会が認定する，優れた品質が保証され，安心・安全と環境に配慮し生産される府内産農林水産物。

5-2
初めて分かった遊漁の経済的価値
——釣り人目線で海の資源を考える

寺島佑樹

寺島環境コンサルタント

　沿岸の水産資源は，前節で扱った食料の供給に加えて，遊漁（釣り）やダイビングの対象といった我々の精神的充足を満たす役割も有している。水産資源に限らず，生態系を構成する生き物たちの価値は様々な側面を持っており，これらを包括的に捉えるのが「生態系サービス」という概念である。本節ではまず，この生態系サービスについて説明し，続いて丹後海において遊漁の価値を経済的に評価した研究事例を示す。さらに，遊漁が生態系サービスとして持つ価値を国内外の例を俯瞰して論じ，地域振興のツールとして遊漁が持つ可能性を提示したい。

1　沿岸魚介類資源がもたらす生態系サービス

　生態系サービスという概念に対する関心が近年高まっている（Millennium Ecosystem Assessment (MEA) 2005）。生態系サービスとは，人類が生態系から得られる恩恵のことをいい，人類の持続的な福利厚生を支える基盤である。生態系サービスは，供給サービス（食料，水，燃料などの供給），調節サービス（気候調節，自然災害からの保護，大気・水質の浄化など），文化的サービス（レクリエーション，精神的充足，教育的恩恵など），基盤サービス（栄養塩・水の循環，土壌形成など他の生態系サービスの基盤）に分類

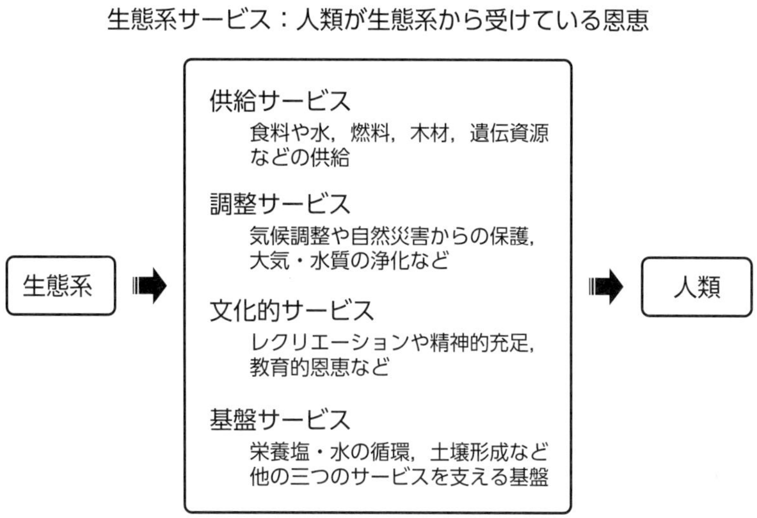

生態系サービス：人類が生態系から受けている恩恵

図1 生態系サービスの定義と分類 (Millennium Ecosystem Assessment 2005)。

される（図1）。これら生態系サービスには，市場価値がありその価値を明確に認識可能なものから，市場で取引ができず，その価値を客観的に定めることが困難なものもある。我々が生態系から持続的に恩恵を受け豊かな生活を送るためには，普段その恩恵を認識しづらい生態系サービスも含めてそれらの価値を把握し，生態系サービスの供給源である生態系を保全することが重要である。

　これまで生態系サービスを経済的に評価する研究が数多くなされてきた（Costanza et al. 1997, 2014）。しかし，生態系サービスへの関心は高まってはいるが，生態系が我々に供給する財・サービスはこの数十年にわたり劣化し続け，地球全体の生態系サービスの総価値は，145兆2000億米ドル／年（1995年）から125兆米ドル／年（2011年）へ，およそ20兆米ドル／年減少したことが報告されている（Costanza et al. 1997, 2014）。このような現状か

ら，生態系サービスの評価結果を意志決定プロセスに導入する必要性が強く求められている。欧州委員会は，2011 年に EU の新たな生物多様性戦略を公表し，2050 年までに生態系サービスを保全，評価，そして回復するというビジョンを掲げた。こうした生態系サービスの保全・回復は徐々に政策に反映され始めている。しかし，世界的には依然として生態系サービスの価値を考慮に入れない開発が進行し，生態系サービスの劣化傾向が続いているのが現状である (Kubiszewski 2017)。

　生物多様性が最も高いバイオームの一つであり，我々の福利に必要不可欠な幅広い生態系サービスを提供している沿岸域生態系 (Costanza et al. 1997; MEA 2005) においても，近年の経済的利益を優先した人間活動に伴う沿岸域の改変により，他のバイオーム同様に劣化が著しい (MEA 2005)。このような現状から，2015 年の国連サミットで採択された「持続可能な開発のための 2030 アジェンダ」の国際目標である持続可能な開発目標 (Sustainable Development Goals, SDGs) の一つとして，沿岸の魚介類（漁業の対象となる魚類や無脊椎動物など）を含む海洋資源の持続的利用が挙げられた。

　では，沿岸魚介類資源が我々に提供する生態系サービスとはどのようなものだろうか？　当資源は一般的に食料（供給サービス）としての価値を有し，漁業により我々の食卓に提供される。また，沿岸魚介類の多くは遊漁（釣り）の対象（文化的サービス）としての側面も有している。世界の遊漁者数は 7 億人と推定されており (Cooke and Cowx 2004)，遊漁は最も人気のあるレジャー活動の一つである。日本においても遊漁の人気は高く，海釣り遊漁者数は 2015 年時点で 488 万人と推計されている (中村 2019)。一方，日本の漁業就業者数は 2018 年時点で約 15 万人である (農水省 2020)。このように沿岸魚介類資源は，供給サービスと文化的サービスを我々にもたらし，そこには漁業者と遊漁者という利害関係者が存在する。

　振り返って日本をみると，これまで様々な漁業管理施策が施されてきたが，沿岸漁業漁獲量は 1985 年をピークに減少し，2017 年には最盛期の 39% まで落ち込んでいる (水産庁 2019)。沿岸域は人間活動の影響を強く受

ける場所であり，漁業管理（供給サービスの観点）のみでわが国の沿岸魚介類資源の回復や衰退する漁村の再生を図ることは，これまでの推移から見ても困難と考えられる。なぜなら，漁業資源の管理や関連する地域経済には，遊漁による漁獲の影響と産業としての遊漁を基盤とした経済活動が大きく関わっているからである。しかし，我が国では遊漁の沿岸魚介類資源および地域経済に与える影響に関する評価はほとんど行われてこなかった。遊漁が軽視される原因の一つとして，遊漁の経済的価値（文化的サービスの観点）に関する研究がほとんどなかったことが挙げられる。そこで本節では，漁業と遊漁がもたらす二つの生態系サービスの経済的価値という観点から，持続可能な沿岸魚介類資源の管理と資源を利用した沿岸域の地域経済振興について考えたい。

2 京都府丹後海における遊漁

　京都大学舞鶴水産実験所が面する丹後海は若狭湾西部に位置する（口絵2）。若狭湾は海岸線が典型的なリアス式海岸であり多数の枝湾が発達している。丹後海は枝湾の中で最大であり，舞鶴湾，宮津湾，栗田湾から構成され，湾奥部には一級河川である由良川が流入している。このため丹後海には，汽水域から海水域の幅広い環境が存在し，周辺海域で生活史を完結させる魚種から日本海を移動する回遊魚まで多くの魚種が生息している。

　丹後海の約 150 km 圏内には，関西地方の主要都市である京都市，大阪市，神戸市が位置し，これら大都市と当海域の間には高速道路網が整備され，当海域には周辺地域だけでなく，これら大都市からも多くの人々が遊漁に訪れる。丹後海を訪問する遊漁者は，主に次の三つのタイプ，岸釣り遊漁者，遊漁船利用者，ボート所有者に分けられる。岸釣り遊漁者は主に魚釣り公園や漁港，アクセス可能な海に面した岸から釣りを行う（図2）。遊漁船利用者は丹後海周辺自治体で営業する遊漁船業者を利用している。

図 2　釣り人で賑わう舞鶴親海公園。

ボート所有者は所有するボートを舞鶴市と宮津市で営業するマリーナに駐艇している。

3 文化的サービスとしての遊漁の経済的価値

　ここでは丹後海における遊漁（文化的サービス）の経済的価値を算出したTerashima et al.（2020）の研究を紹介する。本研究では，遊漁の経済的価値をトラベルコスト法（travel cost method, TCM）により推定した。旅行者は旅行経費を支出してある観光地を訪問し，レジャー活動を楽しむ。つまり，旅行者はその観光地でのレジャー活動に，支出した旅行経費以上の価

値（支払意志額）を感じていると推測できる。TCM はこのような理論背景からレジャー活動の価値を間接的に評価する方法である。TCM は，顕示選好法であり，実際の経済活動の結果（旅行経費）に基づき評価を行うため，仮想の意見（支払意志額）に基づいて評価する表明選好法と比較して評価結果の信頼性が高いという利点がある。そのため，レジャー活動の経済的価値評価にはこれまで TCM が広く用いられてきた。TCM では，ある観光地を訪れている観光客にアンケート調査を実施し，その観光地への訪問回数と旅行経費の関係から観光客の消費者余剰（consumer surplus）を算出し，その観光地におけるレジャー活動の経済的価値を推計する。消費者余剰とは，消費者が財や商品の消費から得る便益の経済的尺度のことをいい，消費者のその財への支払意志額から実際に支出した費用を減じた余剰額と定義される。

　これを遊漁にあてはめると，遊漁者は丹後海への釣行のために釣行コスト（交通費，宿泊費，釣り道具代など）を支出する。この場合，遊漁者は丹後海での遊漁に対し，それら釣行コスト以上の価値（支払意志額）を感じていると考えられる。この価値は，釣行コストと釣行回数の関係から示される，丹後海を訪問した遊漁者全体の当海域の遊漁に対する需要曲線として表される。この遊漁者が感じている価値と実際に支払った釣行コストの差額が，遊漁者の消費者余剰である。つまり，丹後海における遊漁の経済的価値とは，遊漁者が丹後海での遊漁に感じている純粋な部分の価値を指す。本研究では，丹後海を訪問していたすべての遊漁者タイプ（岸釣り遊漁者，遊漁船利用者，ボート所有者）に対して，2016 年から 2017 年にかけて 1 年間にわたりアンケート調査（アンケート項目：住所，年間釣行回数，釣行コスト，対象魚など）を実施した。当海域ではレンタルボート店も営業しているが，利用者は少数と推測されるため，本研究ではレンタルボート利用者は考慮に入れなかった。釣行コストに含める項目は，すべての遊漁者タイプにおいて，旅行に関するコスト（車のガソリン代，有料道路代，宿泊費）と釣りに関するコスト（エサ代，釣り道具代など）を釣行コストとし，遊漁船利用者については遊漁船代，ボート所有者についてはボートの維持費

（ガソリン代，駐艇費，昇降料，メンテナンス費など）を釣行コストに追加した。TCM 分析において，旅行経費として旅行時間の機会費用を考慮する場合がある。しかし，わが国では，一般に労働時間外の賃金が発生しない余暇にレジャー活動をしているため，レジャー活動による収入の損失は発生していないと考えられる。そのため，本研究では旅行時間の機会費用を釣行コスト項目に含めなかった。

　本研究で収集された丹後海を訪問した遊漁者に関する基本的データの概要を表1に示す。今回のアンケート調査では，岸釣り遊漁者から 450 サンプル，遊漁船利用者から 329 サンプル，ボート所有者から 28 サンプルの合計 807 サンプルが収集された。各遊漁者タイプの対象魚をみると，岸釣り遊漁者の主要な対象魚がマアジ，アオリイカであった一方，遊漁船利用者とボート所有者はブリとマダイであった。本研究により推計された各遊漁者タイプの年間延べ釣行回数は，岸釣り遊漁者が 5 万 7274 回，遊漁船利用者が 7 万 1130 回，ボート所有者が 2 万 1579 回であり，遊漁船利用者が丹後海を最も多く訪問していた。遊漁者タイプ別推計値を積算して算出した，遊漁者全体による丹後海への年間延べ釣行回数は，14 万 9983 回と推定された。遊漁者タイプ別の釣行あたりの平均釣行コストは，岸釣り遊漁者が 9358 円，遊漁船利用者が 3 万 4519 円，ボート所有者が 3 万 8017 円であった。各遊漁者タイプごとの年間延べ釣行回数に釣行あたりの平均釣行コストを乗じて，年間釣行コストを算出し，これらを積算して推計された，丹後海を訪問した遊漁者が支出した年間総釣行コストは，約 38 億 2000 万円 であった（表1；岸釣り遊漁者：5 億 4000 万円；遊漁船利用者：24 億 6000 万円；ボート所有者：8 億 2000 万円）。

　アンケート結果をもとにした TCM 解析により算出した，遊漁者タイプ別の釣行あたりの消費者余剰をみると，遊漁船利用者の消費者余剰が最も多く，以下ボート所有者，岸釣り遊漁者と続いた。遊漁船利用者の消費者余剰は，約 14 万円と推計され，ボート所有者（約 4 万円）の 3 倍以上，岸釣り遊漁者（約 1 万 3000 円）の 10 倍以上であった（表1）。

　TCM を用いた遊漁の経済的価値に関する国内の先行研究として，内水

表 1　丹後海を訪問した遊漁者の基本的統計データ (Terashima et al. 2020)

	岸釣り遊漁者	遊漁船利用者	ボート所有者
サンプル数	450	329	28
主要対象魚	マアジ，アオリイカ	ブリ，マダイ	ブリ，マダイ
一人あたりの年間平均釣行回数（回 / 年 / 人）	13.3	8.9	68.1
年間延べ釣行回数（回 / 年）	57,274	71,130	21,579
釣行あたりの平均釣行コスト（円 / 釣行）	9,358	34,519	38,017
年間釣行コスト（億円 / 年）	5.4	24.6	8.2
釣行あたりの消費者余剰（円 / 釣行）†	13,316/13,974	141,854/141,987	37,403 〜 40,174
年間消費者余剰（億円 / 年）†	7.6/8.0	100.9/101.0	8.1 〜 8.7

† 異なる数値及び数値のレンジは，複数のモデルによる解析結果を示す

面の遊漁で最も人気のある釣りの一つであるアユ釣りに関するものがある。アユ釣りの釣行あたりの消費者余剰は，8711 円から 1 万 158 円と算出されている（鈴木・鈴木 2018）。本研究での推計額は，先行研究と比較して高い数値であり，特に遊漁船利用者は丹後海での遊漁に非常に高い満足感を感じていると推察される。

　年間延べ釣行回数に釣行あたりの消費者余剰を乗じて算出される年間消費者余剰を遊漁者タイプ別にみると，遊漁船利用者の年間消費者余剰（約 101 億円）は，他の遊漁者タイプのものと比較して 10 倍以上の値をとり（岸釣り遊漁者とボート所有者は約 8 億円前後），極めて高い金額となった（表1）。すべての遊漁者タイプの年間消費者余剰を積算した，丹後海における遊漁者の年間総消費者余剰は，116 億 6000 万円〜 117 億 7000 万円と推計された。

4　供給サービスとしての漁業の経済的価値

　Terashima et al. (2020) では，丹後海魚介類資源の供給サービス（食料）としての価値を，生態系サービスをその市場価格により評価する方法である市場価格法により評価した。沿岸魚介類資源の代表的な市場価格として漁獲生産高が挙げられる。本研究では，京都府の年間漁獲生産高を供給サービスの経済的評価額とした。丹後海ではサワラ，マアジ，ブリなどが主要な海産物であり，供給サービス評価額は，約30億2000万円／年（養殖を除く）であった（農林水産省 2017）。

5　わが国における文化的サービスの経済的価値の増大

　一般的に国の産業が発展し，人々の生活が豊かになるにつれて，遊漁に費やす時間や金額が増加し，漁業に対する遊漁の相対的重要性や価値が高まることが明らかとなっている（FAO 2010）。供給サービスの評価額（約30億円）と文化的サービスの評価額（消費者余剰約117億円）とは評価している側面が異なるため，それら評価額を直接比較することはできないが，丹後海の沿岸魚類資源は，遊漁が盛んな他の先進国と同様に，供給サービスだけでなく文化的サービスとしても大きな経済的価値を有していることが明らかとなった。丹後海を訪問した遊漁者が支出した年間釣行コスト（約38億円）の観点からも，遊漁が周辺地域にもたらす相対的な経済効果は大きいと推定される。

6 世界における資源利用・管理の現状

　遊漁はグローバルに最も人気があるレジャー活動の一つであり，その多大な遊漁者数から，遊漁がもたらす経済的利益およびその漁獲量が多大であることが明らかとなっている。そのため，遊漁は世界の漁業において経済的にも生態学的にも重要な構成要素とみなされており，漁業だけでなく遊漁を含めた資源管理の必要性が指摘されている（Mora et al. 2009; FAO 2012）。

　遊漁を管理する代表的な制度としてフィッシングライセンス制度が挙げられる。当制度は遊漁が大きな産業として成り立っている多くの国々で導入されている。遊漁が最も盛んな国の一つであるアメリカを例にすると，フィッシングライセンス制度は州政府単位で整備されており，州政府は，遊漁者からライセンス料を徴収し，そのライセンス収入を魚類資源保全や遊漁振興などに充てる。当制度のもとでは，対象魚ごとに持ち帰り可能な大きさ・尾数，遊漁が可能な期間など様々な規則が法律により規定されている。ライセンス発行により収集された遊漁者に関する情報（性別，年齢，住所，対象魚，釣獲量など）はデータベース化され，それらデータの分析結果は，魚類資源の保全・管理を目的とした，連邦政府管轄による遊漁対象魚の資源回復プロジェクト（Sport Fish Restoration, SFR），政府機関の施策，遊漁関係団体の活動などに活用される。このような遊漁者の受益者負担の原則にしたがったフィッシングライセンス制度により遊漁が管理されることで，遊漁の対象となる魚類資源は持続的に保全され，健全な釣り場が維持されている。

　遊漁と漁業の関係についてみると，対象となる魚類資源が共通し，その種が遊漁における有用種である場合，漁業による漁獲を禁止，あるいは，優先的に遊漁に資源配分を行っている国々もある（例：アメリカ，キューバ，ベリーズ，コスタリカなど）。遊漁を重要な産業と位置づけている国々では，漁業と遊漁間で共通する資源については，それらがもたらす経済効果

を考慮した資源利用・資源管理が行われている。

7　日本における資源利用・管理の現状と課題

　わが国は動物性タンパク質摂取における水産物への依存度が高く，魚介類資源管理においては漁業者が中心的役割を担ってきた。わが国においても，水産資源に対する遊漁による漁獲の影響の大きさが指摘され，2001年に制定された水産基本法の中では，漁業とともに遊漁も含めた資源管理の必要性について言及されている。しかし，水産基本法制定以降も依然として漁業者中心の資源管理が行われており，水産行政が遊漁関係者を重要な利害関係者とみなしている事例はごく限られているのが現状である。遊漁者を多く抱える大都市に近い海域および遊漁者に人気の対象魚では，遊漁の漁獲圧を考慮せずに適正な漁業資源管理を行うのは難しいと考えられる。Edwards (1991) は，遊漁と漁業の間で同一の資源をシェアしている場合，その割り当てにおいて，それぞれが有する経済的価値を考慮することが重要であると指摘している。わが国では，これまで海釣りの経済的価値に関する研究例がなく，遊漁の経済的価値に関する知見が欠如しており，このことが漁業と遊漁の両方の経済的価値を考慮した水産資源の利用が全く検討されてこなかった原因の一つと考えられる。わが国においても沿岸魚介類資源の持続的利用を目指すためには，実情に即した遊漁管理制度を導入し，遊漁と漁業間の資源配分における最適なバランスを模索する必要がある。

8　遊漁を活用した地域振興

　日本の沿岸に位置する地方自治体は，漁業者の後継者不足や少子高齢化問題に直面している。現在，日本政府は観光を地域振興と雇用創出をもたらす主要な経済成長分野とみなし，観光立国を目指している。日本政府により，2017年に閣議決定された観光立国推進基本計画では，エコツーリズムを含む新しい観光業の創出の重要性が述べられている。遊漁はわが国を含めて世界的に人気のあるレジャー活動である。したがって，国内だけでなく海外に向けた遊漁をもとにしたエコツーリズムは，日本経済に多大な経済効果をもたらす可能性を有していると考えられる。日本の国土は南北に長く広がり，亜寒帯から亜熱帯までの沿岸環境が存在し，地域ごとに多種多様な魚介類が生息する。このような背景から，わが国には，多様な遊漁の対象魚・魚食文化が存在する。

　魚食文化を含む"和食"が2013年にユネスコ無形文化遺産に登録された。日本の食文化は世界から注目される存在になりつつある。わが国が有するこれらの特徴的な自然・文化資産は，地域経済における利用可能な資本とみなすことができる。これらを有効活用して各地域固有の遊漁・魚食文化を融合させたエコツーリズムを展開することで，わが国に従来から存在する里山・里海の概念を継承した，持続的に生態系サービスを享受できる，新しい形の循環型社会システムを地域経済に構築することができる可能性がある。

BOX
4

日本の栽培漁業——その歩みと展望

和田敏裕
福島大学環境放射能研究所

　「栽培漁業」をご存知だろうか。魚類などの水産資源は年変動が大きいことが特徴であるが，これには卵・仔魚（幼生）期の生き残りの程度が大きく関係している。卵や仔魚は被食や飢餓に弱く生残能力が低いが，成魚と同じ形態や機能を持つ稚魚になると，生残能力は飛躍的に増大する。つまり，各年の資源水準は，稚魚の成育場への加入量で概ね決定される（山下 2006）。そこで栽培漁業では，まず餌料環境や水温などを管理できる飼育施設において脆弱な卵・仔魚の生残率を飛躍的に高め，天然環境下で生き残る力を持つ稚魚（種苗）を大量に生産する。そして，放流後の生残を高めるための諸条件（放流サイズ，時期，場所，尾数等）を検討した上で，種苗を自然水域に放流する。放流種苗は，自然水域の環境収容力を利用することで成長し，漁獲加入する。このように，種苗生産と種苗放流を人の管理下で行い，放流後は自然の生産力を利用して対象とする水産生物の資源の増大や持続的な利用を図る取り組みが栽培漁業である（有瀧ほか 2021）。

　日本の栽培漁業は 1961 年に誕生した。1960 年代の瀬戸内海を中心とする展開を経て，1970 年代以降は全国各地に広がり，その後の種苗生産技術の進展とともに，1980 年代以降に対象種数と放流尾数が飛躍的に増加した（有瀧ほか 2021）。2017年には，全国で海産 74 種（魚類 34 種，甲殻類 10 種，貝類 22 種，その他ウニ・ナマコ・タコ等 8 種）が放流され，主要なマダイ，ヒラメ，カレイ科魚類，トラフグの放流尾数は 2930 万尾に及んでいる。ただし，これらの放流尾数は 1999 年に 6030万尾を記録して以降，減少傾向にある（Kitada 2020）。

　栽培漁業における放流効果は，漁獲物の回収率（全放流尾数のうち漁獲された割合）や混入率（対象種の漁獲尾数に占める放流魚の割合），費用対効果などにより評価される。単価の高いアワビ類などを除き，近年，魚価の低迷や回収率の低下に伴い，費用対効果が低下する事例が報告されている。福島県のヒラメの場合，天然資源が減少した際には放流魚が漁獲量の底支えとなる一方で，豊漁年には魚価の低迷も相俟って，放流の費用対効果が大きく低下する（Tomiyama et al. 2008）。ただし，栽培漁業を費用対効果のみで評価するのではなく，資源管理のツールとしてとらえ，成育場の保全もあわせた包括的な事業展開を目指すべきとの指摘もある。

栽培漁業の成功事例の一つとして，大規模な種苗放流事業により希少な資源が回復した北海道のマツカワが挙げられる（萱場 2013）。2006 年以降，毎年 100 万尾の種苗放流を行った結果，北海道の漁獲量は 2006 年の 18 トンから 2009 年には 170 トンに増加した。また，それに伴い，常磐海域では春先に成熟した放流魚が多数漁獲され，福島県をはじめとする東北太平洋各県の漁獲量が増大した。このことから，マツカワが北海道から常磐沖まで大規模な産卵回遊を行う広域回遊種であることが分かった（Kayaba et al. 2014; Wada et al. 2014）。さらに近年では，放流魚の再生産による天然資源の増大が示唆されている。広域への波及効果が認められる類似の事例として，日本西部海域におけるトラフグが挙げられる（田川・伊藤 1996; 松村 2006）。これら広域回遊魚種については，関係各県が協力して放流効果を高める方策が求められる。一方，継続使用したマダイ親魚から生産した種苗を大量に放流することで，放流魚と天然魚へ遺伝的な影響（希少アリルの消失）が生じ，特に放流魚では天然環境への適応度の低下により回収率が低迷した可能性が指摘されている（Kitada 2020）。このことは，遺伝的な多様性に配慮した責任ある栽培漁業を推進すべきであることを示している。また，長期的に地域資源を安定化させる上では，天然稚魚の成育場（汽水域や干潟域，アマモ場等）の環境保全や回復，沿岸域での漁獲圧の適切な管理が，種苗放流よりも有効な場合もある。

　誕生から 60 年を迎えた日本の栽培漁業は，種苗生産・放流に係る技術革新と放流効果の多面的評価を経て，その有効性や可能性，課題を提示してきた。国営の栽培漁業センター（社団法人日本栽培漁業協会）が 2003 年に解散したこともあり，今後の栽培漁業は各都道府県が主体となり展開されるであろう。魚種ごとの生態的・遺伝的特性に応じて関係各県で協力しつつ，漁業者とともに地域に根差した栽培漁業を資源管理や成育場の保全と絡めながら推進することが重要である。

常磐沖で漁獲され，福島県に水揚げされたマツカワ（2010 年 2 月 5 日，相馬原釜地方卸売市場）。

里海保全における水産認証制度の可能性
——生産者と消費者をつなぐ

鈴木 允

日本漁業認証サポート

　漁業をはじめとした経済活動の場として，また，地域住民によるレクリエーションや学習の場として，様々な人が関わり，愛され，それが環境保全や生物多様性の確保にもつながっているような沿岸海域を，筆者は「里海」として考え，以下の論をすすめる。集落住民による採藻採貝のように昔から続く資源利用もある一方で，上流の森での植樹活動や，漁協によるアマモ増殖，海岸の清掃活動のように，熱意のある有志が仕掛けた里海活動も多く存在する。こうした活動が単発のイベントに終わらず，継続する活動として根付いていくためには，漁業者，行政，地域住民などの情熱はもちろんのこと，活動資金や，継続のための仕組み作りも必要であろう。

　環境省による調査によれば，里海づくり活動の課題として，「参加者・スタッフの高齢化」「スタッフや後継者の不足」など，人的資源に関わる課題は多く，また，「活動の広がりがない」「効果把握ができていない」「専門知識の不足」「広報活動ができていない」といった活動内容に関する課題も挙げられた。

　また，里海保全の活動にはコストがかかる。もちろん，海岸でゴミを拾ったり山に木を植えたりするのは「楽しい」「気持ちがよい」といった効用があるだろう。しかし，一度限りの体験で終わらせず，活動を継続していくためには，なんらかの形でコストをカバーするための仕組みが必要である。

　多くの里海活動が地方自治体や民間の財団などから助成を受けている。

　しかし，助成金に頼らずとも続けられる仕組みが好ましいことは言うまでもない。環境省のホームページでは「国や自治体等における里海活動の関連事業による支援が開始されて以降，新規の活動団体が設立されており，これらの事業による活動資金等の支援も大きいものと考えられます。」(https://www.env.go.jp/water/heisa/satoumi/17b.html【参照 2022.03.31】) とあり，助成金の新設が新しい里海活動を生み出していることを評価しているが，裏を返せばそうした助成金がなくなれば活動を中止せざるを得ないことが示唆されている。

　以下では，里海活動に関わる人々のあいだでのコミュニケーションツールとして，またビジネスツールとしての水産エコラベルの可能性を紹介したい。エコラベルを通して，普段は顔が見えない生産者にスポットライトをあてることにより，生産者の取り組みに共感する層を増やし，結果的に里海活動が広がっていくことにつながるかもしれない。また，里海活動によってうまれる産品にエコラベルを付与することによって商品が高く売れれば，その差額分を里海活動に充当できる可能性もあり，助成金に頼らずとも自走できる道が拓けるかもしれない。

　本節では，まず代表的な国際水産認証制度である MSC 認証と ASC 認証について概観する。次に，里海という概念が包含する領域と，MSC 認証・ASC 認証がそれぞれ包含する領域との重複について整理し，どのような里海活動が国際認証の対象となり得るかを検討する。そして，里海的な活動における国際認証の活用例として国内外の事例を紹介する。最後に，国際認証が守備範囲としないタイプの里海活動に対して「ローカル認証制度」という概念を紹介し，里海活動への応用可能性を示す。

307

1　国際水産認証制度（MSC と ASC）の歴史と評価基準

　世界の水産物の消費量は年々増加しており，1960 年代には約 3000 万トンだった世界の水産物消費量は，現在では約 2 億トンに達している。水産物の生産量が増加することで，水産資源に与える影響も大きくなっており，FAO が発表している世界の水産資源の状況によると，2017 年の世界の水産資源の約 3 分の 1 は持続不可能なレベルにあると結論付けられている（FAO 2020 https://www.fao.org/3/ca9229en/online/ca9229en.html【参照 2022.03.31】）。

　天然更新資源である水産物は，増えた分だけを利用するようにすれば永続的に利用することができる。しかし，増える量を大きく上回る漁獲を行ったり，魚介類が依存する生息域を漁業によって破壊したりすれば，水産資源は減少し，やがては資源崩壊を起こしてしまう。将来の世代も豊かな海の恵みを享受できるようにするためには，世界の漁業を持続可能なものへと転換することが不可欠である。

　ところで，持続可能な漁業の実現のためには，魚をとる漁業者が漁獲方法を見直したり管理者が規制を厳しくしたりするだけではなく，消費者も持続可能な漁業でとれた水産物を選ぶような仕組みが必要である。このような考えに基づいて設計されたのが国際水産認証制度で，よく知られたものに MSC 認証と ASC 認証がある。

　MSC 認証は，1997 年にイギリスで設立された「持続可能な漁業でとれた水産物」の認証制度である。一方，ASC 認証は，2010 年にオランダで設立された「責任ある養殖場でとれた水産物」の認証制度である。

　スキームオーナーである MSC（Marine Stewardship Council, 海洋管理協議会）と ASC（Aquaculture Stewardship Council, 水産養殖管理協議会）は，規格と審査プロセスを策定し，エコラベルの管理を行う。規格には，生産段階の認証と，CoC 認証と呼ばれる流通・加工の段階の認証がある。後者の認証は，認証水産物と非認証水産物が流通・加工の段階で混ざらないことを保

証するためのものである。

MSC の漁業認証規格は，3 原則によって構成されている。原則 1「資源の持続可能性」は，漁獲対象の水産資源に関するもので，資源豊度，資源評価，資源管理の手法や実効性が審査される。原則 2「生態系に与える影響」は，混獲生物，絶滅危惧種・保護種への影響，海底環境や生態系のバランスに与える影響や管理について審査する。原則 3「漁業の管理システム」では，漁業のガバナンスや漁業内部の管理システムについて審査する。沿岸漁業，沖合漁業，遠洋漁業，内水面漁業を対象とし，基本的にはすべての漁業に対して同じ認証規格に沿った審査が行われる。

ASC の養殖認証基準は魚種ごとに策定されている。2022 年 3 月現在，サケ，ブリ・スギ，淡水マス，スズキ・タイ・オオニベ，ティラピア，パンガシウス，カレイ目の魚類，熱帯魚類，二枚貝（カキ，ムール貝，アサリ，ホタテ），アワビ，エビ，海藻，という 12 の基準がある。養殖の場所は海面（サーモン，二枚貝など），内水面（ティラピア，パンガシウスなど），陸上（アワビ，淡水マスなど）を含んでいる。また，エサについても，給餌養殖（魚類，甲殻類）と無給餌養殖（二枚貝）の両方を含んでいる。

ASC 基準は 7 原則によって構成される。すなわち，(1) 国および地域の法律および規制への準拠，(2) 自然生息地，地域の生物多様性および生態系の保全，(3) 野生個体群の多様性の維持，(4) 水資源および水質の保全，(5) 飼料およびその他の資源の責任ある利用，(6) 適切な魚病管理，抗生物質や化学物質の管理と責任ある使用，(7) 地域社会に対する責任と適切な労働環境，である。

MSC，ASC ともに，審査は適合性審査機関（CAB, Conformity Assessment Body）と呼ばれる独立した第三者機関が行い，スキームオーナーは審査には介入しない。また，審査の過程では様々なステークホルダーからの意見を取り入れるための公開協議の機会が複数回設けられている。

なお，海藻については，2017 年に MSC と ASC が協働で「ASC-MSC 海藻（藻類）規準」を策定した。天然の採藻漁業から海面海藻養殖，陸上での藻類養殖までを含み，MSC，ASC 双方の審査項目を取り入れたプログ

ラムとなっている。

2　国際認証の対象範囲と里海

　次に，MSC 認証，ASC 認証の対象範囲と，里海活動がどのように重複するかを考えてみたい。環境省のホームページ「里海ネット」（https://www.env.go.jp/water/heisa/satoumi/【参照 2022.03.31】）によれば，里海創生活動には，以下の七つのタイプがある。

- 流域一体型　森から海までを一体として捉えた活動
- ミティゲーション型　都市開発などに伴い失われた環境の再生活動
- 漁村型　漁村が主体となり，漁業活動の中で実施する活動
- 鎮守の海型　禁漁区・禁漁期の設定による神域づくり的な活動
- 体験型　都市近郊で行う，都市住民による体験活動
- 都市型　都市近郊にある藻場など，浅海域の保全・再生活動
- 複合型　流域，都市，漁村等が重なったエリアにおける海の環境保全活動

　環境省による「里海」の定義が絶対ではないことは明白であるが，これだけ見ても，上流域への植林，沿岸域での藻場創生，都市近郊での磯遊び体験など，活動の場所も内容も多岐にわたることが分かる。

　里海づくりの活動と国際水産認証の重複を考えるときに，一番重要な点は，水産物の生産の有無である。MSC 認証，ASC 認証は，どちらも水産物の生産活動とその流通・加工に与えられる認証制度である。原則として，認証を受けた漁業・養殖業でとれた水産物にエコラベルがついて流通することで，はじめて消費者に生産者の取り組みや想いを伝えることができる。一方，里海活動では，植林や藻場再生といった環境保全活動自体に重きがおかれ，副産物として牡蠣や海藻などの水産物が生産されることはあっても，それは必須ではない。水産物を生産しない里海活動は，水産認証制度の対象とはならないのである。

　その上で個別の認証制度と里海活動の重複について考えてみる。MSC
認証と里海活動の重複を考える上で重要なのは地理的要因である。MSC
認証はすべての水域で行われる漁業活動を対象範囲としており，筆者の知
る限り，その多くは沖合漁業や遠洋漁業といった陸から離れた海域での漁
業によるものである。一方，里海活動は人の暮らしと海のつながりを重視
するので，活動域は沿岸域に限定される。したがって，MSC 認証と里海
活動の重複領域は，採藻漁業を含む沿岸漁業および二枚貝などの垂下式養
殖に限定される。

　一方，ASC 認証が対象とする養殖事業は一般的に漁業と比べると人間
の生活圏と近接した場所で行われており，地理的には里海活動と重複する
場合が多い。しかし，魚類養殖を里海活動として PR している事例は見当
たらず，環境省のホームページ「里海ネット」においても魚類養殖の取り
組みは一切触れられていない。単一魚種を人工的に大量生産する活動は生
物多様性を高めるという里海の趣旨とは反するかもしれないし，餌料によ
る水質悪化なども懸念されることから，「給餌養殖の活動自体が，海洋生
物の生息環境へ負の影響を与えると考えられ，一般的に，里海づくり活動
になじみにくい」（環境省担当者からの私信）という考えがあるようだ。た
だし，魚類，二枚貝，海藻の複合養殖のように，生物多様性を維持しなが
ら魚類養殖をする方法も試みられていることから，方法によっては里海的
な魚類養殖は可能であると思われるし，そうした魚類養殖が ASC 認証を
取得するということも可能だろう。現状では，ASC 認証によって PR され
ている里海活動は，垂下式二枚貝の養殖や，海藻をエサとするアワビ養殖
に限定されているように思われる。

　図1は，里海活動と国際認証の重複をまとめたものである。三つの領域
は，それぞれ，里海活動，MSC 認証，ASC 認証の守備範囲を示している。
重複する領域はかなり限定されることが分かるだろう。MSC 認証と ASC
認証の重複領域は二枚貝養殖と海藻生産のみであり，その領域は里海活動
とも重複する。MSC 認証と里海活動の重複領域として沿岸漁業がある。
上述の通り養殖事業と里海活動の重複領域は明確ではないため点線として

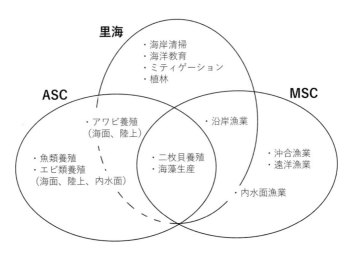

図 1　里海活動と MSC（海洋管理協議会）および ASC（水産養殖管理協議会）による国際認証の守備範囲を模式的に表したベン図。

いるが，海面でのアワビ養殖などは里海活動と比較的馴染みがよいように思われる。

　では，重複する領域において，生産者は国際認証をどのように活用しているのだろうか。これについて，宮城県南三陸町の牡蠣養殖におけるASC 認証活用の事例と，西オーストラリアの小規模漁業による MSC 認証活用の事例を紹介する。

二枚貝養殖を対象とした国際認証──南三陸町の ASC 認証

　宮城県南三陸町の戸倉地区の牡蠣は，日本ではじめて ASC 認証を取得した（図2）。養殖方法の改善によって海洋環境も人々の暮らしも改善されたこの取り組みは，里海活動のよい事例であり，国際認証のよい活用事例である。

　2011 年 3 月 11 日に発生した東北地方太平洋沖地震によって引き起こされた大津波により，南三陸町も壊滅的な被害を受けた。もともと牡蠣，ワ

図2 「南三陸戸倉っこかき」の広報用ポスターでは，ASC 国際認証を取得するまでの
歩みも語られている。写真撮影は浅田政志氏。

カメ，ホヤなどの養殖業が盛んな地域だが，養殖施設はすべて津波で流さ
れた。

　震災前，戸倉地区の海面には 1000 台もの牡蠣筏が浮かび，過密養殖が
問題になっていた。植物プランクトンを摂餌して育つ牡蠣は，養殖の密度
が高くなると，1 個あたりの摂餌量が減り，成長が遅くなる。筏の数が多
いので，長時間労働が常態化していたが，牡蠣の品質は決して良いとは言
えなかったという。いろいろな悪循環に陥っていたのだ。

313

　震災後，どのように漁業を再開するかという話し合いがなされたが，震災前と同じような漁業に戻してもダメだという考えのもと，どうしたらよりよい牡蠣養殖ができるか生産者たちが喧々諤々の議論をした。話し合いは毎日のように行われ，掴み合いになることすらあったという。そのような議論の結果，筏の数を震災前の約 3 分の 1 まで減らすこと，後継者がいる生産者がたくさんの牡蠣筏を持てるよう，区画配分をやり直すことが決まった。

　筏の間隔を大きく開けたことで，牡蠣はすくすくと育つようになった。震災前は沖出しから出荷まで 3 年かかっていたが，漁場改善後は 1 年で出荷できるようになった。区画配分をやり直したことで後継者が働きやすい環境になり，若い世代が牡蠣生産に参加するようになった。

　漁場の改善と並行して ASC 認証取得に向けた準備がはじまり，2016 年 3 月に日本ではじめて ASC 認証を取得した。ASC 認証取得により，当地の養殖マガキは「戸倉っこかき」の名称によりイオングループをはじめとする各地の小売店で販売されるようになった（図 3）。

　こうした取り組みは，戸倉の生産者たちの熱い思いによって実現したことは間違いないが，震災後に持続可能な町づくりを目指してきた南三陸町の後押しもあった。南三陸町では，町内から排出される生ごみ・し尿処理汚泥などから液体肥料と電力を創出する施設を作ったり，町内の森林がすべて FSC（Forest Stewardship Council，森林管理協議会）認証を取得したり，志津川湾の藻場が渡り鳥にとって国際的に重要であるとしてラムサール条約に指定されたりといった，様々な環境活動が同時並行的に行われており，相互に価値を高め合っている。戸倉の牡蠣の ASC 認証取得にあたっては，南三陸町より財政的・人的な支援があったということだ。

　認証取得から約 6 年が経った今，どのような効果をもたらしているかを，後藤清広牡蠣部会会長にあらためて聞いた。「日本初の認証取得で，当時は知名度もほとんどなかったが，昨今の SDGs への関心の高まりで知名度も上がってきている。生産者たちには作る誇りが出てきたし，いい牡蠣を作ろうというモチベーションが上がっている。ASC 牡蠣の売上も順

図3　適正な密度で養殖された牡蠣は成長が良く，これらは手作業により丁寧にむかれた後，ASC 認証の表示の入ったパッケージで販売される。CoC 認証（加工・流通過程（Chain of Custody）の管理についての認証）を取得した業者が加工と販売を担うことで，トレーサビリティーを確保している。

調に伸びている。」とのことである。

　新型コロナウイルスが広がる以前は多くの方が視察に訪れていた。コロナ禍で視察は減ったが，オンラインを通じて生産者の声を聞くイベントは様々なかたちで行われているという。ASC 認証は，生産者と周辺にいる人々をつなげるコミュニケーションツールとして確かに機能している。

　ASC 認証の有効期間は 3 年間で，その都度更新審査が必要となる。2021年秋，2 度目の更新審査を受けるかどうかが話し合われ，満場一致で更新

が決まったという。生産者が，ASC 認証による恩恵を感じている証拠である。

　二枚貝養殖による国際認証取得は，その後他の地域にも広がっている。2018 年には，宮城県石巻市にある宮城県漁協の 3 支所が合同で牡蠣養殖の ASC 認証を取得した。

　2019 年には，岡山県の邑久町漁協の牡蠣が MSC 認証を取得し，「環境にやさしい牡蠣」というパッケージで量販店などにて販売されている。邑久町ではアマモの再生などの活動が以前から行われており，そうした里海づくりの活動の成果が商品として消費者の口に入るようになった。

沿岸漁業における国際認証——西オーストラリア

　西オーストラリア州のピールハーベイ河口域は，約 75 km² のピール入り江と約 56 km² のハーベイ河口からなる，入り江と潟湖の複合水系である。最大深度 2.5 m，平均深度 0.5 m と遠浅のこの水域では，カニの一種であるタイワンガザミを対象とした遊漁がさかんで，年間約 13 万人の遊漁者がカニ漁を楽しむという。遊漁で使用できる漁具は，ドロップ・ネットと呼ばれる簡単な仕掛けと手網に限定されている。加えて当地には，11 隻の商業漁業者がいて，遊漁では使用が禁止されているカニかごを用いて操業しているほか，時期によってはボラなどを対象とした網漁業を行っている。まさに，里海的な海面利用と言えるだろう。

　これら，商業漁業者によるカニとボラ漁と，遊漁によるカニ漁が，2016 年に合同で MSC 認証を取得した。

　背景には，西オーストラリア州政府の強力な財政的サポートがあった。2012 年，州政府は，州内の漁業団体からの強い要望を受けて，14.5 万豪ドル（当時のレートで約 12 億円）の予算を用意し，州内の沿岸漁業の MSC 認証取得を後押しした。私は 2015 年に同州を訪問し，漁業省の担当者たちにこの政策の理由を聞いたことがあるが，市民の環境意識が高い西オーストラリアでは，漁業は環境破壊を引き起こすものという潜在的にネガティブな感情があり，MSC 認証によって持続可能性を示すことにより世論か

ら沿岸漁業を守り，現在の漁業省の施策の正当性を示すことが目的だと教えられた。

　かくして商業漁業と遊漁が合同で MSC 認証を取得することになった。商業漁業にとっては，遊漁組合との合同プロジェクトとすることで審査費用を折半できるのと，よりよい資源管理ができるという期待があったという。また，州政府が全面的にサポートしたおかげで，審査の過程で求められる多くの客観的なエビデンスを揃えることができ，無事に認証取得することができた。

　認証取得から 5 年経って，どのような変化があったかを，西オーストラリア担当の MSC のスタッフに聞いたところ，「小規模漁業の漁業者は使用可能な漁具の幅も広く，遊漁者からはネガティブな目で見られることも多いが，MSC 認証を合同で取得したことで，同じ資源を共有しているという意識が育まれているのではないか」と説明してくれた。商業漁業者がとったボラやカニは，まだ MSC のエコラベルをつけて販売されてはいないが，「クラブ・フェスタ（カニ祭り）」では MSC のブースが出て PR をしたり，学校で MSC について学んでもらったり，漁師たちは T シャツや船に MSC のロゴをつけるなど，持続可能な漁業の広報につとめている。

　新型コロナウイルス対策関連の補助金が出たことも後押しして，漁業は 2021 年に 5 年に 1 度の更新審査に入った。戸倉の牡蠣と同様，更新審査に入るということは，生産者が認証に手ごたえを感じていることの表れである。

3　ローカル認証による里海の保全

　このように里海活動と MSC 認証や ASC 認証が重複している領域においては，国際認証は効果を発揮する。

　しかし，里海活動のうち，国際認証のカバーできない領域は広い。水産

物を生産しない場合，そもそも国際認証は成立しない。また，地域住民への啓発活動を主目的とした潮干狩りや地引網などの場合，副産物として水産物の水揚げがあったとしても，その量はごくわずかでエコラベルをつけて流通させるのには適さないということもあり得る。

　このように水産物を直接生産しない里海活動において，認証制度はどのように利用可能であろうか。その一つの答えとして，大元鈴子が提唱する「ローカル認証」の考え方（大元 2017）を紹介したい。

　大元は，グローバルにモノが動き生産者と消費者が遠く離れている状況のなかで力を発揮する国際認証を念頭に置きながら，もう少し近い関係性，大元の言葉によれば「顔の見える距離以上，生産者の思いを共有できる関係以内」の中規模流通に適した認証やエコラベルなどのコミュニケーションツールを「ローカル認証」という概念として提唱している。

　参考までに，大元によるローカル認証の定義は，「地域の気候，生態系，土壌環境などの特徴を活かし，地域の状況に即した基準を設けた認証制度で，特定の生態系の保全だけではなく，地域全体の持続可能性を目指す取り組み。また，経済的利益を中心的目的とせず，地域的な課題の解決を組み込み，社会，文化，環境的な地域づくりを重視し，経済と農環境の多様性，地域農水産物の加工と販売を向上させる仕組み」である（大元 2017）。

「コウノトリの舞」認証

　例えば，ローカル認証の成功事例として，兵庫県豊岡市の「コウノトリの舞」認証がある。1971 年に国内で一度絶滅したコウノトリをふたたび増やすために，豊岡では減・無農薬による稲作を推奨し，カエル，ドジョウ，水生昆虫などのコウノトリのエサとなる生き物を増やすための取り組みがなされてきた。そのような取り組みのなかで，「コウノトリの舞」認証は設計され，広がりを見せてきたという（大元 2017）。

　「コウノトリの舞」認証は，豊岡市が管理・運営主体となっており，「ひょうご安心ブランド」認証と連動した残留農薬検査に関する基準を持つことで，信頼性と継続性を担保している。大元はローカル認証が成立す

るための条件として，(1) ユニバーサルな価値を伝える国際認証とは異なり，地域性を強く発揮していること，(2) 対象地域を設定し，行政やNPOなど長期的な管理が可能な認証管理主体を持つこと，(3) 認証を出すにあたり説明責任を果たしうる明確な根拠を備えていること，(4) つくるところと住むところのオーバーラップがあること，の4点を挙げている。

　また，ローカル認証がより効果を発揮するための仕組みの一つとして，「フラッグシップ種」の有効性を挙げている。ローカル認証におけるフラッグシップ種とは，環境保全活動のシンボルとなりうる，カリスマ性を持った人気種のことであり，豊岡の事例ではコウノトリがフラッグシップ種として最高の役割をはたしている。

サーモン・セーフ認証

　里海活動の推進・PRと最も関連する事例として，アメリカのサーモン・セーフ認証を紹介したい。流域の視点を持つローカル認証としては唯一のものだという（大元2017）。

　サーモン・セーフ認証は，1971年に自然保護団体パシフィック・リバース・カウンシルによって作られた。サケ類がさかのぼるコロンビア川流域の環境改善を目的としており，認証基準は河畔林の管理，水の管理，土壌浸食の防止，害虫管理，水質保全，家畜管理，生物多様性保全の七つの基本的テーマに沿って設定されている。

　認証の対象はサケそのものではなく，流域の環境に影響を及ぼすワイン用ブドウ畑，大学，住宅地，公園，工業施設などである。例えば，ワイン用ブドウ畑の場合は，農薬の使用を減らしたり，畑からの土砂流出を防止したり，周辺の在来種の多様性を向上させたりすることで，サーモン・セーフ認証を取得し，そのようにして育てたブドウでできたワインボトルには認証マークが貼られる。また，ポートランドに広大な敷地を持つナイキ本社は，農薬使用や排水管理，節水などの取り組みによって2005年にサーモン・セーフ認証を取得し，環境への貢献をPRしている。このようにサケというフラッグシップ種を持つことによって，先住民族や農場主な

ど異なる利害を持つ人々をつなぎあわせ協働させることに成功しているという。

　日本の里海活動でも，漁師が山に植林をしたりといった河川を通じて山と海をつなぐ活動がいろいろと行われている。アユ，ウナギなど川を遡上する生き物をフラッグシップ種とすることで，流域から海までのつながりを生活者が感じられるようなプログラムを作れるかもしれない。

4　里海保全に向けた認証制度の活用

　MSC 認証と ASC 認証は水産物を生産する活動が対象であり，それぞれ対象範囲は明確に定義されている。里海活動と MSC 認証，ASC 認証が重複するのは主に二枚貝養殖と海藻生産であり，数は少ないが里海的な沿岸漁業が MSC 認証を取得した例がある。国際認証は知名度が高く，国際的な認証を取得したという誇りを地域住民に植え付ける。国際認証を使って取り組みを PR している宮城県の牡蠣養殖や西オーストラリアのカニ漁業では，地域内でのコミュニケーションや教育などに認証が活用されており，生産者たちは手ごたえを感じている。どちらも更新審査に進んでいることから，認証に対する満足度の高さがうかがわれる。

　一方，里海活動には国際認証がカバーしない活動も多い。そのような場合に，新たに独自の認証制度を立ち上げるという方法もある。川をさかのぼるサケをシンボルにして，地域の農園や企業が河川や流域の環境保全に取り組む米国の「サーモン・セーフ認証」を例に挙げたが，日本の里海でも応用可能ではないかという気がしてくる。とはいえ，ローカル認証は一朝一夕にできるものではない。環境，ビジネス，認証制度など様々な専門家が関わる規格策定は並大抵のことではないと思われるし，その大変な作業を乗り越えるだけの発起人たちの強い熱意と行動力が必要だろう。

若狭のサバと鯖街道——大衆魚のエースが歩む道

多賀　真

茨城県水産振興課

　古くから若狭湾で水揚げされた新鮮な海産物は京都へと運ばれ，特にサバは，若狭で一塩されたあと人力で一昼夜運ばれる間にいい具合に浸かり，非常に美味であったことから，若狭湾と京都を結ぶ道は「鯖街道」と呼ばれる。なお，鯖街道とは若狭と京を結んだ数あるルートの総称を指すが，小浜，熊川，朽木，大原を経由する若狭街道は鯖街道の代表である。

　日本の海面漁業生産量において，サバ（マサバとゴマサバの合計）はマイワシに次いで第2位と，現代の私たちにとっても身近な魚である（令和元年海面漁業生産統計調査，農林水産省）。「鯖街道」の名のとおり，若狭湾におけるサバの水揚量はさぞ多いと思われるかもしれないが，全国の水揚量45万トンのうち，京都府は216トンで27位，福井県は157トンで29位である。1956年以降に最も水揚量が多かった年は，京都府で1975年に2.5万トン，福井県で1974年に1.3万トンであるから，およそ100分の1まで減少している。これは人間がサバを獲り過ぎた結果であるかというと，必ずしもそういうわけではない。

　日本周辺のサバ資源は数十年周期で増減を繰り返しており，これには地球規模の海洋環境の変動が関係しているとされる（レジームシフトと呼ばれる）。すなわち，海洋環境がサバにとって好適な年代には資源は増え，逆に不適な年代には減少する。特に，生まれてから数日〜数十日における環境が生き残りに重要で，この間の成長が速いと加入量が多いという関係が知られていた。しかし，そのメカニズムは不明であったことから，サバ（ここではマサバ）の仔稚魚を採集し，その場所の水温・餌の量と成長速度の関係を調べてみた。その結果，仔魚期の成長速度は水温の影響を強く受け，稚魚期前後になると餌の量による影響が大きいという関係が明らかになった（Taga et al. 2019）。さらに，水揚げされた未成魚の初期成長速度と仔稚魚の成長速度を比較すると，明らかに未成魚の方が初期成長が速かった。この結果は，仔稚魚期に環境に恵まれ，成長の速かった個体が選択的に生き残っていることを示している。すなわち，私たちが食卓で口にしているサバは，幼いころから厳しい成長競争を勝ち抜いてきたエリートたちだったのだ。

　近来，若狭のサバ復活を目指し，福井県小浜市では養殖が始められた。天然資源の復活ももちろんであるが，今後の若狭のサバの発展に期待したいところである。

5-4

魚・二枚貝からみた里海の再生
——都市圏の海，大阪湾からの報告

山本圭吾

大阪府立環境農林水産総合研究所水産技術センター

　本書では，比較的自然が残されている丹後海を中心に里海が論じられている。そこで，本節では都市圏の海である大阪湾における里海の展望について考えてみたい。

1　大阪湾という海

　大阪湾は瀬戸内海の東端に位置する北東から南西方向の長軸約 60 km，南東方向の短軸約 30 km の楕円形をした面積約 1450 km^2 の内湾で，北西で明石海峡を通して播磨灘に，南部で紀淡海峡を通して紀伊水道につながっている（図 1）。湾北東部から淀川，大和川といった一級河川が流入する半閉鎖水域で，河川を通じて陸域からの栄養が流入する湾奥域は海水の停滞性が強く，高度経済成長期には工業化と都市化に伴う栄養塩の増加によって赤潮が頻発し，底層が貧酸素化する典型的な富栄養海域として知られていた。一方，植物プランクトンを主体とした基礎生産が高く，単位面積あたりの漁獲量では瀬戸内海でも有数の豊かな海域でもあった（城 1986）。しかし近年，大阪湾を含む瀬戸内海においては栄養塩濃度の低下による貧栄養化と，それに伴う漁獲量の減少が議論されるようになってきた（Yamamoto 2003）。大阪湾については現在，栄養塩の低下と減少傾向が著

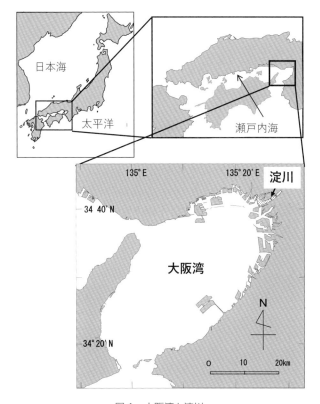

図1 大阪湾と淀川。

しい底生性魚介類の関係について研究が進められているが，海域の栄養状態の影響をはじめに受ける低次栄養段階の動向については研究が進んでいない。

　柳（1998, 2006）は，里海を「人手が加わることにより生物生産性と生物多様性が高くなった沿岸海域」と定義し，健全な里海を「人の手で陸域と沿岸海域が一体的に管理されることによって，食物連鎖の機能がうまく保たれ，豊かで多様な生態系を保全できている海域」としている。さらに瀬

戸内海を里海として再生するためには，海域の物質循環を定量的に評価して，人々が海のどの部分に，どのように手を加えれば，「太く・長く・滑らかな物質循環」を実現することができるのかを考える必要があると結んでいる。本節では，大阪湾を里海として再生するための方策について，二つのアプローチ事例から紹介する。

　第一のアプローチとして，物質循環を定量的に明らかにするため，大阪湾で漁獲されるイワシ類の中で最も量の多いカタクチイワシに注目し，大阪湾の環境変化とそれに対応する植物プランクトン（一次生産者），動物プランクトン（一次消費者）等低次生態系の経年変化，およびカタクチイワシ（二次消費者）資源への影響を考察した事例を紹介する。さらに第二のアプローチとして，人手が加わることにより変化した環境を有効利用するため，大阪湾への栄養塩の最大供給源である淀川感潮域において，ヤマトシジミの増殖方策を検討した事例を紹介する。大阪湾をモデルケースとしたこれらの事例を併せて，生き物の視点から大都市圏近郊沿岸域を里海として再生するための方策を考えた。

2　大阪湾の環境変化と低次生態系における生物生産の推移

　大阪湾は，1950 ～ 1960 年代の高度経済成長期に瀬戸内海の中でも急激な経済成長に伴う沿岸開発により沿岸域の埋め立てが進み，海岸線の 96%が人工海岸として整備された。その結果，市民の営みから隔絶された海となり，健全な里海とはいいがたい状況となった。大阪府水産課が 2016 年に実施したアンケート（大阪府 https://www.pref.osaka.lg.jp/suisan/plan/fq2014.html【参照 2022.1.30】）でも大阪湾の印象として「ごみが多く（64%）」，「どちらかというと悪いイメージ（56%）」となっている。しかしながら，万葉集には白砂青松の海として記されており，大阪の別称「なにわ」は「魚庭」を語源とする説があることからも，本来は魚介類が豊富な海域であると考

えられる。少なくとも大阪湾にも人々の営みと共存していた時代があったのであろう。

　筆者が所属する地方独立行政法人大阪府立環境農林水産総合研究所では，長年にわたって大阪湾の環境および漁業資源のモニタリングを実施しており，同湾の環境と生物資源に関して多くのデータの蓄積がある。それらのデータから大阪湾の環境の長期変動を概観すると，水温は45年間で年平均0.02℃の上昇傾向を示した一方，塩分では有意な変動傾向は確認されなかった（山本2018）。水温について秋山・中嶋（2018）が同じデータセットを用いて統計解析をしたところ，1993年に0.76℃の水温ジャンプ（水温の急激な上昇）を検出し，このジャンプが冷水性・暖水性魚類の漁獲量に影響を与えていることが示唆された。さらに，現在にいたるまでに3回の水温ジャンプが確認され，それらは地球規模の気温のレジームシフトと連動していることが見出された（未発表）。地球温暖化についてはIPCC（気候変動に関する政府間パネル）第3次評価報告書により，温暖化の進行が温室効果ガスの人為的な排出によるものであることが明記された後，第4次評価報告書では多くの科学的知見が集約され，気象だけでなく海象，生態系といった多くの事象に影響を及ぼすことが示唆された。

　次に栄養環境であるが，瀬戸内海では1960年代の高度成長に伴う水質汚濁対策として1973年に瀬戸内海環境保全臨時措置法（瀬戸内法）が施行された。1978年には特別措置法として恒久法化され，化学的酸素要求量（Chemical oxygen demand, COD）の排出規制に加え産業排水中のリンの削減指導が行われた。さらに，2002年の第5次総量規制では窒素も総量規制の対象となった。その結果，1980年代には瀬戸内海域のリン濃度は急速に低下した後，近年は横ばいで推移している（阿保ほか2018）。大阪湾においてもリンが1980年代にまず減少し，窒素は2000年代に特に大きく減少した（山本2018）。

　一次生産の指標となるクロロフィルa（Chl. a）も，この期間に有意な減少傾向を示した（山本2018）。Chl. a濃度は2000年代初めまで20定点平均で20 µg/Lを超える高い値が頻繁に確認されていたが，2000年代後半以降

は全く確認されなくなった。著しく高い Chl. a 濃度が確認されなくなった
のは 2002 年頃からであり，窒素（無機態窒素）濃度が約 10 μM を下回った
時期と一致することから，栄養塩，とりわけ窒素の低下により基礎生産力
が低下したと推測される。また，大阪湾の透明度は有意な上昇傾向を示し
た。大阪湾の透明度は，Chl. a 濃度と高い相関を示すことから（城 1986），
透明度の上昇からも基礎生産力の低下が見て取れた。基礎生産の低下が顕
著となる一方で，大阪湾における貧酸素水塊の発生は近年も頻繁に観測さ
れている（地独大阪府立環境農林水産総合研究所 http://www.kannousuiken-
osaka.or.jp/suisan/gijutsu/do/index.html【参照 2022.01.30】）。内湾における温暖
化の影響として，水温上昇による成層化とその時期の長期化が予測され，
数値シミュレーションの結果によると，瀬戸内海の温暖化が進行した場
合，大阪湾では貧酸素水塊の面積が拡大することが示されている（濱田・鯉
渕 2013）。基礎生産の低下により貧酸素水塊の発生リスクは低下する一方
で，同時進行する水温の上昇によりリスクが相殺された可能性がある。さ
らに高水温時には代謝が上がることで酸素消費量が増え，生物の貧酸素耐
性が低くなることが予想されるため，依然として貧酸素水塊の生物へのリ
スクは存在する状況にあると考えられる。

　一次消費（二次生産）の指標として，大阪府の公共用水域調査（大阪府
https://www.pref.osaka.lg.jp/kankyohozen/osaka-wan/kokyo-status.html【　参　照
2022.01.30】）で得られた 1985 年から 2012 年の動物プランクトンデータを解
析した。データは，月 1 回小潮時に大阪湾東部海域の 12 定点でバンドン
採水器を用いて水深 1 m 層から採集されたものである。動物プランクトン
分類群別の個体数割合では繊毛虫類（図 2）が最も多く，節足動物と合わせ
て全体の 95％ を占めていた（図 3）。そこで，繊毛虫類と節足動物のうちカ
タクチイワシの重要な餌生物であるカイアシ類（本書 2–1 図 2）の生産速度
について経年的な動向を検討した。両分類群の現存量の経年変化では，繊
毛虫類が 1990 年代後半に急速に減少するのに対し，カイアシ類は横ばい
で推移した（図 4a）。大阪湾における動物プランクトンの現存量について，
城・宇野（1983）は 1 年間の四季調査を行い，カイアシ類の現存量を 424 ～

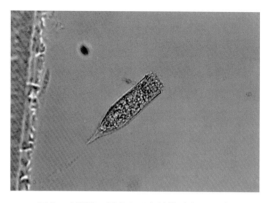

図2　大阪湾で見られる有鐘繊毛虫の一種。

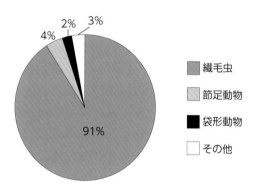

図3　大阪湾公共用水域データによる動物プランクトン分類群別個体数出現割合
（1985 ～ 2012 年）。

680 tC/Bay と推定している。一方，Uye et al.（1986）は，1993 ～ 1994 年に
瀬戸内海全域で行った調査で，微小動物プランクトンの現存量を 2.09 ～
8.62 mgC/m³ と報告している。1985 年～ 2012 年におけるカイアシ類の年間
平均現存量は，56.2 ～ 316.0 tC/Bay（44.2 ～ 248.7 mgC/m³）の範囲にあり，
瀬戸内海全域で試算した Uye et al.（1986）の推定値とは単純に比較はでき

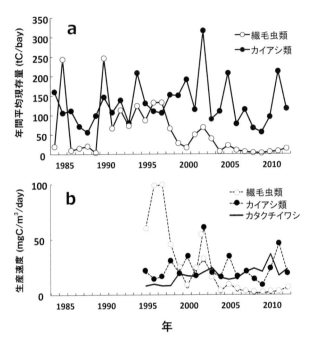

図4　(a) 大阪湾における繊毛虫，カイアシ類現存量 (b) カタクチイワシを合わせた生産速度の経年変化。

ないが，城・宇野 (1983) の推定値に近く，概ね妥当な試算結果と考えられる。動物プランクトンの調査は分類，計数の煩雑さから長期のモニタリングデータが存在することはまれである。そのため，今回の検討は貴重な事例である。

　さらに両分類群の生産速度の経年変化を比較すると，1990 年代後半までは繊毛虫類の生産速度はカイアシ類を大きく上回っていたが，その後大きく減少した (図4b)。繊毛虫はカイアシ類に比べライフサイクルが短く生産速度が高い。さらに繊毛虫類の主な餌料生物は，有機汚濁の影響を受けやすいバクテリアとその捕食者の従属栄養鞭毛虫である (神山 2001)。大阪湾では瀬戸内法の施行以降流入負荷量が減少しており，栄養塩低下の影

響が生産速度の高い繊毛虫類においてカイアシ類よりも先に現れた可能性が考えられる。二次消費者であるカタクチイワシの生産速度は1995年以降緩やかに上昇し，カイアシ類と同様の傾向を示していた（図4b）。

　大阪湾において，海域の栄養塩が低下していることは先述のとおりであるが，城（1986）以降の状況については散発的な報告しか見られなかった。一方，近年では，瀬戸内海での貧栄養化の進行に伴い，大阪湾でも関連する報告が増加しつつある（樽谷・中嶋2011; 多田ほか2012など）。大阪湾の栄養塩において減少傾向が著しいのは溶存無機態窒素であり，表層のChl. a濃度にも低下傾向が確認されている。大阪湾における溶存無機態窒素の減少は，2000年前後を境に顕著に現れている（山本2018）。また，陸域からの栄養塩負荷量は1980年代以降減少傾向にある（中谷ほか2011）。さらに栄養塩の低下が先行している播磨灘で見られた珪藻類の種組成の変化（Nishikawa et al. 2010）は，大阪湾においてもその兆候が認められ，基礎生産速度の減少傾向も明らかになったことから，栄養塩の低下はまず基礎生産構造に影響を及ぼしていると思われる。

　一次消費者については，先述のとおり繊毛虫類では1990年代後半以降現存量，生産速度とも減少傾向が見られたが，カイアシ類ではどちらも概ね横ばいで推移した。Chl. aと動物プランクトン（二次生産）の関係では，二次生産速度はChl. a濃度の上昇とともに上昇するが上昇率は徐々に鈍化し，Chl. a濃度10 µg/L程度のレベルで頭打ちになった（Nishijima et al. 2021）。Uye and Shibuno（1992）は，*Paracalanus* sp.（カイアシ類の一種）におけるChl. a濃度と産卵速度の関係から，Chl. a濃度が4.5 µg/Lで本種の摂食圧が飽和することを示した。1990年代までは20 µg/Lを大きく上回るChl. a濃度が頻繁に観察されていたことから，この時期にはカイアシ類によって消費されなかった基礎生産物が赤潮，貧酸素の原因になっていた可能性がある。大阪湾では2000年代に入るとChl. a濃度は平均値で10 µg/L前後まで低下していることから（山本2018），このレベルのChl. a濃度を維持している現在の大阪湾の栄養レベルは，動物プランクトンの生産に好適な状態であることが推察された。

　国立研究開発法人水産研究・教育機構が行っている資源評価によると，大阪湾の春季シラスに大きく影響するカタクチイワシ太平洋系群は近年減少傾向にある（中央ブロック資源評価調査 http://abchan.fra.go.jp/digests2020/index.html【参照 2022.01.30】）。一方，大阪湾のカタクチイワシ生産速度は低下していない（図 4b）。カイアシ類とカタクチイワシ生産速度の間には明確な関係は見られないが，カタクチイワシの生産速度の経年変化には，カイアシ類の生産速度の変化と類似した傾向が確認された。以上のように，カタクチイワシの生物生産を考える上では，大阪湾の栄養塩レベルは瀬戸内海の他の湾灘と比較すると良好な状況であり，現状維持が妥当と推察される。

　ここで，定点調査データを整理し，Chl. a の分布重心の経年変化を季節別に示す（図 5）。これをみると，近年大阪湾における Chl. a の分布は 2 月を除き，北部ないし東部，すなわち湾奥方向に移動していることが分かる。このことは，湾奥における構造物の影響による流れの変化，ないし，栄養塩レベルの低下により，湾奥では高い生産が維持されるがそれ以外の海域では生産力が低下しつつあることを示している。近年，瀬戸内海では漁業生産力の低下の原因が栄養塩レベルの低下にあるとする声が大きくなり，栄養塩濃度の増加を求める意見が増える傾向にある。栄養塩の増加は基礎生産者であるノリ養殖等には効果があると考えられるが（高木ほか2012 など），大阪湾においてはこのような栄養の不均一を解消しない限り，栄養塩濃度の増加によって湾奥部では再び環境の悪化を招く可能性がある。

3　淀川感潮域におけるヤマトシジミ増殖の試み

　淀川は大阪湾に流入する最大の河川で，河口から約 10 km 上流に可動式河口堰を有する。通常の河川では上流から下流の間で緩やかに環境が変化

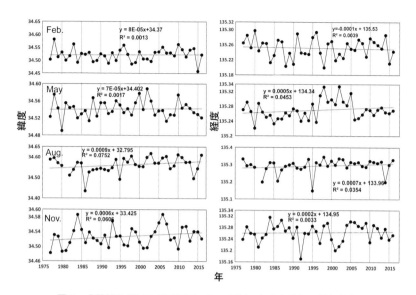

図5　大阪湾におけるクロロフィル a（Chl. a）分布重心の経年変化。

するが，河口堰を有する淀川では河口堰を境とした上・下流で環境が激変
する。農林水産統計によるとシジミ漁獲量は日本の内水面漁業全体の約3
割（平成19年度）を占め，さけ・ます類に次ぐ重要種である。日本に生息す
るシジミ属はセタシジミ，マシジミ，ヤマトシジミの3種であるが，シジ
ミとして漁獲される二枚貝の大半は，汽水域に生息するヤマトシジミであ
る。ヤマトシジミが生息する汽水域は淡水と海水が混じり合う境界領域で
あるが，ダムや河口堰の建設によって淡水流入が減少しつつあり，下流域
の海水化や流れの停滞性が増大することによる底質の悪化，底層の貧酸素
化，ベントスの減少などが環境問題として懸念される。中でも，河川にお
ける河口堰の建設，運用はシジミ漁獲量の減少要因としてしばしば議論の
的となっている（粕谷2010など）。ヤマトシジミ成員は比較的広い塩分耐性
を持つが，宍道湖産ヤマトシジミでは生息可能な塩分範囲は1.5 〜 22 psu

であり，稚貝では成貝に比べ塩分耐性が低いことが分かっている（中村ほか 1996）。それでも，高塩分になりやすい淀川大堰下流の感潮域においてヤマトシジミの漁獲があり，漁業者の生活の糧となっている。筆者は 2009 年から 2011 年まで同水域におけるヤマトシジミの資源増大に取り組んだ。この中で人の手が入ったために自然な河川の河口域とは大きく環境が変わった同水域を，生物生産を向上させるためいかに運用していくか，検討した結果を紹介する。

　可動式河口堰のある河川下流域におけるヤマトシジミの資源変動については依然不明な点が多い。本種に関するこれまでの研究は生産量が多い北海道や東北地方が中心であり，西日本では汽水湖である宍道湖で行われているものの，河川下流域，特に河口堰下流部という特殊な環境ではほとんど研究事例がなかった。ヤマトシジミの再生産や生存に重要な環境要因は，底質粒度，底層の溶存酸素，塩分であることが宍道湖などでの研究により明らかになっているが，河川下流域における資源の増大条件および変動要因を明らかにするためには，これら環境条件と稚貝以降の斃死，物理的逸散，捕食などについてもより詳細な研究を進めていく必要がある。

　淀川の河口堰（淀川大堰）は先述の通り河口から約 10 km 上流に位置する。筆者らの研究グループは汽水となる河口堰下流部で各発育段階のヤマトシジミの分布を調査した結果，ヤマトシジミは浮遊幼生時には水域全体に分布するが，着底稚貝期になると上流に集積していることを明らかにした。さらに稚貝〜幼貝期に下流側に分布が拡散した後，最終的に成貝は河口堰から 5 km より下流ではほとんど分布していないことが明らかになった。（図 6，地方独立行政法人大阪府立環境農林水産総合研究所 http://www.kannousuiken-osaka.or.jp/_files/00017640/h21-16yamatosijimi.pdf【参照 2022.01.30】）。河口堰のある河川の通例として，淀川でも，通常は利水のため堰からの放水が少なく，河口堰上流では淡水，下流部では海域よりは若干塩分の低い内湾のような環境となっている。一方，降雨等の増水時には堰から一気に放水されるため，下流部でも一転塩分 0 の淡水となる様子が淀川感潮域においても観察された。さらに，集中的な放水の影響で多く

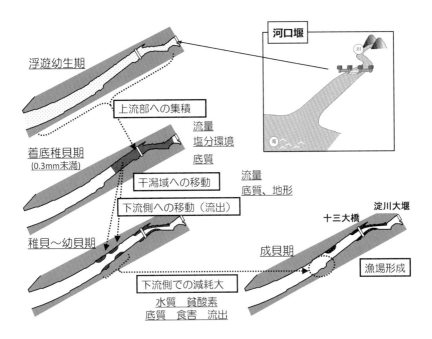

図6　淀川感潮域におけるヤマトシジミ成長段階別分布および制限要因。

　の稚貝が流されること，河口堰下流のおよそ半分となる河口から5 km付近まで強く貧酸素化することが明らかになった。すなわち，稚貝期〜幼貝期の下流への移動はこのような急激な増水により流出したためであり，下流に流された個体は夏期の貧酸素化や長期の生息には不適な高塩分のため死滅することが推察された。一方で，ヨシ原が残る十三大橋左岸の干潟では各発育段階で多くの個体が確認されたことから，沿岸部にヨシ原が存在することで稚貝の流出が抑制されると考えられた（大阪府立環境農林水産総合研究所 2012）。

　シジミは美味であるだけでなく，肝機能を高める作用のあるタウリンを多く含むなど古来より「生きた肝臓薬」として知られている。また，ミネ

ラルの摂取量が少ない若い人や女性において発生する味覚障害に効果的な亜鉛を多量に含むなど，極めて機能性の高い食材でもあり，大阪府・淀川においては「淀川産べっ甲しじみ」の愛称で親しまれてきた（大阪市漁協 http://www.osakashigyokyo.or.jp/marineproducts/【参照 2022.01.30】）。しかし，淀川では漁獲量の年変動は大きく，安定供給方策の検討がこれからの課題である。最近では海洋管理協議会による MSC ラベルに代表されるような，持続可能な適切な資源管理，環境に配慮した漁業を認証する制度が世界的に広がりを見せており，ブランド化と同時に，漁業者には消費者や環境に対して「責任ある漁業」が求められている（本書5-3）。また，同じ都市圏を流れる東京都の荒川・江戸川・多摩川ではヤマトシジミ漁獲量に増加の傾向が見られている。これまでの大生産地とは異なるこれらの都市河川での資源の増大は河川環境の改善の兆しである可能性がある。

このようなシジミ資源，漁業，流通，消費および生息環境を取り巻く状況に対して，科学的理解に基づいて積極的な資源増大，資源管理施策を講じることにより，シジミの安定供給を実現し，生産，加工，流通に関連する新たな雇用の創出，多くの健康ニーズを抱える都市における医食同源のサービスの向上にもつなげることができる。また，シジミの増殖条件を明らかにすることで漁場の造成が可能となり，水域から取り上げることで，効率的な窒素，リンの回収効果が期待できる。資源増大を目指して実施した本研究の成果からは，親貝を確保し流失による減耗を防ぐため，ヨシ帯や，ワンドを造成すること，産卵期には一定の放水を確保する必要があることなどをとりまとめ，『河口堰下流のしじみを増やし利用していくために——淀川・吉井川・吉野川の調査事例を参考に』と題した手引書を作成して関係者に配布した。資源増大の実現により，一部を市民に開放することで海域におけるアサリなどと同様に，「しじみ狩り」として市民に憩いの場を提供することができ，高度成長期に遠くなった水辺との関係を近いものにすることで，里海としての再生も果たせると考える。

4　大阪湾から見えてくる都市と里海のあり方

　高度経済成長期以降の大阪湾は，単位面積あたりの漁獲量では日本屈指の豊かな海であったが，漁獲の大半を占めるのはマイワシ，カタクチイワシなどの多獲性魚類で，豊かであるものの漁獲物の多様性には乏しく，生き物の住みかとしては赤潮，貧酸素，貝毒など環境面で多くの問題を抱えていた。

　人手を加えることによって里海を再生するにあたって，大阪湾では富栄養化の改善によりカタクチイワシ（動物プランクトン食者）につながる生産系は確保されていると思われる。一方，底びき網で漁獲されるような底生魚類（底魚類）の多くで資源水準が低迷しているのは事実であり，栄養・基礎生産が底魚類につながっていない。すなわち，里海の「太く・長く・滑らかな物質循環」のうち太さは確保されているが長さが確保されていないとも考えられる。富栄養化が顕著であった年代においては余剰の生産物が使い切れず沈降することで，貧酸素水塊の原因となっていた。しかしながら現在よりも貧酸素化がひどかった時代でも，底魚類の資源は現在よりも豊かであったことから，底魚類の漁獲の低迷の原因として栄養環境に起因する可能性と，貧酸素に見られる栄養環境以外の要因に起因する可能性についても検討する必要がある。さらに大阪湾を里海として再生させるには，底魚に至る物質循環を解明することで，生産系のどこがボトルネックになっているのか明らかにするとともに，栄養環境以外の要因の探索が求められる。

　ヤマトシジミの事例からは，人手が加えられやすい都市近郊の沿岸域を里海として再生できる可能性が示された。ヤマトシジミやアサリ，カキなどの二枚貝はプランクトンフィーダーとして水域の水質浄化にも貢献している。すなわち湾奥で二枚貝増殖・養殖を推進することで，湾内の栄養塩の不均衡を是正するポテンシャルを秘めていると考えられる。長年大阪湾では夏期の大規模な貧酸素化や高水温により，二枚貝養殖はほぼ試みられ

てこなかった。しかしながら近年，本節で紹介したヤマトシジミの増殖だけでなく，これまで二枚貝養殖が行われてこなかった埋め立て地の水路部分等の海域で，カキの養殖が試みられている（大阪湾環境再生研究・国際人材育成コンソーシアム http://www.cifer-core.jp/wg.html【参照 2022.01.30】）。これらの試みは，人手を加えることによる生産性と生物多様性向上，すなわち里海の再生につながることが期待される＊。

＊ アプローチ 1 は環境省環境総合推進費 S-13「持続可能な沿岸海域実現を目指した沿岸海域管理手法の開発」，アプローチ 2 は農林水産技術会議「新たな農林水産政策を推進する実用技術開発事業」で取り組んだ。関係者の皆様に感謝する。

5-5

森から海までの生態系のつながりと沿岸生物
——森里海連環学のすすめ

山下　洋

京都大学フィールド科学教育研究センター舞鶴水産実験所

1　森里海連環学と里海

　日本の沿岸漁業漁獲量は，1985年の227万トンをピークにその後は減少し続けており，最近は100万トン前後で推移している。同様に80年代後半に10万トン近くあった京都府の漁獲量も，近年は1万トンを割ることもある。我が国の河川の水質（有機物の負荷）は，下水処理場の整備に伴い1970年以降急速に改善し（宇野木2015; Ye and Kameyama 2020），ドブ川と呼ばれていた汚い川はほとんど見られなくなった。ところが内湾域では，未だに深刻な貧酸素，青潮，赤潮の発生と生物被害が多数報告されており（今井2014; 本書3-6参照），沿岸海域の環境改善は進んでいない。また，クラゲ類，ヒトデ類，ウニ類，エイ類などの大発生が頻発し，沿岸の生態系に異変が起こっていることを示している（益田2014）。生物生産機能や水質浄化機能，稚魚の保育機能などの生態系機能が低下した海域はデッドゾーン（dead zone）と呼ばれ（和久ほか2012），日本の沿岸海域ではデッドゾーンの拡大が懸念される。

　沿岸海域の環境と生態系は，明らかに人間活動の影響を受けて劣化してきた。里海には様々な定義と理解があるが，この節では「高い生物生産性と生物多様性を守りながら人が持続的に利用している海（本書2-1）」と考えたい。また里海を考えるにあたっては，その範囲が重要である。一般には，沿岸海域と隣接する陸域という限られた範囲が想定されるが，海から

遠く離れた山奥で排出された物質も，川や地下水により最終的には海に運ばれる。特に，日本のように急勾配の短い河川が海に流れ込む地形では，沿岸海域の環境は陸域全体から強い影響を受けている。京都大学フィールド科学教育研究センター（フィールド研）では，このような森から沿岸海域までの物質循環と生態系のつながり，それに対する人間活動の影響を「森里海連環」と呼ぶ。そして，森里海連環のメカニズムの解明を通して持続的な社会に貢献する「森里海連環学」を，教育・研究の柱としている（田中 2008; 山下 2011）。ここでは，流域と沿岸海域の相互作用を含めて広い範囲で里海を捉え，里海を森里海連環の視点から考えたい。

　本節では，森里海連環学の主要な調査フィールドである由良川・丹後海水系の特徴と森から海につながる生物生産構造を概説し，この生産システムを利用する魚類の生態について，スズキなどの川と海を行き来する両側回遊魚類に焦点を当てる。ところで，丹後海は正式に認知された地名ではない。かつて西部若狭湾海域という呼称が使われていたが，この呼び方では海域を特定することができない。そこで，私たちは京都府沿岸の丹後半島と大浦半島に囲まれた湾域およびその沖合を丹後海と称し（Itoh et al. 2016），すべての科学論文において丹後海を使用している。

2　由良川・丹後海水系

　由良川流域は森林率が高く（84%），豊かな自然が残された水系である（口絵 2, 3）。下流域は河床勾配が緩いため，雨量が少なく海面高度の高い夏季を中心に海水が河床を伝って河川を遡上し（塩水楔），河口から 17 km の舞鶴市の取水口まで到達することから，この期間には海水遡上を防止する防潮幕が設置される。一方，雪解け水が流出する冬春季や台風などによる大雨の時期には河口まで淡水が占めることが多い。しかし，最近は雪の少ない年が増えており冬季にも海水遡上がしばしば観測されている。

　丹後海は湾口部の幅が約18 km，湾口から湾奥の由良川河口までが約21 km，湾口部の水深は70〜80 mであり，宮津湾，栗田湾，舞鶴湾が支湾として附属する。主要な流入河川としては，1級河川の由良川のほか宮津湾に流入する2級河川の野田川および舞鶴湾に流入する伊佐津川などがある。丹後海の海水流動には，沖を流れる対馬暖流，季節風，由良川からの淡水流入が最も重要な要因として作用する。基本的には湾奥ではエスチュアリー循環（図1），湾口では冠島を巡る時計回りの流れが卓越し（本書1-1 図5），両者が湾中央部で合体して沖合水が湾奥まで運ばれる（Itoh et al. 2016）。由良川・丹後海水系の構造と環境特性については，本書1-1，1-2に加え，上野・山下（2012）にも詳しく述べられているので参照いただきたい。

3　川が運ぶ物質と海への影響

　沿岸海域は河川が流域から運んでくる多様な物質の出口であり，その生態系は物質の量と組成によって大きな影響を受ける。主な物質としては，河川水，栄養塩，有機物，土砂，有毒物質（農薬）などが考えられる。ここでは，由良川・丹後海におけるこれらの物質の動態と作用について考えたい。

河川水と栄養塩の供給

　世間では「豊かな森の栄養が豊かな海を育む」という言葉をよく耳にする。しかし，それを示す科学的な証拠はほとんどない。フィールド研の「木文化プロジェクト」という事業で，森林系の研究者が由良川への栄養塩（溶存態窒素，溶存態リン，溶存態鉄）の供給源を本流と支流に分けて詳細に調べた（福崎ほか2014; 本書1-2）。その結果，いずれの栄養塩濃度に対しても森林率は統計的に有意な負の相関，農地率と市街地率は正の相関を

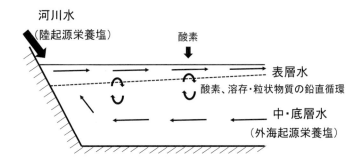

図 1　エスチュアリー循環の模式図。エスチュアリー循環は栄養塩の供給だけでなく，有機物や酸素の循環にも重要な役割を果たす。河川流量が減少するとエスチュアリー循環が弱まり，有機物による汚濁負荷の増加や貧酸素が発生しやすくなる。

示した。すなわち，栄養塩の主要な供給源は農地から出る肥料や都市の生活排水であることが示された。森では樹木が成長しなくてはならないので，栄養塩は森林にとって不可欠である。森林は，できるだけ栄養塩を森林の外に出さずに効率よく再利用するシステムを有しており，森の栄養は簡単には系外に出ないのである（徳地 2011; Tateno 2014）。

　ところが，近年化石燃料の大量使用により大気中の窒素酸化物濃度が上昇し，森林への窒素降下物により窒素濃度が森林の要求量を上回り，窒素が森林生態系外に流出する現象が報告されている。この現象は窒素飽和と呼ばれ，森林生態学では流出する窒素は"汚染"と考えられている（徳地 2011）。例えば，私たちのもう一つの研究フィールドである大分県国東半島の中心にある両子山の森林では，明らかな窒素飽和が認められ高濃度の窒素が森林から渓流に流出している。これを「森の豊かな栄養」と言ってよいのか，私には判断がつかない。ただし，実際にはこの大気性降下窒素起源の溶存態窒素は川を下る途中で水田や水圏生物に利用され，一方で農地から肥料由来のリンが河川に流れ出て，河口域では植物プランクトンが利用しやすいレッドフィールド比（N : P = 16 : 1）に近い窒素 / リン比を持

つ適度な濃度の栄養塩となって，海に供給されていることが分かった
(Sugimoto et al. 2021)。さらに，両子山を源流とする桂川と，窒素飽和のな
い普通の森を水源とする近隣の伊呂波川の河口で，スズキ稚魚の成長速度
を比較したところ，桂川のスズキ稚魚の成長速度は伊呂波川よりも有意に
高かった (山下 未発表データ)。桂川では人間活動の結果として，偶然に生
物生産に適度な濃度と割合の栄養塩が海に供給されていたようだ。一方，
瀬戸内海では漁業生産に必要な栄養塩濃度を上げるために，特に栄養塩が
枯渇する冬季に下水処理水の窒素負荷量を増やす取り組みが試行されてい
る。生物生産を高めるための栄養塩管理は里海の目的に合致するが，はた
して沿岸生態系の攪乱につながる恐れはないのか，下水処理水の季節別放
流は里海創成のフィールド実験として注目される。

　さて，由良川に話を戻したい。由良川・丹後海における栄養塩の供給と
植物プランクトンによる基礎生産については，本書1-2に詳しく記述され
ているが，簡単におさらいしたい。まず，由良川が輸送する栄養塩 (溶存
態の窒素，リン，鉄) の起源は主に都市や農地であり森林の寄与は小さかっ
た。このような陸起源の栄養塩は，由良川・丹後海の生物生産にどのよう
に貢献しているだろうか。由良川・丹後海の物理構造は，増水期の淡水レ
ジームと渇水期の塩水楔レジームに分けられた。雪解け水による冬春季の
淡水レジームでは，河口まで河川水が占め河川内での植物プランクトンに
よる生産はごくわずかである。一方海側では，由良川から丹後海の表層を
外海へ流出する河川水を駆動力としてエチュアリー循環が強まり (図1)，
底層から丹後海に供給される外海起源栄養塩が増加し，有光層深度が深く
なる春季に海側の基礎生産が最大となった。春季は水産上重要な多くの魚
類の稚魚が丹後海で成育する。稚魚の生産を支えているのは外海から供給
される栄養塩であり，陸起源の栄養塩は表層を外海に流出し丹後海の生物
生産への寄与は小さい (Watanabe et al. 2017; 本書1-2)。河川水の海への流
出がエスチュアリー循環の駆動力になることから，湾内の生物生産には川
が運ぶ陸起源栄養塩よりも，むしろ河川水の流出や流量が重要なことが示
された。一方，初夏以降の渇水期の塩水楔レジームでは，由良川の河口・

下流域に形成される塩水楔の塩分躍層直下で，海の植物プランクトンが陸起源の栄養塩を利用して増殖する（本書 1-2 図 1）。海側ではエスチュアリー循環も弱く，栄養塩が枯渇していく。このように由良川・丹後海では，基礎生産のホットスポットが，春季の丹後海浅海域から初夏には由良川下流・河口域へ移動するという特徴が明らかになった（本書 1-2）。

有機物の供給

　河川から海に供給される栄養物質には栄養塩のほかに有機物がある。有機物の主要な起源としては，植物プランクトン，河床・海底の砂泥や石の上の付着藻類，木の葉等の陸上植物，生活・産業排水の 4 種類が考えられる。由良川の水を細かいメッシュで濾し取って有機物の安定同位体比を分析すると，上流では付着藻類，中流ではダム湖で発生した植物プランクトン，下流では農業用止水や水田で生産された植物プランクトンと都市排水起源の有機物が中心となった（上野・山下 2012）。一方，由良川の河口で底びき網を引くと，枝葉を含む大量の陸上植物が溜まっている場所がある。陸上植物は平水時にはそれほど流出しないが，増水時に大量に河口まで運ばれると考えられる。海水の流動が小さく海水交換のよくない内湾域では，湾奥の海底に陸起源有機物が堆積し微生物分解される過程で酸素が消費され，貧酸素水塊やデッドゾーンが形成される。海水交換が比較的良好な丹後海奥部の由良川河口付近にも有機物だまりがあり，夏季には低酸素状態が見られることもある。

　Antonio et al.（2010a, b, 2011, 2012）は由良川河口域から丹後海に生息する底生動物の炭素・窒素安定同位体比を調べ，底生動物がどのような餌を利用しているのかを詳しく解析した（図 2）。陸上植物の残渣は，河川水量の多い冬季には河口域において底生動物にある程度摂餌されているが，渇水期には摂餌割合が減少した。一方，河口の海側では陸上植物起源有機物が利用されることはほとんどなく，底生動物の主要な炭素源は海の植物プランクトンと底生微細藻（図 3）であった（Antonio et al. 2012）。陸上植物起源の有機物は，セルロースなどの難分解性物質を含んでおり，セルロース分

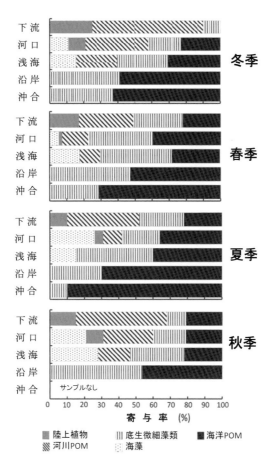

図2 炭素・窒素安定同位体比から推定された，由良川下流域・丹後海の底生動物生産に対する5種類の炭素源の寄与率。Antonio et al. (2012) を改変。

解酵素のセルラーゼを持たない動物では利用が難しい（上野・山下 2012）。ところが，川では陸上植物起源の有機物を摂餌しているセルラーゼを有する底生動物も，海ではあまり摂餌しない（Antonio et al. 2010b, 2012）。おそらく，セルラーゼを持っていても，硬くて消化しにくい陸上植物より柔らかい植物プランクトンや底生微細藻の方が食べやすいのではないかと想像

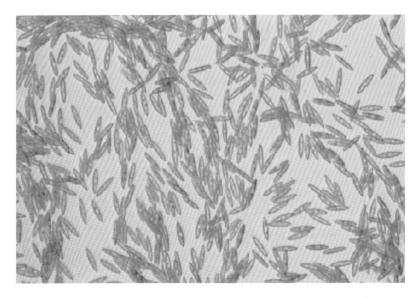

図3　単体匍匐滑走型の付着珪藻 *Navicula britannica* (提供　河村知彦氏)。

している。確かに木の葉よりも海苔の方がおいしそうだ。この知見は河川
管理にも重要な示唆を与える。蛇行を繰り返し瀬と淵により構成された自
然河川では，セルラーゼを持つ川の底生動物が淵にたまった陸上植物を摂
餌し，陸上植物起源有機物は海に入る前に分解される。ところが，直線化
され瀬だけの構造に改変された河川では，陸上植物は短時間に海に運ばれ
河口・内湾の海底に堆積し，底生動物に摂餌・無機化されることなく，微
生物分解を通して貧酸素水塊形成の原因になることが考えられる（上野・山
下 2012）。

土砂の供給

　次に，河川を通して陸から海へ供給される土砂について考えたい。土砂
は河床や沿岸の海底環境・構造を形づくる重要な要因である。人間活動の

7

影響を受けない原生的な自然では，流量などに応じて大石から微細な泥まで，多様なサイズの土砂が川を通して海に運ばれていた。ところが近年，微細な粒子（シルトやクレイと呼ばれる粒径約50ミクロン以下の粒子）だけが陸域から河川を通して海に運ばれる傾向が強まっている。微細粒子は，海藻類，珊瑚，貝類などの発芽，再生産，変態などを阻害し，魚類ですら死に至らしめることがあるなど，多くの水圏生態系に深刻な悪影響を与える（例えば，Onitsuka et al. 2008; Matsumoto et al. 2020）。微細粒子源は農地，水田，陸上の土木工事，河川改修などであり，ほとんどが人間活動に由来する。シカによって林床を丸裸にされた森林も重要な土砂源となる（Nakagawa et al. 2019）。さらに，河床・海底の細粒化のプロセスにはダムが重要な役割を果たしている。すなわち，河川に入った土砂の多くはダム湖底にたまり，増水時に微細な粒子だけが川や海に流出するのである。ダムは徐々に埋まり機能不全に陥り，一方でわが国のほとんどの海岸では砂の供給不足により砂浜が後退している（宇野木 2015）。由良川河口の神崎浜も例外ではなく，美しいとは言えない消波ブロックに囲まれている。

　次項で紹介するが，私たちは由良川に遡上するスズキの生態を調べている。スズキ成魚の河川遡上生態において，スズキの主要な餌生物であるアユは特に重要である。ところが，調査のために由良川の岸辺に立つと，アユの主食である底生微細藻類が生育するはずの石の上に浮泥が積もっているのだ（図4）。これではアユは生きていけない。しかし，日本で微細粒子の影響研究に取り組んでいる研究者はごく限られており，微細粒子の問題自体が知られていない。微細粒子の水圏生態系への影響は重大であり，また人間活動に起因するところが大きいことから，里海を考える上で極めて重要な課題の一つである。

345

図 4　由良川中流アユの主産卵場近くの岸辺。石の上に浮泥がひどく堆積している様子が見られる。これでは餌場としても産卵場としても機能しない。

4　川と海を行き来する魚類

　「豊かな森が豊かな海を育む」というスローガンもよく使われている。ここには栄養という言葉はない。しかし，森林が海の環境と生態系の保全に貢献することを科学的に示す証拠は，やはり世界的に見てもほとんど存在しない。私たちの研究チームは，フィールド研発足以来 20 年にわたり森里海連環学の研究を進め，本節で紹介している成果を含め多くの論文を発表したが，いずれも森里海連環の一部を切り取った内容であり，森と海の関係を直接示すものではなかった。

　近年，調査地の水を採水して，その中に存在する DNA を分析すること

により，調査域に生息する動物の種類を判別する環境 DNA メタバーコーディングという手法が急速に発達した (BOX3)。私たちは，2018 年 6 ～ 8 月に九州から北海道までの 22 の一級河川の河口域において採水し，DNA メタバーコーディングにより生息する魚種を調べ，流域人口や土地利用などの流域情報および河口域の環境に関する 20 項目の説明変数との関係を調べた。その結果，環境省レッドリスト掲載魚類の生息に対して，森林率および水田以外の農地率がそれぞれ正と負の統計的に有意な影響を与えていた。すなわち，森林率の高い流域を持つ河川の河口域には，より多くのレッドリスト種が生息していることが示された (Lavergne et al. 2021)。この結果は，絶滅が危惧される魚種の保全に森林が寄与していることを示唆している (図 5)。森林や農地が河口域の絶滅危惧種の生息に影響するメカニズムは今後の課題だが，森林については河川流量を適度に安定化させる保水力や微細粒子の排出抑制という正の効果，農地は逆に微細粒子や農薬を河川に排出する負の影響が原因の一端ではないかと推察している。

　次に特定の魚種に焦点を絞って，その生態と森里海の連環との関係を考えてみたい。スズキは京都府では 100 ～ 200 トン漁獲される重要な沿岸魚種である。近年，全国的に沿岸魚類の漁獲量が減少している中で，スズキ (Fuji et al. 2016) やクロダイ (Sasano et al. 2022) など，沿岸海域に加えて河川を索餌場として利用する魚種の漁獲量が安定している。その要因として，以下の 3 点が挙げられる。

1. 河口・下流域の高い生産力を利用できることは，海しか利用できない場合と比較すると，海域における餌資源への種内競争を減らして，個体群の生産を底上げする。

2. 多様なハビタットを利用できるということは，埋め立てなどによりあるハビタットを失っても，他のハビタットを利用することにより個体群へのインパクトを軽減できる。

3. 近年，河川漁業の衰退により川での漁獲圧は海よりもかなり低い。遊漁にも同様の傾向が認められ，河川に生息することは漁獲死亡率

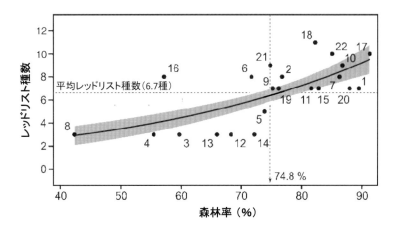

図5　一般化線形モデルによる森林率と全国22河川の河口域で検出されたレッドリスト魚種数との関係。Lavergne et al. (2021) を改変。河川番号は原著を参照のこと。

の低減につながる。

　由良川・丹後海水系では，スズキは丹後海湾口部の冠島周辺で産卵し，浮遊期仔魚は丹後海沿岸に向岸流で輸送されて浅海域に着底し底生生活に移行する (Suzuki et al. 2020; 本書2-1)。Fuji et al. (2016) によると，丹後海の定置網で漁獲される成魚のうち半数近くは稚魚期に河川汽水域や淡水域を成育場として利用していた (本書4-4)。由良川では，スズキ稚魚は初期にはカイアシ類を，その後成長に伴って主餌料をイサザアミに移す。カイアシ類は植物プランクトン，イサザアミは底生微細藻を主食とするが (Omweri et al. 2021)，これらの餌生物の基礎生産は基本的に陸起源の栄養塩でまかなわれている。本書4-4にも述べられているが，丹後海でスズキ稚魚の主餌料となるニホンハマアミは2～6月に高密度で出現し (Akiyama et al. 2015; 本書2-2)，由良川で主餌料となるイサザアミは5～6月に密度がピークに達する (Omweri et al. 2018)。すなわち，2月頃に丹後海浅海域

に着底した稚魚が成長して餌の要求量が高まり，4月頃から半数近くが徐々に由良川に移動して川で大量に生産されているイサザアミを摂餌するという生態が，本種の生産と生残において極めて合理的であることが容易に理解できる。

　由良川では，河口から20 km以上上流の淡水域でも体長50 cmを超える大きなスズキ成魚が釣れる。由良川で釣獲される大型個体の多くは雌である。特に初夏と秋に河川遡上する個体が多いことから，本種はそれぞれ河川に遡上する稚アユおよび産卵後の落ちアユを狙って河川に回遊することが推察される。このような大型スズキの回遊生態は，大分県の河川でも報告されている（景平 2018）。スズキの産卵期は12月後半〜2月上旬であることから，落ちアユは産卵前の雌にとっては重要なエネルギー源となることが考えられる。

　アユは「古事記」にも登場し（井口 2018），昔は日本の河川に普通に見られる魚であった。アユの成魚は底生微細藻を摂餌する年魚（寿命が1年）であることから，生態効率の高い二次生産者として大きなバイオマスを形成することが可能な魚種である（谷口・池田 2009）。以前，私たちがニホンウナギ調査の一環として，福島県松川浦に注ぐ宇多川で電気ショッカーによる魚類採集を行ったところ，驚くほど大量のアユが生息していることを確認した。これは，福島第一原発事故により長期間川魚が禁漁であったためと考えられた。すなわち，よい河川環境を保全してアユを漁獲しなければ，アユ資源は短期間のうちに回復できるのである。漁獲圧が低く豊かな自然環境が残されていた高度経済成長期以前には，日本の川にはアユがあふれ，これを捕食するために多くのスズキが河川に遡上していたのではないだろうか。アユは孵化後一度海に流下し，冬の数か月を海で過ごして春に稚アユとして川に戻ってくる。川では陸起源の栄養塩で増殖する底生微細藻を主食として大きなバイオマスを形成し，スズキやニホンウナギの餌として重要な役割を持つアユは，森里海連環の鍵種である。しかし近年，河川改修による産卵場の減少や浮泥の堆積による餌環境の劣化により，アユ資源は急激に減少してしまった。アユが豊かに暮らせる河川は，海まで

を含めたシステム全体として環境と生態系が健全であることを示しており、分断された森里海連環の修復において、めざすべき目標となるのではないかと考えている。

5　健全な森里海連環にむけて

　我が国の河川・沿岸海域の生態系は明らかに劣化している。その原因として、河川水量の減少、微細粒子の増加、農薬（特にネオニコチノイド系農薬）、河川の人工改変、栄養塩供給のアンバランス、浅海底への有機物の滞留、藻場・干潟の減少など多様な要因が挙げられる。栄養塩の項で示したとおり、陸起源の栄養塩の河口・沿岸域での役割一つとっても海域や季節で大きく異なっており、その評価は容易ではない。流域の利用形態や人間活動を背景に、多様な要因が相互に複合的に作用していることから、本来流域全体を一つの系として総合的な管理を検討する必要がある。しかし、流域管理は多くの行政セクションに縦割りされており、セクション間の連携に乏しい日本で総合的管理を行うのは困難であろう。一つずつ具体的な問題を解決するのが現実的である。例えば由良川では、鍵種のアユが健全に生息できる河川環境を再生する必要がある。基本的に自然が豊かな由良川では、再生のポイントは明確だ。まず河川への細粒土砂の流入を減らすこと、次に主要な産卵場である中・下流域の浮泥に被われた瀬の環境を改善することである。それを実現するためには、漁業者や釣り人、川に関心のある住民が豊かな由良川を取り戻そうという声を地域からあげる必要がある。豊かな里海の実現は、そこに暮らす人々の努力にかかっている。

より深く学びたい人のための参考図書

鹿熊信一郎・柳哲雄・佐藤哲編（2018）『里海学のすすめ──人と海との新たな関わり』勉誠出版，東京．

栗山浩一・柘植隆宏・庄子康（2013）『初心者のための環境評価入門』勁草書房，東京．

向井宏 監修（2012）『森と海をむすぶ川』京都大学学術出版会，京都．

中村幹雄 編著（2000）『日本のシジミ漁業』たたら書房，安来．

Pushpam, K. (ed.) (2010) The Economics of Ecosystems and Biodiversity: TEEB. The Economics of Ecosystems and Biodiversity Ecological and Economic Foundations. Earthscan, London and Washington. 日本語訳：公益財団法人地球環境戦略研究機関（IGES）HP　https://archive.iges.or.jp/jp/archive/pmo/pdf/1103teeb/teeb_d0_j.pdf

佐藤哲（2016）『フィールドサイエンティスト──地域環境学という発想』東京大学出版会，東京．

Scheufele, G. and Pascoe, S. (2022) Estimation and use of recreational fishing values in management decisions. Ambio, 51: 1275-1286.

Shimizu, N., Tateno, R., Kasai, A., Mukai, H. and Yamashita, Y.(eds.) (2014) Connectivity of Hills, Humans and Oceans. Kyoto University Press, Kyoto.

白岩孝行（2011）『魚附林の地球環境学──親潮・オホーツク海を育むアムール川』昭和堂，京都．

柳哲雄 編著（2019）『里海管理論』農林統計協会，東京．

引用文献

阿保勝之・秋山諭・原田和弘・中地良樹・林浩志・村田憲一・和西昭仁・石川陽子・益井敏光・西川智・山田涼平・野田誠・徳光俊二（2018）瀬戸内海における栄養塩濃度等の水質変化とその要因．沿岸海洋研究，55: 101-111．

Akiyama, S., Ueno, M. and Yamashita, Y. (2015) Population dynamics and reproductive biology of the mysid *Orientomysis japonica* in the Yura Estuary, Tango Bay, Japan. Plankton and Benthos Research, 10: 121-131.

秋山諭・中嶋昌紀（2018）不等間隔の月例観測データからみる大阪湾表層水温の経時的諸特性．水環境学会誌，41: 83-90．

Antonio, E.S., Kasai, A., Ueno, M., Won, N., Ishihi, Y., Yokoyama, H. and Yamashita, Y. (2010a) Spatial variation in organic matter utilization by benthic communities from Yura River-Estuary to offshore of Tango Sea. Estuarine, Coastal and Shelf Science, 86: 107-117.

Antonio, E.S., Ueno, M., Kurikawa, Y., Tsuchiya, K., Kasai, A., Toyohara, H., Ishihi, Y., Yokoyama, H. and Yamashita, Y. (2010b) Consumption of terrestrial organic matter by estuarine molluscs determined by analysis of their stable isotopes and cellulase activity. Estuarine, Coastal and Shelf Science, 86: 401-407.

Antonio E.S., Kasai, A., Ueno, M., Ishihi, Y., Yokoyama, H. and Yamashita, Y. (2011) Diet shift in sand shrimp *Crangon uritai* along the estuary-marine gradient. Journal of Crustacean Biology, 31: 635-646.

Antonio, E.S., Kasai, A., Ueno, M., Ishihi, Y., Yokoyama, H. and Yamashita, Y. (2012)

Spatial-temporal feeding dynamics of benthic communities in an estuary-marine gradient. Estuarine, Coastal and Shelf Science, 112: 86-97.

有瀧真人・大河内裕之・桑田博（2021）栽培漁業．『栽培漁業の変遷と技術開発——その成果と展望』（有瀧真人・虫明敬一 編）pp.1-12．恒星社厚生閣，東京．

Cooke, S.J. and Cowx, I.G.（2004）The role of recreational fisheries in global fish crises. BioScience, 54: 857-859.

Costanza, R., D'Arge, R., de Groot, R., Farber, S., Grasso, M., Hannon, B., Limburg, K., Naeem, S., O'Neill, R. V., Paruelo, J., Raskin, R. G., Sutton, P. and Van den Belt, M.（1997）The value of the world's ecosystem service and natural capital. Nature, 387: 253-260.

Costanza, R., de Groot, R., Sutton, P., van der Ploeg, S., Anderson, S. J., Kubiszewski, I., Farber, S. and Turner, R. K.（2014）Changes in the global value of ecosystem services. Global Environmental Change, 26: 152-158.

Edwards, S. F.（1991）A critique of three "economics" arguments commonly used to influence fishery allocations. North American Journal of Fisheries Management, 11: 121-130.

Food and Agriculture Organization（2010）The state of the world's fisheries and aquaculture 2010. FAO, Rome, Italy.

Food and Agriculture Organization（2012）Technical guidelines for responsible fisheries: recreational fisheries. FAO, Rome, Italy.

Fuji, T., Kasai, A., Ueno, M. and Yamashita, Y.（2016）Importance of estuarine nursery areas for the adult population of the temperate seabass *Lateolabrax japonicus*, as revealed by otolith Sr:Ca ratios. Fisheries Oceanography, 25: 457-469.

福﨑康紀・福島慶太郎・白澤紘明・渡辺謙太・大槻あずさ・徳地直子・吉岡崇仁（2014）由良川流域における溶存鉄および溶存有機物の広域的な分布と動態．森里海連環学による地域循環木文化社会創出事業（木文化プロジェクト）2013年度報告書: 73-97.

舩越裕司・宮嶋俊明・上野陽一郎・鍵井克己・神原暉道（2020）「のれん網」によるクロマグロ漁獲抑制の取組み．ていち，138: 9-16.

濱田準哉・鯉渕幸生（2013）温暖化が東京湾・伊勢湾・大阪湾の貧酸素水塊に与える影響評価．土木学会論文集 B2（海岸工学），69: I_1126-I_1130.

井口惠一朗（2018）アユと日本人．『魚類学の百科事典』（日本魚類学会編）p.264．丸善，東京．

今井一郎（2014）赤潮．『水産海洋学入門』（水産海洋学会 編）pp.248-256．講談社，東京．

Itoh, S., Kasai, A., Takeshige, A., Zenimoto, K., Kimura, S., Suzuki, K., Miyake, Y., Funahashi, T., Yamashita, Y. and Watanabe, Y.（2016）Circulation and haline structure of a microtidal bay in the Sea of Japan influenced by the winter monsoon and the Tsushima Warm Current. Journal of Geophysical Research, DOI: 10.1002/2015JC011441.

城久・宇野史郎（1983）大阪湾における動物プランクトンの現存量とそこから見積もられる生産量．日本プランクトン学会報，30: 41-51.

城久（1986）大阪湾における富栄養化の構造と富栄養化が漁業生産におよぼす影響について．大阪府立水産試験場研究報告，7: 1-164.

景平真明（2018）周縁性淡水魚．『魚類学の百科事典』（日本魚類学会編）pp.244-245．丸善，東京．

神山孝史（2001）沿岸域における繊毛虫プランクトンの役割と生態——出現特性と役割．月刊海洋号外，27: 54-61.

Kasai, A., Kurikawa, Y., Ueno, M., Robert, D. and Yamashita, Y.（2010）Salt-wedge intrusion of seawater and its implication for phytoplankton dynamics in the Yura Estuary, Japan. Estuarine, Coastal and Shelf Science, 86: 408-414.

粕谷志郎（2010）河口堰によるシジミ類の生息への影響．長良川下流域生物相調査報告書 2010，92-97.

萱場隆昭（2013）北海道におけるマツカワの栽培漁業．『沿岸魚介類資源の増殖とリスク管理——遺伝的多様性の確保と放流効果のモニタリング』（有瀧真人 編）pp.9-21. 恒星社厚生閣，東京．

Kitada, S.（2020）Lessons from Japan marine stock enhancement and sea ranching programmes over 100 years. Reviews in Aquaculture, 12: 1944-1961.

Kayaba, T., Wada, T., Kamiyama, K., Murakami, O., Yoshida, H., Sawaguchi, S., Ichikawa, T., Fujinami, Y. and Fukuda, S.（2014）Gonadal maturation and spawning migration of stocked female barfin flounder *Verasper moseri* off the Pacific coast of northern Japan. Fisheries Science, 80: 735-748.

Kubiszewski, I.（2017）The future value of ecosystem services: Global scenarios and national implications. Ecosystem Services, 26: 289-301.

Lavergne, E., Kume, M., Ahn, H., Henmi, Y., Terashima, Y., Ye, F., Kameyama, S., Kai, Y., Kadowaki, K., Kobayashi, S., Yamashita, Y. and Kasai, A.（2021）Effects of forest cover on richness of threatened fish species in Japan. Conservation Biology, DOI: 10.1111/cobi.13849.

益田玲爾（2014）有害生物の大発生．『水産海洋学入門』（水産海洋学会編）pp.240-247. 講談社，東京．

Matsumoto, A., Sato, M. and Arakawa, H.（2020）Impacts of sub-micrometer sediment particles on early-stage growth and survival of the kelp *Ecklonia bicyclis*. Scientific Reports, https://doi .org/10.1038/s41598-020-7 5796-x

松村靖治（2006）有明海におけるトラフグ *Takifugu rubripes* 人工種苗の産卵回帰時の放流効果．日本水産学会誌，72: 1029-1038.

Millennium Ecosystem Assessment（MEA）（2005）Ecosystems and human well-being: Synthesis. Island Press, Washington DC, US.

Mora, C., Myers, R. A., Coll, M., Libralato, S., Pitcher, T. J., Sumaila, R. U., Zeller, D., Watson, R., Gaston, K. J. and Worm, B.（2009）Management effectiveness of the world's marine fisheries. PLoS Biology, 7: e1000131.

Nakagawa, H.（2019）Habitat changes and population dynamics of fishes in a stream with forest floor degradation due to deer overconsumption in its catchment area. Conservation Science and Practice, https://doi.org/10.1111/csp2.71

中村幹雄・安木茂・高橋文子・品川明・中尾繁（1996）ヤマトシジミの塩分耐性．水産増殖，44: 31-35.

中村智幸（2019）日本における海面と内水面の釣り人数および内水面の魚種別の釣り人数．日本水産学会誌，85: 398-405.

中谷祐介・川住亮太・西田修三（2011）大阪湾に流入する陸域負荷の実態・変遷と海域環境の変化．土木学会論文集 B2（海岸工学），67: I_886-I_890.

Nishijima, W., Umehara, A., Yamamoto, K., Asaoka, S., Fujii, N., Otani, S., Wang, F., Okuda,

T. and Nakai, S.（2021）Temporal distribution of primary and secondary production estimated from water quality data in the Seto Inland Sea, Japan. Ecological Indicators, 124: 107405.

Nishikawa, T., Hori, Y., Nagai S., Miyahara, K., Nakamura, Y., Harada, K., Tanda, M., Manabe, T. and Tada, K.（2010）Nutrient and phytoplankton dynamics in Harima-Nada, eastern Seto Inland Sea, Japan during a 35-year period from 1973 to 2007. Estuaries and Coasts, 33: 417-427.

農林水産省（2017）海面漁業生産統計調査　市町村別データ（京都府）．大臣官房統計部生産流通消費統計課，東京．

農林水産省（2020）2018 年漁業センサス報告書（第 1 巻海面漁業に関する統計（全国・大海区編）　海面漁業の生産構造及び就業構造に関する統計（労働力）．大臣官房統計部経営・構造統計課センサス統計室，東京．

大元鈴子（2017）『ローカル認証──地域が創る流通の仕組み』清水弘文堂書房，東京．

Omweri, J.O., Suzuki, K.W., Lavergne, E., Yokoyama, H. and Yamashita, Y.（2018）Seasonality and occurrence of the dominant mysid *Neomysis awatschensis* (Brandt, 1851) in the Yura River estuary, central Sea of Japan. Estuarine Coastal and Shelf Science, 211: 188-196.

Omweri, J.O., Suzuki, K.W., Houki, S., Lavergne, E., Inoue, H., Yokoyama, H. and Yamashita, Y.（2021）Flexible herbivory of the euryhaline mysid *Neomysis awatschensis* in the microtidal Yura River estuary, central Japan. Plankton and Benthos Research, 16: 278-291.

Onitsuka, T., Kawamura, T., Ohashi, S., Iwanaga, S., Horii, T. and Watanabe, Y.（2008）Effects of sediments on larval settlement of abalone *Haliotis diversicolor*. Journal of Experimental Marine Biology and Ecology, 365: 53-58.

大阪府立環境農林水産総合研究所（2012）河口堰下流のしじみを増やし利用していくために──淀川・吉井川・吉野側の調査事例を参考に，1-27.

Sasano, S., Murakami, H., Suzuki, K.W., Minamoto, T., Yamashita, Y. and Masuda, R.（2022）Seasonal changes in the distribution of black sea bream *Acanthopagrus schlegelii* estimated by environmental DNA. Fisheries Science, 88, 91-107.

篠原義昭・澤田英樹・鈴木啓太（2020）宮津湾におけるマナマコの資源評価と資源管理．京都府農林水産技術センター海洋センター研究報告，42: 1-8.

Sugimoto, R., Kasai, A., Tait, D.R., Rihei, T., Hirai, T., Asai, K., Tamura, Y. and Yamashita Y.（2021）Traditional land use effects on the magnitude and stoichiometry of nutrients exported from watersheds to coastal seas. Nutrient Cycling in Agroecosystems, 119: 7-21.

水産庁（2019）令和元年度水産白書．水産庁漁政部企画課，東京．

Suzuki, K.W., Fuji, T., Kasai, A., Itoh, S., Kimura, S. and Yamashita, Y.（2020）Winter monsoon promotes the transport of Japanese temperate bass *Lateolabrax japonicus* eggs and larvae toward the innermost part of Tango Bay, the Sea of Japan. Fisheries Oceanography, 29: 66-83.

鈴木邦弘・鈴木勇己（2018）旅行費用法で評価した静岡県興津川におけるアユ釣りのレクリエーション価値．日本水産学会誌，84: 1034-1043.

多田邦尚・山本圭吾・一見和彦・山田真智子・西川哲也・樽谷健二・山口一岩（2012）大阪湾の植物プランクトンの季節・経年変動とその要因．瀬戸内海，64: 75-77.

Taga, M., Kamimura, Y. and Yamashita, Y.（2019）Effects of water temperature and prey density on recent growth of chub mackerel *Scomber japonicus* larvae and juveniles along the Pacific coast of Boso–Kashimanada. Fisheries Science, 85: 931-942.

田川勝・伊藤正木（1996）東シナ海・黄海で実施した標識放流結果からみたトラフグの回遊生態．西海区水産研究所研究報告，74: 73-83.

高木秀蔵・難波洋平・藤沢節茂・渡辺康憲・藤原建紀（2012）備讃瀬戸に流入する河川水の広がりとノリ漁場への栄養塩供給．水産海洋研究，76: 197-204.

田中克（2008）『森里海連環学への道』旬報社，東京．

谷口順彦・池田実（2009）『アユ学』築地書館，東京．

樽谷賢治・中嶋昌紀（2011）閉鎖性内湾域における貧栄養化と水産資源．水環境学会誌，34: 47-50.

Tateno, R.（2014）Structure and functions of forest ecosystems. pp. 9-27. In Shimizu, N., Tateno, R., Kasai, A., Mukai, H. and Yamashita, Y.（eds.）, Connectivity of Hills, Humans and Oceans. Kyoto University Press, Kyoto, Japan.

Terashima, Y., Yamashita, Y. and Asano, K.（2020）An economic evaluation of recreational fishing in Tango Bay, Japan. Fisheries Science, 86: 925-937.

徳地直子（2011）森を巡る物質循環．『森里海連環学——森から海までの統合的管理を目指して（改訂増補）』（山下洋 監修）pp. 29-42. 京都大学学術出版会，京都．

Tomiyama, T., Watanabe, M. and Fujita, T.（2008）Community-based stock enhancement and fisheries management of the Japanese flounder in Fukushima, Japan. Reviews in Fisheries Science, 16: 146-153.

上野正博・山下洋（2012）由良川．『森と海を結ぶ川』（向井宏監修）pp.81-97. 京都大学学術出版会，京都．

宇野木早苗（2015）『森川海の水系』恒星社厚生閣，東京．

Uye, S.I., Kuwata, H. and Endo, T.（1986）Standing stocks and production rates of phytoplankton and planktonic copepods in the Inland Sea of Japan. Journal of Oceanography, 42: 421-434.

Uye, S.I. and Shibuno, N.（1992）Reproductive biology of the planktonic copepod *Paracalanus* sp. in the Inland Sea of Japan. Journal of Plankton Research, 14: 343-358.

Wada, T., Kamiyama, K., Shimamura, S., Murakami, O., Misaka, T., Sasaki, M. and Kayaba, T.（2014）Fishery characteristics of barfin flounder *Verasper moseri* in southern Tohoku, the major spawning ground, after the start of large-scale stock enhancement in Hokkaido, Japan. Fisheries Science, 80: 1169-1179.

和久光靖・金子健司・鈴木輝明・髙倍昭洋（2012）沿岸域におけるデッドゾーンの分布——三河湾の事例．水産海洋研究，76: 187-196.

Watanabe, K., Kasai, A. and Yamashita, Y.（2014）Influence of salt-wedge intrusion on ecological processes at lower trophic levels in the Yura Estuary, Japan. Estuarine, Coastal and Shelf Science, 139: 67-77.

Watanabe, K., Kasai, A., Fukuzaki, K., Ueno, M. and Yamashita, Y.（2017）Estuarine circulation-driven entrainment of oceanic nutrients fuels coastal phytoplankton in an open coastal system in Japan. Estuarine Coastal and Shelf Science, 184: 126-137.

Yamamoto, T.（2003）The Seto Inland Sea-eutrophic or oligotrophic? Marine Pollution Bulletin, 47: 37-42.

山下洋（2006）沿岸性重要魚介類の初期生態の解明と栽培漁業への応用．日本水産学

会誌，72: 640-643.

山下洋（監修）（2011）『森里海連環学——森から海までの統合的管理を目指して（改訂増補）』京都大学学術出版会，京都.

柳哲雄（1998）沿岸海域の里海化．水環境学会誌，21: 103.

柳哲雄（2006）『里海論』恒星社厚生閣，東京.

山本圭吾（2018）大阪湾における植物プランクトンの長期変動と有毒渦鞭毛藻 *Alexandrium tamarense* の大増殖．沿岸海洋研究，56: 63-72.

Ye, F. and Kameyama, S.（2020）Long-term spatiotemporal changes of water-quality parameters in Japan: An exploratory analysis of countrywide data during 1982-2016. Chemosphere, 242: 125245

あとがき——里海の今と未来

山下　洋

京都大学フィールド科学教育研究センター舞鶴水産実験所

　柳（2006）が提唱した里海の最初の定義は「人手を加えることで生物多様性と生産性が高くなった沿岸海域」である。このように定義された里海については，その後多様な議論と関連する研究の進展があり，柳（2019）では，「きれいで，豊かで，賑わいのある，持続可能な沿岸海域」とされた。日本の沿岸域のめざすべき理想的な姿として，大変分かりやすく素晴らしいゴールだと感じている。実際に，強い問題意識と実行力のある人々に恵まれた地域では，ゴールに向けて多大な努力がそそがれ，里海創成の成功例として注目されている事例も少なくない（鹿熊 2018）。本書においても，環境悪化が深刻な大阪湾における健全な里海をめざした取り組みや（本書5-4），水産認証制度という新たなツールによる里海づくりの例（本書5-3）が報告されている。しかしこのような努力にもかかわらず，日本全体を見ると沿岸漁獲量は 1980 年代中期以降いまだに減少し続けている。下水処理施設の普及などにより川の水質はよくなったが，海では磯焼け，底質の泥化，貧酸素水塊，クラゲなどの大発生，生物多様性と生産力の低下など，現在も海の環境と生態系の劣化が進行中であり，ほとんどの沿岸域は理想的な里海からほど遠い状態にある。

　里海創成の成功例では，まず地域において解決すべき問題点が明確に認識され，問題解決に向かって活動を牽引するパワフルなリーダーの存在がある。一方，たくさんの問題を抱えながらもどこから手をつけてよいのか分からず，術もなく劣化が進行している地域も少なくない。本書3-6で取

り上げた七尾湾は，自然に恵まれ環境省里海創成モデル地区に指定された水域だが，深刻な貧酸素水塊の発生は改善されていない。京都大学舞鶴水産実験所は，丹後海に立地し環境と生物について研究する，鹿熊ら(2018)の言うレジデント型研究機関である。里海生態保全学分野という教育研究部門を持つ舞鶴水産実験所が，里海に対してどのように貢献できるのか，2022年に設立50周年を迎えるにあたり，改めて考えようとしたのが本書である。

舞鶴水産実験所が所属するフィールド科学教育研究センターは，京都大学の森，里，海の施設で構成される部局であり，森里海連環学を教育研究の柱としている。森里海連環学とは，森から海までの健全な生態系の連環が豊かな沿岸域の保全につながると考え，そのメカニズムを解明しようとする学問領域であり，そこには里海の発想も含まれている（山下2011; Shimizu et al. 2014）。舞鶴水産実験所では，源流の京大芦生研究林から丹後海（舞鶴水産実験所）まで，由良川に沿って約100 kmの区間の人による流域利用と水圏生態系の変化を1週間近くかけて調べるという，他に類を見ないユニークな森里海連環学実習をはじめ，生態系に対する人間活動の影響を現場で学ぶフィールド実習を数多く提供している（例えば本書のクローズアップ舞鶴2）。本書では紹介していないが，大学生に加えて地域の幼稚園から社会人まで，毎年10件を超える実習や講演を行い，地域環境と生き物について学ぶ場を提供している。このような地域貢献活動は，よりよい里海づくりへの地道な取り組みと評価することができる。また，本書で紹介されているマナマコの増殖と資源管理に関する研究については（本書3-3，5-1，BOX2），京都府農林水産技術センター，マナマコ漁業者，関係自治体などとの協働事業であり，宮津湾でのマナマコ資源管理の成果は里海づくりの成功事例の一つと考えてよいだろう。

本書には，里海について考える際に非常に重要な知見がちりばめられている。例えば，日本海側は潮汐が小さいので干潟はほとんど存在しないが，ヨコヤアナジャコ（本書3-4）やハゼ類（本書4-5）のように，太平洋側では干潟にしかいないと考えられている生き物が，日本海側の河口・汽水

域にも生息し，生物としての適応力とハビタットの多様性を示している。しかし，生息できるスペースは限られており，人間活動の影響を受けやすい場所であることから，このような環境をどのように保全するかは重要な課題である。アナジャコや小さなハゼは，水産業や地域の振興などにほとんど関係しないように思えるが，これらの生物が生息できなくなるような環境変化は，生態系サービスの低下という形で，里海の劣化につながるであろう。

　里海は漁業と表裏の関係で語られることが多い。漁村振興は里海の中核となる課題である。本書5-2では，丹後海における遊漁の直接的な経済効果が，京都府全体の年間水揚げ金額に匹敵することを報告している。地域経済に対する遊漁の寄与は，人々が考えているよりもはるかに大きく，また，将来に向けたポテンシャルも大きい。さらに，丹後海の漁業資源に対する遊漁による釣獲のインパクトも無視できないはずだが，この地域で遊漁が資源管理や地域振興のプレーヤーとして考慮されることはほとんど無い。世界の先進国における遊漁の位置づけと比較したときに，我が国では遊漁がどうしてこれほどまでに軽視されているのか不思議である。本書5-2で推定された年間100億円を超える消費者余剰が示すとおり，魚が増えて釣りが楽しくなるのであれば協力を惜しまないという釣り人は多い。里海づくりにおいて強力なサポーターになることが期待されるのである。

　生物は長い進化の歴史の中で，生息環境や生態系に適応してきた。日本海に暮らす生物は太平洋とは大きく異なる遺伝的特性を持っており，それが日本海の地誌的な環境変化に由来することについて，第3章と第4章のいくつかの節で詳しく取り上げられている。生息環境への適応と進化の中で獲得した特色のある生活史戦略という視点からは，スズキもおもしろい例である（本書4-4）。沿岸漁業漁獲量が減少するなかで，スズキやクロダイなど本来海の魚であるが，河川の生産力も利用できる生態を持つ魚種（周縁性魚類）の漁獲量が比較的安定しているのである。例えばスズキ稚魚は，まず海のアミ類を主食として利用し，海のアミ類が減少し始めると一部が河川に入り，時期がやや遅れて増え始める川のアミ類を利用する。川

と海の両方の生産力を利用できるという，効率的でしかもリスクヘッジを取り入れた生活史戦略と見ることができる。河口・沿岸域で魚類稚魚の主食として重要なアミ類だが，アミ類は底生微細藻類，植物プランクトン，動物プランクトンなどを餌とすることから，スズキの生産は川と海の連結というハビタットの構造と，栄養塩を起点とする食物連鎖を含む生物生産機構の中で支えられており（本書第1章，第2章），スズキ資源を維持するためには，生態系全体の保全を考える必要がある。陸域からの影響も含め，生態系全体を管理するという観点が，里海づくりのポイントとなるであろう。

　環境省里海ネットによると，2018年度の里海活動事例として291例が挙げられている（https://www.env.go.jp/water/heisa/satoumi/【参照 2022.05.15】）。豊かな海をめざした森づくりのような流域全体を含む取り組み，藻場・干潟造成などの環境整備，海岸清掃や次世代の環境教育など，活動の実施主体や内容は多岐にわたっている。本書では，丹後海という身近な海の沿岸生態系を中心に，環境，生物，生態系，人間活動の影響と自然再生まで，研究成果と活動紹介をできるだけ整理して並べた。各地で様々な里海づくりに取り組んでいる人々の参考になれば幸いである。「まえがき」にもあるように，私を除くと現役の若い研究者が執筆しており，里海づくりに必要な専門分野に関する問い合わせには，舞鶴水産実験所を中心に積極的に対応できると考えている。

引用文献

鹿熊信一郎・柳哲雄・佐藤哲 編（2018）『里海学のすすめ——人と海との新たな関わり』勉誠出版，東京．

Shimizu, N., Tateno, R., Kasai, A., Mukai, H. and Yamashita, Y. (eds.) (2014) Connectivity of Hills, Humans and Oceans. Kyoto University Press, Kyoto.

山下洋 監修（2011）『森里海連環学——森から海までの統合的管理を目指して（改訂増補）』京都大学出版会，京都．

柳哲雄（2006）『里海論』恒星社厚生閣，東京．

柳哲雄 編著（2019）『里海管理論』農林統計協会，東京．

謝　辞

　本書は舞鶴水産実験所 50 周年記念として企画され，本実験所がフィールド科学教育研究センターに再編された 2003 年以降の教職員や卒業生，利用者が原稿の作成と編集を担当した。しかし，舞鶴水産実験所が現在も順調に運営され，教育研究活動に邁進できているのは，設立以来実験所で教育，研究，運営，施設管理に携わってこられた多くの教職員，卒業生，利用者のおかげである。皆様に心よりお礼を申し上げたい。本書で紹介されている研究成果も，皆様のサポートがなければ得ることはできなかったものである。

　本書の出版にあたり，大変いそがしい年末から年度末に原稿を作成くださった著者の皆様にお礼を申し上げる。また，各著者が多くの方々から協力や助言を頂いた。紙面の都合上お世話になった方のお名前を掲載することはできないが，編集委員会からも深謝をお伝えしたい。実験所設置当初からの様子と移り変わりについては，長らく当実験所の助教を務められた上野正博博士から詳しい情報を頂いた。漁業，行政，教育をはじめとする様々な分野において，ご理解とご協力を賜った地域の皆さまに感謝する。

　本書の出版は，2022 年度に開始したイオン環境財団と京都大学フィールド科学教育研究センターの共同事業である「新しい里山・里海　共創プロジェクト」の一環でもある。出版費用の大半を支援してくださったイオン環境財団の関係者の皆様には謝意を表するとともに，今後の舞鶴水産実験所における研究の発展にもご期待頂きたい。

　京都大学学術出版会で本書の編集を担当くださった永野祥子氏には貴重な助言やアイデアを頂くとともに，実験所編集委員会からの度重なる相談や困難な依頼に丁寧に対応頂いた。厚くお礼申し上げる。

用語解説 （五十音順）

r-K 戦略　生物の繁殖戦略。不安定で環境の変化が激しい条件のもとに生息する種では，繁殖力が大きく（できるだけ多い数の子を産む），高い成長率，早い成熟と言った生活史特性を持つが（r戦略），安定的な環境条件のもとに生息する種では，高い生存力，低い成長率，遅い成熟と言った生活史特性が見られる（K戦略）。一般的には多獲性で資源変動の大きいマイワシなどが前者の，多くの軟骨魚類が後者の例として挙げられる。

青潮・赤潮　赤潮は，微細藻類などが大量増殖あるいは集積して海水が赤色を呈する現象。酸素の大量消費，微小生物の鰓への付着，毒素を持つ微細藻類などにより，養殖を含む魚介類の大量へい死の原因となることもある。青潮は，赤潮とは全く異なる機構で発生する。海底にたまった有機物やプランクトンの死骸がバクテリアによって分解されると，大量の酸素が消費され無酸素水塊が形成される。無酸素環境下で硫酸還元菌が硫化水素を発生させ，硫化水素を含む無酸素水塊が湧昇して大気に触れると硫黄あるいは硫黄酸化物の微粒子が生成され，太陽光を反射して海水を乳青色や乳白色に変色させる。無酸素のため魚介類に悪影響を及ぼし大量へい死を引き起こすこともある。

安定同位体比　同位体とは陽子数が等しいために化学的性質は共通するが，中性子数が違うために質量が異なる原子のことである。一般に，元素ごとに複数の同位体が存在し，放射線を放出して崩壊する不安定なものは放射性同位体，安定して存在するものは安定同位体と呼ばれる。安定同位体比とは特定の元素における安定同位体の存在比率のことであり，物質と生物の変化や移動を分析する際に利用されている。例えば，炭素安定同位体比は，被食者の値が捕食者

の値に反映されるため，その動物が依存する炭素源の指標になる。一方，窒素安定同位体比は，栄養段階に応じて規則的に上昇するため，その動物の栄養段階の指標になる。

遺伝的浮動　集団内の対立遺伝子の頻度が自然選択ではなく，全くの偶然によって変わること。確率的には，集団サイズが小さいほど遺伝的浮動の影響を受けやすく，対立遺伝子が集団から取り除かれて一つの遺伝子型に固定されることがある。特に淡水魚では集団サイズが小さいことが多く，遺伝的浮動の影響で集団内の遺伝的多様度が低いことが多い。

遺伝的分化　集団間の遺伝的な差異。集団内で無作為交配が行われているならば，遺伝的に均一となるが，実際は地域ごとの集団などで対立遺伝子の頻度に違いが見られることがある。固定指数（→用語解説）などの統計量で，その程度を推定することができる。水棲生物では，一般的に小型の浮遊卵を産出する種では海流などの影響を受けて遺伝的分化が起きにくく，大型の沈性卵を産出する種では分散しにくく，地域ごとに遺伝的分化が起こりやすい。

イベントアトリビューション　人間活動による気候変動が，異常気象の発生確率や強度をどの程度変化させたかを定量的に評価する手法。具体的には，地球温暖化が進行している現実的な世界と，地球温暖化が進行していない仮想の世界をコンピュータの中で作り出し，それぞれの世界に出現した異常気象を比較することで地球温暖化の影響を評価する。

隠蔽種　形態観察では見分けがつかないが遺伝子情報等で区別されて別種として扱われるべきグループを指す。分類があまり進んでいない分類群では隠蔽種が見られるケースが多く，種内情報を扱う集団解析を行う場合に注意する必要がある。

栄養塩　植物プランクトンの生命活動に必要な無機塩類。具体的には，窒素源となる硝酸塩と亜硝酸塩およびアンモニウム塩，リン源となるリン酸塩，ケイ素源となるケイ酸塩を指す。これらの多量栄養塩（macronutrients）に加え，鉄や銅などの微量金属（trace metals) を含める場合もある。

栄養段階　生態系内の種間関係や物質循環を理解するため，生物を栄養摂取方法にもとづき段階的に分類したもの。独立栄養生物を生産者（栄養段階 1），生産者を摂食する従属栄養生物を一次消費者（栄養段階 2），一次消費者を摂食する従属栄養生物を二次消費者（栄養段階 3），……と呼ぶ。現実には，条件により栄養摂取方法を変化させたり，複数の栄養摂取方法を併用したりする生物も少なくないため，栄養段階は便宜的または概念的なものと言われる。

エコラベル　ある製品が生態系の保全や環境負荷の軽減に特に配慮して作られていることを，何らかの客観的基準により証明する表示の総称。国際認証制度に基づくものから市町村単位で決められたものまで，様々な形態をとる。

SSP シナリオ　気候変動の予測においては，様々な可能性や条件を考えに入れた上で，気候変動が進行した場合の「すじがき」を「シナリオ」と呼んでいる。気候変動の予測を行うためには，放射強制力をもたらす温室効果ガスの排出量と土地利用形態の変化を仮定する必要がある。IPCC 第 5 次評価報告書において，2100 年頃の温室効果ガスの大気中濃度のレベルとそこに至るまでの経路を仮定した代表的濃度経路（RCP）シナリオが使用された。それには RCP2.6，RCP4.5，RCP6.0，RCP8.5 の四つがあり，RCP に続く値は2100 年頃のおおよその放射強制力（単位は W/m^2）を表している。第6次評価報告書では，将来の社会経済の発展の傾向を仮定した共有社会経済経路（SSP; Shared Socioeconomic Pathways）シナリオと放射強制力を組み合わせたシナリオが SSPx-y として表現されている。ここで，x は5種の SSP（1：持続可能，2：中道，3：地域対立，4:格差，5:化石燃料依存），y は RCP シナリオであり，SSP1-1.9，SSP1-2.6，SSP2-4.5，SSP3-7.0，SSP5-8.5，の 5 つが主に使用されている。

エスチュアリー循環　淡水と海水が混ざり合う河口域（estuary）において密度差により駆動される鉛直循環流。上層を淡水（低密度）が海方向に

流れ，下層を海水（高密度）が陸方向に流れる。境界層では摩擦が生じ，淡水と海水が徐々に混合する。本書5-5図1参照。

塩水楔　弱混合型の河口域において，河床に沿って進入する海水。

学習　生物学において，「経験によって生じる比較的永続的な行動の変化」と定義されている。いわゆる勉強や教育の意味を超えて，経験によって新しい行動を獲得するプロセスや，経験して対象の捉え方が変わる心の変化なども含まれる。これには，個体発生過程で生じる経験を要しない変化（老化など）や，一時的に生じる行動の変化（疲労など）は含まれない。ヒトを含む多くの動物において学習が確認されており，適切な行動の選択や心理を形成する上で不可欠である。

河口域の混合形態　河口域の淡水と海水の混合形態は三つに分類される。淡水流量が多く，潮汐が小さい場合，淡水と海水が混合せず，上下に分かれて成層する（弱混合）。逆に，淡水流量が小さく，潮汐が大きい場合，淡水と海水が鉛直混合し，上流から下流に水平方向の塩分勾配が形成される（強混合）。弱混合と強混合の中間的な形態は緩混合と呼ばれる。

環境収容力　特定の環境において特定の生物が維持できる最大の個体数（または生物量）。

季節風　季節に応じ特定の方向に吹く風。モンスーン（monsoon）とも呼ばれる。日本では夏季の南東風と冬季の北西風が該当する。

基礎生産　独立栄養生物が無機物から有機物を生産すること。水中の基礎生産は主に藻類（植物プランクトン，底生微細藻，海藻など）が担い，食物連鎖を支えている。一次生産とも呼ばれる。

共生　異なる生物が，共に生息すること。なかでも双方に利益のある関係を「相利共生」，片方にのみ利益があり，一方には利益も不利益もない関係は「片利共生」，片方に利益があり，一方に不利益がある関係は「寄生」とされる。共生相手がいないと生存不可欠な場合は「絶対共生」関係，共生相手がいなくても生存可能な場

合は「条件的（日和見的）共生」関係とされる。

クロロフィル　光合成に必要な光を吸収するための色素（光合成色素）の一つ。葉緑素とも呼ばれる。光合成生物は系統類縁関係に応じて化学構造の少しずつ異なるクロロフィルを持つ。ただし，クロロフィルa はほぼすべての光合成生物に認められる。

珪藻類　細胞がケイ酸質の硬い殻に包まれた真核単細胞藻類。放射相称の殻を持つ中心珪藻は浮遊性が多く，左右相称の殻を持つ羽状珪藻は底生性が多い。栄養塩や光などの条件が好適であれば，他の単細胞藻類より速く増殖できる。生食連鎖を支える基礎生産者として最も重要と考えられている。

ゲノム　生物が持つ DNA に記された遺伝子情報全体を指す。動物においては，ミトコンドリアが保持する DNA 情報と，核が保持するDNA 情報をまとめてゲノムと表現し，それぞれミトゲノム，核ゲノムとして区別される。近年の塩基配列取得技術の発展により，ゲノム情報全体を扱えるケースが増えてきた。

嫌気代謝　生物が酸素の欠乏した環境で有機物を分解し，活動に必要なエネルギーを生産する反応である。ヒトを含む多くの生物で見られ，二枚貝類では長期間の無酸素状態に耐えられる種も多く，グリコーゲンを分解しコハク酸や酢酸，プロピオン酸を代謝する。ヨーグルトの乳酸発酵や醸造酒のエタノール発酵，またヒトの急激な運動によって筋肉中に乳酸が生成，蓄積する反応も含む。

個体発生　有性生殖を行う動物において，受精卵から成体にいたるまでの過程。魚類においては，受精卵から発生が進んで，孵化の後に仔魚となり，体の構造が変化していき稚魚となり，成熟して成魚となるといった成長過程を指す。

固定指数　遺伝的分化の程度の指標。全集団の遺伝的多様度（期待ヘテロ接合度）と各分集団内の遺伝的多様度の平均値のずれから推定される。0 ～ 1 の値を取り，遺伝的分化が大きいほど大きい値を取る。

耳石　脊椎動物の内耳に存在する小石状の硬組織であり，聴覚や平衡感

覚にかかわる。炭酸カルシウムの結晶からなり，形成後は代謝を受けない。魚類には3種類の耳石（扁平石，礫石，星状石）が左右1個ずつ（合計6個）存在する。魚種ごとに形態が異なる，日周輪や年輪が刻まれるなどの性質を持つため，生態学的研究に広く利用されている。

初期減耗 発育初期に飢餓や被食などにより大量死亡すること。小卵多産型の繁殖戦略をとる場合に生じやすい。魚類の多くでは，初期減耗の大きさにより漁業に加入する資源の多寡が決まると考えられている。

食物連鎖（生食連鎖，腐食連鎖） 生物群集内で見られる，鎖状につながった「食う・食われる」の関係のこと。実際には，複数種の餌を食べる生物，複数種に食べられる生物も多く，「食う・食われる」の関係は入り乱れた網目状になっており，食物網と呼ばれることも多い。代表的な食物連鎖としては生食連鎖と腐食連鎖がある。海水中における生食連鎖とは，植物プランクトンを動物プランクトンが捕食し，さらにそれを高次の魚介類が捕食するという食物連鎖のことである。一方，腐食連鎖は，生食連鎖を構成する生物の遺骸や排泄物・粘液等を同化した細菌を原生動物が捕食し，さらにそれを微小動物プランクトンが捕食することで生食連鎖へと戻っていくものであり，微生物ループとも呼ばれる。

浸透圧調節 一般に真骨魚類の体液は，海水より薄く，淡水より濃い（海水の約3分の1程度）。周囲の水に影響されて体液濃度が変化してしまうことを防ぐため，浸透圧調節が必要となる。海水魚は腸から水分を摂取しつつ鰓の塩類細胞からイオンを能動的に排出する。一方，淡水魚は体液より薄い尿を大量に排出するとともに鰓の塩類細胞から環境水中のイオンを吸収する。海水と淡水を行き来するスズキでは，海から川へ遡上する際に鰓の塩類細胞を変化させることで巧みに対応している。

SNP 一塩基多型（Single Nucleotide Polymorphism：SNP）は，集団の塩基配列中に存在する一塩基が変異した多型で，厳密にはそれが集

団内で 1% 以上の頻度で見られる場合を言う。SNP をマーカーとして集団の進化の歴史や自然選択に関わる遺伝子を推定したりすることができる。

生態系サービス　生態系（環境や生物）が人類にもたらすサービス（機能や利益）。食料や資源の供給（供給サービス），環境の調整や浄化（調整サービス），文化や科学への貢献（文化的サービス），生態系の基盤をなす物質循環や基礎生産（基盤サービス）などに分類される。

生態効率　食物連鎖の中で，ある栄養段階から次の栄養段階へ移る際のエネルギーの移動率を指す。ある栄養段階と次の栄養段階のバイオマス（エネルギー）の比や被食者の総生産量に対する捕食者の同化量の比などで示される。例えば生態効率が 10% の場合，食物段階を 3 段階経るとバイオマスは 1000 分の 1 となる。

生物多様性　種や個体，生態系といったすべての生物学的レベルで見られる多様性のこと。なかでも種多様性の評価として，局所群集の多様性をアルファ（α）多様性，複数の局所群集を含む地域群集の多様性をガンマ（γ）多様性，地域群集内の局所群集間での「種組成の違い」の程度をベータ（β）多様性と呼ぶ。近年では，集団間の遺伝子型組成の非類似性を指す遺伝的ベータ多様性が解析されている。

窒素飽和　森林生態系においては基本的に窒素が不足し，森林樹木の成長は窒素制限である。そのため，森林生態系には窒素を系外に出さず効率的に利用する窒素循環システムが存在する。ところが，近年の人間活動により大気中の窒素化合物濃度が増加し，森林に供給される窒素が過剰となり，森林生態系の窒素要求量を上回る状態を窒素飽和と呼ぶ。余剰窒素は森林から渓流へ流出するが，森林生態学ではこれを汚染と認識している。

直達発生　幼生型形質の発現を省略し，成体型形質の発現を早める個体発生様式。一部のベントスに見られる。発育の進んだ幼体が浮遊生活を経ずに底生生活を始めるため，分散能力が低いという特徴があ

る。これに対し，幼生型形質の発現を省略しない個体発生様式は間接発生と呼ばれ，多くのベントスに見られる。

底生微細藻 　河床，海底，海藻，海草などの基質の上で生活する微細藻類を指し，珪藻類や藍藻類などのほか底生の渦鞭毛藻類や緑藻類も含まれる。浮遊性微細藻類である植物プランクトンと対比されるが，基質に強固に固着する微細藻類がいる一方，海底近くに沈殿した植物プランクトンや底性と浮遊性の両方の性質を持つ微細藻類も少なくなく，両者の区別は曖昧である。太陽光を利用できる干潟や浅海底では，底生微細藻の光合成による基礎生産の役割は大きい。

定置網 　魚介類を誘導して漁獲するため，特定の場所に設置する漁網。環境を破壊したり資源を枯渇させたりするリスクが小さいため，定置網漁は持続的な漁法と言われている。

適応 　ある生物の持つ表現型や生態が，生息環境に適合していること。適応を客観的に定義するため，ある形質を持つ個体が生涯に残す子の数の期待値が適応度として用いられる。

通し回遊 　河川と海を回遊すること。季節や生活環のある期間で移動するものがある。通し回遊のなかでも，「遡河回遊」，「降河回遊」，「両側回遊」にわかれる。「遡河回遊」は川で産卵・孵化するが，生活の大部分を海で過ごし，産卵のときに再び川に戻ってくるもの（サケなど）。「降河回遊」は普段は川で生活しているが，海で産卵し，孵化した幼生や仔稚魚が川をのぼるもの（ニホンウナギなど）。「両側回遊」は別途用語解説を参照のこと。

トロフィックカスケード 　食物連鎖の上位に位置する高次消費者の増減が，「食う・食われる」の関係を通して，栄養段階（食物連鎖上の段階）を2段階以上超えた生物の増減に影響を及ぼすこと。

内湾 　幅より奥行きが長い湾。形状に応じ湾内外の水の交換が制限される。水質汚濁防止法では，閉鎖度指数は｛(湾面積の平方根)×(湾最大水深)｝/｛(湾口幅)×(湾口最大水深)｝と定義される。こ

の指数が 1 以上の内湾は閉鎖性が高いため，排水規制の対象になる。

日本海固有水　日本海の水深 200m 以深に分布する，低水温（0 ～ 1℃）で低塩分（34.1）の重い水塊を指す。日本海には水深 3700m を超える海域がある一方で，流入口である対馬海峡は浅く，出口である 3 海峡も狭くて浅く，上層の海水が軽いことから，深海部は近隣の海域の深海部と海水の交換が行われにくく，孤立した水塊を形成している。

バイオテレメトリー　動物に発信器を装着し，発信器からの信号を調査者が携帯する受信機，あるいは調査範囲内に設置した受信機を用いて受けることにより対象の位置や周辺環境情報を遠隔的に測定する手法である。陸域や水域に分布する多様な動物の生態研究に適用される。研究対象が海産魚の場合，海水中の通信が可能な超音波が情報のキャリアとして用いられる（超音波バイオテレメトリー）。バイオテレメトリーに似た用語「バイオロギング」は，動物に記録計を装着して対象の行動や生理状態，周辺環境情報を内部メモリーに記録し，記録計を回収することにより生理生態情報を収集する手法である。

排他的経済水域　排他的経済水域（Exclusive Economic Zone; EEZ）は，沿岸国が，水産資源や鉱物資源および海流などの自然エネルギーに対して，調査・開発などを含めた経済活動の主権的権利と管理権を有する水域。領海基線（海面が一番低いときに陸地と水面の境界となる線）から 200 海里（約 370 km）を超えない範囲で設定できる。1994 年発行の「海洋法に関する国際連合条約」で明文化された。

ハビタット　生物の個体や集団が生息する場所を指す。日本語では「生息場」に相当するが，その幅は環境構造や物理環境のような小規模な環境（マイクロハビタット）から，沖合・沿岸や河川・海のように大規模な環境（マクロハビタット）と捉えられることもあり，しばしば学術分野による用法の違いがみうけられる。

ハプロタイプ（遺伝子型）　半数体の遺伝子型（haploid genotype）の略。二倍体生物の場合は，相同染色体上の対になっている対立遺伝子の組み

合わせのうちの一方を指す。集団解析や系統解析によく用いられるミトコンドリア DNA は半数性であり，ハプロタイプは遺伝子型と一致する。

貧酸素水塊　水中の生物は陸上生物と同様，酸素を取り込み二酸化炭素を排出しており，水中の酸素濃度の減少は致命的である。死んだ植物プランクトンや陸域から流入した有機物の分解過程で酸素が消費され，季節や降水をきっかけに塩分や水温の違いで水中に躍層が形成されると，底層でさらに酸素濃度の低い水塊が形成され，二枚貝など底生生物の大量死を引き起こす。

富栄養化　水域の栄養塩濃度が継続的に上昇する現象。本来は自然な遷移に伴う環境変化を指したが，現在は人間活動による環境悪化を指すことが多い。富栄養化が進むと，植物プランクトンが異常増殖する（赤潮）。さらに，異常増殖した植物プランクトンが分解される際，酸素が大量消費される（貧酸素）。

物質循環　地球全体または生態系内において様々な物質が物理・化学・生物学的過程を経て存在形態を変化させながら循環すること。例えば，水は川を流れて海に至り，蒸発して雲となり，雨や雪として地上に戻る。また，その過程で生物の活動に利用されている。生元素として重要な炭素や窒素は，海洋生態系において生命活動や化学反応により下位から上位へ移行し，再び下位に戻るといった循環的な動態を示す。健全な里海では各段階に無駄なく移行することで環境へのダメージは抑えられ，大きな生産力となるが，循環のバランスが崩れると赤潮や貧酸素といった悪影響を及ぼす。

鞭毛藻類　縦方向と横方向に鞭毛を 1 本ずつ備えた真核単細胞藻類。細胞がセルロースの鎧板に覆われる種も多い。光合成を行う独立栄養の種ばかりでなく，原生動物を捕食する従属栄養の種，両方を行う混合栄養の種も知られている。貝毒や有害赤潮の原因種が多く含まれる。

ボトルネック（集団遺伝学における）　集団サイズの減少に伴って遺伝的浮動により遺伝子型組成の偏りが生じやすくなる現象を指す。集団内に

おける遺伝的多様性が減少していることが観察された際に，過去の環境変化で集団サイズが減少した可能性と関連づけて，ボトルネックが生じたと表現されることが多い。

マイクロサテライトマーカー　ゲノム内に多く見られる反復配列を対象とした DNA マーカーを指す。反復配列は変異が生じやすいため，DNA レベルでの多型情報の詳細を把握するのに優れており，様々な生物種において親子判定や集団解析でも広く用いられている。

ミティゲーション　開発行為が自然環境に与える影響を軽減する措置のこと。広義には，開発の対象から除外する「回避」，開発の規模を縮小する「最小化」，影響を受ける環境の「修復」，開発中の方策や配慮により影響を減らす「軽減」，および代替となる資源や環境を提供する「代償」の 5 原則が提唱されている。狭義には，5 番目の代償を指す場合が多い。

ミトコンドリア DNA　細胞内小器官であるミトコンドリアが保有する DNA を指す。動物のミトコンドリア DNA は環状になっており，数十個の遺伝子配列がコードされている。通常母系遺伝するため，ダイレクトシーケンスで配列を決定しやすいなどのメリットがある。

躍層　水温や塩分，密度などの水質が急激に変化する層。躍層の上層と下層の水質は大きく異なる。

溶存有機物・粒状有機物　河川水・湖水・海水試料をフィルター（孔径 0.2 ～ 1.0 μm）で濾過したときに，濾液に含まれる有機物を溶存有機物，フィルター上に残る有機物を粒状有機物という。前者には生物体等から放出される易分解性のものと陸域等から供給される難分解性のものが含まれ，後者にはプランクトンやバクテリア，分解途中の生物遺体等が含まれる。溶存有機物はバクテリアに取り込まれ，より高次の生物へ至る食物連鎖の基盤となるほか，粒状有機物はベントスやプランクトンの二次生産を支える餌資源となっている。

乱獲　乱獲には加入乱獲と成長乱獲がある。加入乱獲は，成熟する前に

漁獲してしまい，次世代の資源が確保されない状態になることで資源の枯渇につながる。成長乱獲は，大きくして漁獲した方が利益が大きいにもかかわらず小型個体を漁獲してしまうもので，経済的乱獲とも言える。

陸棚　大陸縁辺に存在する傾斜の緩やかな海底地形。深さは 200 m 未満のことが多いが，幅は海域により大きく異なる。大陸棚とも呼ばれる。

陸封種　川と海を行き来する通し回遊生物のうち，河川や湖沼で生まれてから海に下らずに淡水域で一生を過ごすものを陸封型（魚類では「残留型」とも）と呼ぶ。特に淡水性エビ類では，幼生が海に下る生活史を送る種を両側回遊種，海に下らずに淡水域で生活が完結する種を陸封種（あるいは純淡水種）と呼ぶ。

両側回遊　通し回遊のなかでも，生活環の比較的初期段階で川と海を回遊するもので，遡河回遊や降河回遊とは異なり，産卵のための回遊を含まない。例えばアユは，産卵・孵化を河川で行い，その後海に降り，数か月間過ごしてから川を遡上する。ヌマエビ類も同様に，河川で産卵・孵化した幼生が河口汽水域や海に移動し，しばらく成長してから川を遡上する。

レジームシフト　気温や水温などの気候要素が数十年間隔で地球規模で急激に変化すること。この影響を受けて，生態系も大きく変化する。例えば，1976 ～ 1977 年に海面水温は急激に下がり，1980 年代後半までは平年よりも海面水温の低い年が続いたが，1988 ～ 1989 年に急激に上昇した。1980 年代末をピークとするマイワシの豊漁とその後の漁獲量の激減は，レジームシフトの影響と考えられている。

YPR 型および SPR 型の資源解析　YPR（Yield Per Recruitment）とは，漁業資源に加入した個体群が，任意の漁獲開始年齢および漁獲係数で漁獲された場合に，その加入群の一生から得られる漁獲量を指す。漁獲量の最大化を目指す管理に用いられる。一方，SPR（Spawning Per Recruitment）とは，加入個体あたりの生涯産卵量で，年齢別

の産卵数，成熟割合，自然死亡係数および任意の漁獲係数 F のもとで計算される。特に %SPR とは，全く漁獲がなされない状態（F=0）の SPR に対する，任意の F で漁獲がなされた場合の SPR の割合を指し，一般に %SPR が 30 ～ 40% を下回ると加入乱獲と判断される。

著者紹介 (五十音順，*は編著)

秋山 諭（あきやま さとし）

大阪府立環境農林水産総合研究所　水産技術センター　主任研究員
2013 年京都大学大学院農学研究科博士後期課程研究指導認定退学，博士（農学）。専門は漁場環境学。現在は，内湾環境のモニタリングや長期変動解析を担当する傍ら，海底にストックされた有機物や栄養塩に着目して研究を進めている。

井口 亮（いぐち あきら）

産業技術総合研究所　地質調査総合センター　主任研究員
2008 年 James Cook University 博士課程修了，Ph.D.。専門は分子生態学。生物と環境が織りなす多種多様な現象を体系立てて詳細を明らかにし，様々な階層から俯瞰してその細部を見つめることで，新しい発見や応用方法を導き出すことを目指している。

甲斐 嘉晃[*]（かい よしあき）

京都大学　フィールド科学教育研究センター　舞鶴水産実験所　准教授
2004 年京都大学大学院農学研究科博士後期課程修了，博士（農学）。専門は魚類分類学で，特にメバル科，カジカ科，クサウオ科など寒帯性魚類を扱っている。また，日本海を中心とした海産魚類の系統地理や表現型の進化について興味を持って研究を進めている。主な著書は Fish Diversity of Japan（Springer）など。

笠井 亮秀（かさい あきひで）

北海道大学　水産科学研究院　教授
1994 年東京大学大学院理学研究科博士課程単位取得後退学，博士（農学）。専門は沿岸海洋学，水産海洋学。好きな内湾は瀬戸大橋の架かる備讃瀬戸。好きな海峡はウェールズの Menai Strait。好きな海岸は北海道のイタンキ浜。

金子 三四朗（かねこ さんしろう）

ハッピー・サイエンス・ユニバーシティ　未来産業学部　レクチャラー
2017 年京都大学大学院農学研究科博士後期課程研究指導認定退学，博士（農学）。専門は魚類心理学（記憶保持能力）。現在は，近未来の食料問題解決を目的とした，ピラルクの陸上養殖研究に取り組んでいる。

喜瀬 浩輝（きせ ひろき）

産業技術総合研究所　地質調査総合センター　産総研特別研究員
2021 年琉球大学大学院理工学研究科博士後期課程修了，博士（学術）。専門は系統分類学。花虫綱（刺胞動物）の進化や種多様性を解明することを目指している。また，花虫綱と海洋無脊椎動物や微生物でみられる共生系についても興味を持ち，遺伝学的

手法から研究している。

齋藤　寛（さいとう　ひろし）
国立科学博物館　動物研究部　海生無脊椎動物研究グループ長
1992年東京水産大学大学院水産学研究科博士後期課程修了，博士（水産学）。専門は軟体動物の分類。特にヒザラガイ類，カセミミズ類，ケハダウミヒモ類の分類を研究してきた。

佐久間　啓（さくま　けい）
水産研究・教育機構水産資源研究所新潟庁舎　研究員
2014年東京大学大学院理学系研究科博士課程修了，博士（理学）。専門は水産資源学および系統地理学。京都大学農学部在学中の2008年から2009年にかけて，舞鶴水産実験所において由良川河口域をフィールドにベントスの分布・生態を学ぶ。

澤田　英樹（さわだ　ひでき）
京都府漁業者育成校「海の民学舎」　第8期研修生
2009年京都大学大学院農学研究科博士課程研究指導認定退学，博士（農学）。京都大学舞鶴水産実験所特定助教を経て，現所属。専門は水産無脊椎動物学。二枚貝類やナマコ類の，卵からふ化後の浮遊期を中心に研究を進めてきた。現在は自ら水産業を行うことを目指している。

杉本　亮（すぎもと　りょう）
福井県立大学　海洋生物資源学部　教授
2008年京都大学大学院農学研究科博士後期課程修了，博士（農学）。専門は海洋生物環境学。学生時代は沿岸海洋学・生物地球化学，ポスドク時代は森里海連環学を学んだ。現在は，陸と海をつなぐ見えない水"海底湧水"の研究に邁進している。

鈴木　啓太[*]（すずき　けいた）
京都大学　フィールド科学教育研究センター　舞鶴水産実験所　助教
2010年京都大学大学院農学研究科博士後期課程修了，博士（農学）。専門は沿岸・河口域生態学。学生時代は有明海，ポスドク時代は北極海，現在は丹後海をフィールドにする。特にプランクトンや仔稚魚の生態と気候変動の関係に興味がある。

鈴木　健太郎（すずき　けんたろう）
電力中央研究所　サステナブルシステム研究本部　主任研究員
2012年京都大学大学院農学研究科博士後期課程中退，博士（農学）。専門はクラゲ類の生態学。沿岸生態系の理解やクラゲ類による水産業・発電所被害の抑制に貢献すべく，クラゲ類大発生メカニズムの解明を目指して研究を進めている。

鈴木　允（すずき　まこと）
日本漁業認証サポート，一般社団法人　日本サステナブルシーフード協会　代表理事
2015年東京大学大学院農学生命科学研究科修士課程修了。漁師見習い，築地魚河岸のセリ人，MSC（海洋管理協議会）のスタッフを経て，2019年に独立。国際認証を目指す漁業の支援をする一方，子ども向けの教育プログラム「おさかな小学校」を運営中。

仙北屋 圭（せんぼくや けい）

石川県水産総合センター　研究主幹

2002 年東北大学大学院農学研究科博士前期課程修了。2002 年石川県入庁。2019 年京都大学大学院農学研究科博士後期課程研究指導認定退学，博士（農学）。専門は七尾湾のアカガイや養殖トリガイとその成育環境。学生時代，入庁後も潜水調査を行っている。趣味は魚突きと山スキー。

多賀 真（たが まこと）

茨城県農林水産部水産振興課

2020 年京都大学大学院農学研究科博士後期課程修了，博士（農学）。学生時代は，ナマコやトラフグ研究に従事。修士課程修了後，民間企業に就職し，転職して茨城県に入庁。水産試験場在職中に学位を取得。専門はサバ類，マアジの資源生態学。

多賀（宮島）悠子（たが（みやじま）ゆうこ）

水産研究・教育機構水産技術研究所神栖庁舎　研究員

2014 年京都大学大学院農学研究科博士後期課程修了，博士（農学）。専門は水産生物の行動生態学。近年は，水中ドローンを用いた画像解析による資源評価手法や，二枚貝類の環境生態について研究している。

高橋 宏司[*]（たかはし こうじ）

京都大学　フィールド科学教育研究センター　舞鶴水産実験所　助教

2012 年京都大学大学院農学研究科博士後期課程修了，博士（農学）。専門は，魚類や水生無脊椎動物を対象とした，認知科学や認知生態学。特に，学習に注目して水生生物の行動・心理・認知について，水産学・行動生態学・比較心理学の側面から研究を実施している。

田城 文人（たしろ ふみひと）

北海道大学　総合博物館水産科学館　助教

2011 年北海道大学大学院水産科学院博士課程単位取得退学，博士（水産科学）。2014-2018 年に研究員・特定助教として舞鶴水産実験所に在籍。専門は分類学を中心とした魚類の広義体系学。近年のモットーは，「とりあえず何でもやってみる」。

谷本 尚史（たにもと なおふみ）

京都府農林水産技術センター　海洋センター研究部　主任研究員

2010 年京都大学大学院農学研究科博士後期課程中退。同年，水産技術職として京都府に入庁。農林水産技術センター海洋センターおよび水産課を経て，2018 年より現所属でトリガイ種苗生産，二枚貝養殖技術開発等に従事。

寺島 佑樹（てらしま ゆうき）

寺島環境コンサルタント　代表

2018 年京都大学大学院地球環境学舎博士後期課程研究指導認定退学，地球環境学博士。専門は環境経済学。学位論文では，生態系サービスに基づき沿岸域のハビタットを経済的評価。趣味はフライフィッシング。

福西 悠一（ふくにし ゆういち）

富山県農林水産総合技術センター　水産研究所　主任研究員

2010 年京都大学大学院農学研究科博士後期課程修了，博士（農学）。専門は魚類の初期生態学。舞鶴水産実験所，ノルウェー海洋研究所で海産魚類の紫外線適応について研究。現職では，ノドグロの種苗生産技術の開発に従事。

藤田 純太（ふじた じゅんた）

京都府立福知山高等学校　教諭

2012 年京都大学大学院農学研究科博士後期課程中退，博士（農学）。専門は，分子生態学，保全生物学，理科教育学。陸水から深海までの環境とそれに適応した生物の応答，過去からの時空間的な生物集団の形成過程について研究を進めている。近年は，高校理科の教材開発や高大接続にも積極的に関わっている。

冨士 泰期（ふじ たいき）

水産研究・教育機構水産資源研究所横浜庁舎　研究員

2014 年京都大学大学院農学研究科博士後期課程修了，博士（農学）。専門は水産資源生物学。これまでの研究については「冨士泰期 (2022) フィールド研究一筋 14 年〜沿岸のスズキから外洋のサンマまで〜　日本水産学会誌 88,30-31」をご覧ください。

舩越 裕紀（ふなこし ゆうき）

京都府農林水産技術センター　海洋センター研究部　副主査

2012 年京都大学大学院農学研究科修士課程修了。3 年間プログラマーとして勤務したのち，現職。入庁後は定置網担当として，海況予報閲覧アプリや「のれん網」を開発。現在は二枚貝養殖担当の傍ら，同博士後期課程在学中。

邉見 由美[*]（へんみ ゆみ）

京都大学　フィールド科学教育研究センター　舞鶴水産実験所　助教

2018 年高知大学大学院黒潮圏総合科学専攻修了，博士（学術）。専門は海洋共生生態学。水槽実験や野外採集により甲殻類の巣穴に共生するハゼ類の生態を明らかにしてきた。現在は造巣性甲殻類の分類や生態研究にも取り組んでいる。

益田 玲爾[*]（ますだ れいじ）

京都大学　フィールド科学教育研究センター　舞鶴水産実験所　教授

1995 年東京大学農学系研究科博士課程修了，博士（農学）。専門は魚類心理学。魚類の行動を飼育下で観察し，潜水目視調査により海の生態系の謎に迫る研究を展開。環境 DNA も調査ツールとする。著書に『魚の心をさぐる』がある。

松井 彰子（まつい しょうこ）

大阪市立自然史博物館　学芸員

2014 年京都大学大学院農学研究科博士後期課程修了，博士（農学）。専門は魚類生態学。研究テーマは，ハゼ科魚類を中心とした沿岸性魚類の系統地理学的研究，大阪府周辺における魚類相，外来魚の分布と生態など。著書に「小学館の図鑑 Z：日本魚類館」（共著，小学館），「Fish Diversity of Japan: Evolution, Zoogeography, and Conservation」（共著，Springer）がある。

三澤 遼（みさわ りょう）
水産研究・教育機構水産資源研究所八戸庁舎　任期付研究員
2019年京都大学大学院農学研究科博士後期課程修了，博士（農学）。長野県生まれ。専門はエイ類の分類・生物地理，底魚類の資源生態。現在はおもに東北太平洋沖の底魚類の分類や資源評価を行っている。

南 憲吏（みなみ けんじ）
北海道大学　北方生物圏フィールド科学センター　准教授
2010年北海道大学大学院環境科学院単位取得退学，博士（環境科学）。京都大学フィールド科学教育研究センター舞鶴水産実験所で研究員として2010年から約2年半，舞鶴湾のマナマコと向き合い研究に取り組む。研究キーワードは，沿岸海域，生物分布推定，音響計測手法。

村上 弘章（むらかみ ひろあき）
東北大学　大学院農学研究科　助教
2019年京都大学大学院農学研究科博士後期課程修了。専門は環境DNA，魚類生態学。環境DNA手法を用いて，スズキ，マアジ，カタクチイワシ等の水産重要種の分布や資源量推定を試みている。特技は魚釣り，潜水，野球。

八谷 光介（やつや こうすけ）
水産研究・教育機構水産技術研究所宮古庁舎　主任研究員
2005年京都大学大学院地球環境学研究科博士後期課程修了，博士（農学）。京都府立海洋センターを経て，現職。専門は海藻類を中心とする沿岸生態学。愛知県に生まれ，若狭湾で潜水を始め，長崎県，岩手県に赴任。日本を囲む四方の海での暮らしを経験。

八谷 三和（やつや みわ）
水産研究・教育機構　水産資源研究所　主任研究員
2010年京都大学大学院農学研究科博士後期課程修了研究指導認定退学，博士（農学）。専門は水産増殖学。舞鶴水産実験所での研究テーマは「由良川河口域のベントスの食物網」，「淡水性エビ類の生活史と生息環境」。現在は，川と海を回遊するさけます資源の持続的な利用のための研究に取り組む。

山下 洋[*]（やました よう）
京都大学　フィールド科学教育研究センター　特任教授（京都大学名誉教授）
1983年東京大学大学院農学系研究科博士課程修了，農学博士。専門は沿岸資源生物学。水産研究所時代はヒラメ・カレイ類などの初期生態を研究，京都大学では森里海連環学の基盤づくりと，ニホンウナギやスズキなど両側回遊性魚類の生態を研究してきた。

山本 圭吾（やまもと けいご）
大阪府立環境農林水産総合研究所　水産技術センター　総括研究員
2016年京都大学大学院農学研究科博士後期課程研究指導認定退学，博士（農学），博士（水産科学）。専門は植物プランクトンから浮魚まで浮遊系全般だが，地方公設試

の常で貝毒の分析や汽水域のヤマトシジミ調査，さらには昆虫を利用した養殖飼料開発まで多様な業務に従事。

横田 高士（よこた たかし）

水産研究・教育機構水産技術研究所長崎庁舎　主任研究員

2009 年京都大学大学院情報学研究科博士後期課程修了，博士（情報学）。魚類資源について生活史を通した飼育を行い，様々な発育段階における生理生態特性を追究。資源評価や増養殖への貢献が目標。

渡辺 謙太（わたなべ けんた）

海上・港湾・航空技術研究所　港湾空港技術研究所　主任研究官

2012 年京都大学大学院農学研究科修士課程修了，博士（農学）。専門は沿岸生態系の物質循環。2012 年から現所属にて，藻場等の沿岸植生域（ブルーカーボン生態系）が持つ炭素隔離機能について，フィールドワークを主体とした研究を進めている。

和田 敏裕（わだ としひろ）

福島大学　環境放射能研究所　准教授

2007 年京都大学大学院農学研究科博士後期課程修了，博士（農学）。専門は，魚類生態学，水圏放射生態学。主にカレイ類の生態特性や栽培漁業，福島県の水産物の放射能汚染や漁業復興に関する調査研究を行っている。

索 引

【あ行】

青潮　337, 362
アカアマダイ　203, 236, 250, 279
赤潮　322, 337, 362
アカモク　39, 213, 280
アマモ場　35, 44, 61, 166, 253, 305
アミ（類）　27, 56, 61, 99, 231, 236, 243, 348
アユ　150, 236, 249, 299, 320, 345
アンスラサイト　291
安定同位体比　141, 240, 242, 342, 362
アンモニア態窒素　19
磯焼け　36
一塩基多型（SNP）　116, 123, 254, 367
活〆　287
一次消費（者）　20, 164, 324, 326
一次生産（者）　29, 77, 147, 162, 324, 325
一次的深海魚　196
遺伝的交流　114, 262
遺伝的集団構造　113, 160
遺伝的多様性　→多様性
遺伝的浮動　118, 199, 363
遺伝的分化　114, 162, 198, 258, 363
胃内容物　60, 62, 77, 243
イベントアトリビューション　4, 363
イワガキ　279
隠蔽種　117, 363
ウナギ　147, 150, 209, 236, 320, 349
栄養塩　16, 18, 22, 30, 44, 52, 102, 237, 292,
　　322, 339, 363
栄養段階　86, 205, 208, 323, 364
エコラベル　307, 364
エスチュアリー　6, 255
　エスチュアリー循環　7, 339, 364
塩水楔（塩水遡上）　8, 18, 240, 338, 365

塩分躍層　→躍層
塩分フロント　7
親潮　34, 190
温暖化　4, 13, 15, 30, 32, 73, 86, 104, 193, 202,
　　205, 325

【か行】

カイアシ類　50, 61, 99, 146, 238, 326, 348
海草　29
海藻　29, 129, 165, 208, 280, 309, 345
海底湧水　32, 44, 137
海面高度　8
外来種　159
牡蠣　310
学習　220, 235, 365
　学習能力　222
核 DNA　114, 152, 219
河口域　6, 18, 51, 58, 60, 102, 140, 151, 219,
　　237, 248, 252, 316, 340, 365
河口堰　248, 330
河床勾配　5, 338
河川争奪　157
カタクチイワシ　54, 191, 208, 236, 324
環境 DNA（eDNA）　118, 122, 215, 218
　環境 DNA（eDNA）メタバーコーディング
　　204, 218, 347
環境収容力　62, 230, 304, 365
岩礁種　257
冠島　57, 111, 137, 238, 339
気候変動　37, 86　→温暖化
汽水　52, 142, 152, 332
　汽水域　6, 209, 244, 251, 264, 295, 305, 331,
　　348
季節風　3, 37, 195, 238, 339, 365
共生　28, 29, 365

条件共生　145
巣穴共生　144
住み込み共生　138, 144
相利共生　145
漁獲率　284
漁業法　136, 281, 283
魚類相　157, 191, 205, 252
禁漁　132, 349
禁漁期　310
禁漁区　133, 310
空間認知能力　222
クラゲ（類）　48, 75, 89, 215, 222, 236, 337
黒潮　10, 36, 103, 111, 113, 155, 190, 251
クロダイ　63, 74, 139, 193, 207, 219, 236, 249, 347
クロロフィル　20, 147, 171, 325, 366
系群　109, 200, 330
珪藻（類）　20, 86, 141, 171, 329, 366
付着珪藻　129
浮遊珪藻　171
ゲノム　112, 123, 254, 366
嫌気代謝　174, 366
個体発生　53, 202, 222, 366
固定指数　162, 366
コホート　66
コロイド態鉄　25

【さ行】

栽培漁業　69, 167, 221, 230, 304
サワラ　191, 203, 210, 236, 279, 300
仔魚　27, 53, 54, 60, 61, 63, 68, 74, 77, 89, 200, 213, 219, 222, 238, 250, 260, 304, 321
浮遊（期）仔魚　197, 260, 348
浮遊仔稚魚　197
浮遊卵仔魚　49
資源解析　284, 373
資源管理　62, 110, 114, 126, 134, 208, 221, 250, 279, 301, 304, 309, 334
シジミ　141, 330
耳石　60, 241, 366
耳石 Sr/Ca 比　245
次世代シーケンサー　112, 122, 218
姉妹種　193, 260

死滅回遊　70, 195
集団サイズ　123, 199
種多様性　→多様性
種内の多様性　→多様性
種苗　69, 167, 230, 280, 291, 304
種苗放流　126, 279, 304
人工種苗　129, 230, 250
天然採苗　129
条件共生　→共生
硝酸・亜硝酸態窒素　19
小卵多産　53, 100, 151
消費者余剰　297
初期減耗　54, 68, 367
植食魚　33
植物プランクトン　16, 31, 44, 48, 62, 77, 86, 102, 124, 208, 291, 313, 322, 340
食物網　64, 89
食物連鎖　34, 323, 367
人工種苗　→種苗
浸透圧　6
浸透圧調節　237, 240, 367
巣穴共生　→共生
スズキ　7, 27, 54, 62, 191, 210, 236, 237, 309, 338
砂浜　44, 56, 61, 140, 255, 345
住み込み共生　→共生
ズワイガニ　100, 112, 137, 203, 279
生食連鎖　77, 78
生態系エンジニア　137
生態系サービス　16, 61, 249, 292, 368
生態効率　349, 368
生態的地位　160, 209
生物撹拌作用　144
生物生産　237, 323, 337
生物多様性　→多様性
生物地理学　150, 201, 252
潟湖　137, 316
絶滅危惧種　219, 233, 263, 309, 347
セルラーゼ　343
繊毛虫　326
相利共生　→共生
底びき網　149, 165, 251, 279, 335, 342

【た行】

大卵少産　100, 151
大陸棚（陸棚）　9, 106, 194, 373
多獲性　335
多様性　98, 118, 138, 148, 157, 176, 190, 205,
　　219, 252, 309
　遺伝的多様性　105, 112, 150, 305
　種多様性　111, 144, 190, 203, 264, 319
　種内の多様性　257
　生物多様性　31, 44, 59, 144, 150, 202, 207,
　　294, 306, 336, 337, 368
　ベータ多様性　118
多様度　118, 199
　多様度指数　207
暖水性　36, 278, 325
淡水湧出　252
地球温暖化　→温暖化
稚魚　27, 35, 44, 53, 54, 57, 60, 61, 63, 74, 102,
　　194, 197, 205, 221, 236, 237, 250, 262, 304,
　　337
窒素　17, 77, 174, 325, 340
　窒素飽和　340, 368
　溶存態窒素　17, 339
　溶存無機態窒素　329
潮下帯　144, 253
潮間帯　31, 106, 138, 221, 253
直達発生　62, 83, 100, 113, 153, 368
対馬暖流　2, 31, 56, 85, 102, 113, 190, 256, 339
定置網　28, 61, 101, 191, 237, 279, 348, 369
適応　74, 108, 151, 159, 190, 209, 228, 237, 369
　適応進化　118, 122, 251
　適応戦略　233
　適応的形質　201
　適応度　262, 305
鉄　16
　鉄仮説　23
　腐植錯体鉄　25
　溶存態鉄　17, 339
デッドゾーン　337
デトリタス　62, 141
天然採苗　→種苗
動物プランクトン　18, 48, 61, 77, 190, 208

通し回遊　142, 150, 369
　通し回遊魚　5
トラフグ　236, 304
トラベルコスト法（TCM）　296
トリガイ　139, 165, 203, 280
トロフィックカスケード　77, 369

【な行】

内湾　2, 20, 28, 31, 106, 137, 165, 252, 278,
　　291, 322, 337, 369
流れ藻　35, 194, 222
二次消費（者）　164, 324
二次生産（者）　326, 349
二次的深海魚　196
日本海固有水　103, 191, 278, 370
認知能力　220
農薬　318, 339
のれん網　283

【は行】

バイオテレメトリー　250, 370
排他的経済水域　190, 370
ハビタット　100, 347, 370
　ハビタットシフト　222
ハプロタイプ　118, 254, 370
東日本大震災　211, 219, 313
干潟　10, 61, 113, 141, 171, 252, 305, 333, 350
　干潟種　253
微細藻類　16, 167, 345, 369
避難　52
　避難場所（レフュージア）　116, 257
表現型　122, 199
ヒラメ　27, 54, 62, 100, 141, 207, 221, 236, 304
貧酸素　81, 167, 322, 337
　貧酸素水塊　371
フィッシングライセンス　301
富栄養　35, 322
　富栄養化　31, 86, 176, 335, 371
腐植錯体鉄　→鉄
腐食連鎖　78
付着珪藻　→珪藻
物質循環　77, 119, 141, 164, 324, 338, 371

浮遊（期）仔魚 →仔魚
浮遊珪藻 →珪藻
浮遊仔稚魚 →仔魚
浮遊卵仔魚 →仔魚
浮遊幼生 89, 113, 124, 257
フラッグシップ種 319
ブリ 28, 39, 61, 191, 203, 210, 279, 298, 309
ブルーカーボン 42
ブルーム 102
分散 39, 81, 100, 113, 152, 218, 250, 254, 264
　無効分散 100, 195
ベータ多様性 →多様性
変態 53, 68, 83, 124, 152, 238, 345
鞭毛藻（類） 86, 371
保護礁 281
捕食者 51, 61, 77, 87, 89, 139, 159, 208, 211, 220, 250, 328
ボトルネック 114, 335, 371

【ま行】

マアジ 101, 191, 205, 218, 221, 236, 279, 298
マイクロサテライト 114, 152, 372
マガキ 165, 215, 280, 314
マダイ 54, 74, 207, 221, 236, 279, 298, 304
マナマコ 124, 165, 215, 236, 279
ミズクラゲ 75, 81, 89, 215, 236
密度躍層 54
ミティゲーション 310, 372
ミトコンドリア COI 113
ミトコンドリア DNA 113, 122, 152, 219, 254, 372
無効分散 →分散
基礎生産 18, 61, 237, 322, 341, 365
藻場 35, 58, 124, 195, 221, 310, 350
森里海連環学 16, 60, 150, 219, 338

【や行】

躍層 7, 20, 342, 372
遊漁 237, 292, 316, 347
有光層 22, 341
湧水 253
溶存酸素 18, 87, 196, 332

溶存態窒素 →窒素
溶存態鉄 →鉄
溶存態有機物 24, 78, 372
溶存態リン →リン
溶存無機態窒素 →窒素

【ら行】

乱獲 41, 128, 205, 279, 372
リアス式 137
　リアス式海岸 253, 278, 295
陸棚 →大陸棚
陸封 164
　陸封種 373
硫化水素 167
粒状有機物 141, 372
両側回遊 150, 164, 338, 373
リン 17, 77, 78, 325
　溶存態リン 17, 339
　リン酸態リン 19
冷水性 36, 208, 278, 325
レジームシフト 169, 193, 321, 325, 373
レッドフィールド比 340
レッドリスト 263, 347
レフュージア →避難場所
ローカル認証 307, 318

【わ行】

和食 204, 303

【A-Z】

ASC 認証 307
CoC 認証 308
COD 325
DNA バーコーディング 113, 122
eDNA →環境 DNA
IPCC 13, 325
MIG-seq 法 117, 254
MSC 307, 334
r-K 戦略 151, 362
SDGs 289, 294, 314
SNP（Single Nucleotide Polymorphism）

→一塩基多型
SSP シナリオ　364
TCM　→トラベルコスト法
TAC（Total Allowable Catch）　107, 281
WCPFC　282

里海フィールド科学
——京都の海に学ぶ人と自然の絆 　　　　　　　　©Y. Yamashita et al. 2022

2022 年 10 月 31 日　初版第 1 刷発行

編著者　　山　下　　　洋　爾
　　　　　益　田　玲　爾
　　　　　甲　斐　嘉　晃
　　　　　鈴　木　啓　太
　　　　　高　橋　宏　司
　　　　　邉　見　由　美

発行人　　足　立　芳　宏

京都大学学術出版会
京 都 市 左 京 区 吉 田 近 衛 町 69 番 地
京 都 大 学 吉 田 南 構 内（〒606-8315）
電　話（075）761-6182
FAX（075）761-6190
Home page http://www.kyoto-up.or.jp
振　替　01000-8-64677

ISBN 978-4-8140-0445-4　　　印刷・製本　亜細亜印刷株式会社
Printed in Japan　　　　　　　カバーデザイン　谷なつ子
　　　　　　　　　　　　　　発行協賛　公益財団法人イオン環境財団
　　　　　　　　　　　　　　定価はカバーに表示してあります